"十四五"职业教育化工技术类专业群新形态教材

高分子生产技术

主　编　曹法凯　贾金锋
副主编　佟凤宇　王　伟

特配电子资源

微信扫码
◎ 配套资料
◎ 拓展阅读
◎ 互动交流

南京大学出版社

图书在版编目(CIP)数据

高分子生产技术 / 曹法凯，贾金锋主编. -- 南京 ：
南京大学出版社，2025. 1. -- ISBN 978 - 7 - 305 - 28876 - 0

Ⅰ. TB324

中国国家版本馆 CIP 数据核字第 202596P98A 号

出版发行 南京大学出版社

社　　址 南京市汉口路 22 号　　　　邮　编　210093

书　　名 **高分子生产技术**
　　　　　GAOFENZI SHENGCHAN JISHU

主　　编 曹法凯　贾金锋

责任编辑 高司洋　　　　　　　　编辑热线　025 - 83592146

照　　排 南京开卷文化传媒有限公司

印　　刷 常州市武进第三印刷有限公司

开　　本 787 mm×1092 mm　1/16　印张 18.25　字数 454 千

版　　次 2025 年 1 月第 1 版　2025 年 1 月第 1 次印刷

ISBN 978 - 7 - 305 - 28876 - 0

定　　价 48.00 元

网　　址:http://www.njupco.com

官方微博:http://weibo.com/njupco

微信服务号:njuyuexue

销售咨询热线:(025)83594756

前　言

为适应高职课程任务式、项目式的教学改革趋势，根据高等职业教育的特点及课程性质，本教材结合了相关专业人才培养方案的需求，以培养具有一定理论知识和较强实践能力，面向基层、面向生产、面向服务和管理一线职业岗位的实用型、技能型人才为目的，精简理论，强化实践，突出知识的应用性。

本教材在编写时结合"高分子化学""高聚物合成工艺""高聚物生产技术""高分子材料概论"等相关课程的学习内容，以典型产品（聚乙烯、聚丙烯、聚酯、聚酰胺等）为导向，根据岗位（群）职业能力的要求，重构"高分子生产技术"课程内容。本书可作为高职高专化工类石油化工技术、应用化工技术、高分子合成技术专业及材料类相关专业的教材，也可作为化工职业资格培训教材及相关企业人员的参考书。

本教材分为十一个学习项目。项目一化工材料与高分子材料，介绍了化工材料、化工新材料、高分子材料的基本知识；项目二高分子材料的生产，介绍了高分子材料的生产过程、聚合的工业实施方法；项目三高分子材料的结构与性能，介绍了高分子的结构、物理性能；项目四聚乙烯的生产，项目五聚丙烯的生产，项目六聚碳酸酯的生产，项目七聚酰胺的生产，项目八碳纤维的生产，项目九丁苯橡胶的生产，项目十有机硅树脂的生产，项目十一聚酯的生产，分别介绍了各高分子材料的基础知识、聚合机理、生产工艺等。每个项目通过任务导入，每个任务又由若干个知识点构成，使学生通过知识链接、实施任务，认识高分子产品，学习聚合机理、工艺流程、岗位操作等。项目后配有自测练习，方便学习者自我检测和总结提高。

参与本书编写的有湖南石油化工职业技术学院的曹法凯、贾金锋、佟凤宇、李美霞、邱爱珍、冯晓慧、宋则涛、彭泽亮、王伟、李郑鑫、段有福、薛金召,岳阳学院的纪漫。

由于编者的水平有限,难免存在各种错误和问题,敬请大家批评指正。

编者

2024 年 12 月

目 录

化工材料与高分子材料

教学目标

知识目标

1. 掌握化工新材料的概念、分类及应用。

2. 掌握高分子材料的概念及发展进程。

3. 掌握化工新材料的概念、分类及应用。

能力目标

1. 能利用图书馆资料和互联网查阅专业文献资料。

2. 能列举身边化工新材料的应用实例。

情感目标

1. 通过创设问题、情景，激发学生的好奇心和求知欲。

2. 通过对化工新材料领域的学习和了解，增进学生对化工新材料工业的认识，提高学生的基本理论知识，增强学生的自信心，为后续学习奠定基础。

3. 养成良好的职业素养。

任务一 认识化工材料

 知识链接

▶ 知识点一　材料与材料学 ◀

　　材料学作为一门探究材料结构、性质、制备与应用的领域,具有广泛而深远的意义。所谓材料,包含了人类利用的各种元素,诸如金属、陶瓷、聚合物以及半导体等。在材料学的探索下,人们得以深入了解材料内部的微观结构与性质,同时不断探索各种制备方法。更为引人瞩目的是,我们能够充分利用材料的特性和性能,塑造其特定的应用。

　　材料的性质是多方面的,囊括了物理、化学、电学、热学等各个层面,而这些性质则直接影响着材料在机械、光学、磁学、电学、热学等领域的表现。材料学家运用其深刻的洞察力,通过对材料的深入研究,不仅能够孕育出新型材料,更能够推动已有材料性能的不断完善。正是在这种不懈的探索与努力下,人们得以满足航空航天、医疗、能源、电子等领域的多样需求。

　　可以毫不夸张地说,材料学的发展与进步推动着人类社会的创新与发展。从曾经对原始材料的简单运用,到今天对材料内在本质的深刻挖掘,我们的世界因材料学而更加丰富多彩。所以,材料学不仅是一门学科,更是一项源源不断的灵感之源,将持续激励着科学家们不断拓展人类技术的边界。

▶ 知识点二　化工材料 ◀

　　化工材料包括塑料、橡胶、玻璃等多种元素。这些材料不仅继承了传统工业材料的优越性能,还被赋予了抗压、耐磨、防潮等多重功能。然而,令人称道的不止于此。化工材料的受欢迎程度在于其出色的性能,这使得它们在各个行业中备受青睐。此外,化工材料的应用也在为各行各业创造更高的经济价值,以机械设备为例,材料的巧妙运用不仅延长了机械的使用寿命,还在建筑工程领域保障了建筑物的稳固耐久。

不容忽视的是,化工材料的影响已远超过物质本身,其在推动社会进步方面扮演的角色愈发重要。我们可以将化工材料视为技术进步的引擎,助力工业不断向前迈进。无论是改良传统产业的效率,还是为新兴领域的研究提供支持,化工材料都是推动这一进程不可或缺的元素。

因此,化工材料的价值既体现在物质层面,又作用在经济和社会层面。作为塑造现代社会的重要组成部分,化工材料在不断拓展的应用领域中,持续地为我们的生活增添色彩,为各行各业的发展注入活力,为整个社会的进步贡献力量。

▶ 知识点三　化工材料的应用 ◀

一、建筑行业

化工材料在建筑领域的广泛应用已成为业界引人瞩目的亮点,不仅为建筑业的蓬勃发展注入了强大的推动力,还因其多元化的特性,为绿色建筑理念的推动贡献力量。特别值得注意的是,近年来兴起的绿色化学理念更成为促进建筑行业繁荣的重要动力。例如,在水立方游泳馆主体建筑上采用的水性聚氨酯涂层材料,以其低 VOC 环保、出色的附着力和卓越的防火性能,为场馆的安全性提供了有力支撑。而鸟巢的主体结构上采用的氟碳涂层材料,不仅呈现出持久的鲜艳色彩,还具备耐老化和防腐的出色特性。

化工材料在日常住宅和商业建筑中同样扮演重要角色,如聚氨酯硬泡材料以其优异的隔热和隔音性能,常被用作建筑外保温材料(图 1-1),同时其在室内应用可有效减少噪声传递。此外,聚丙烯材料也在建筑领域广泛应用,尤其在公共设施方面,其抗老化性能延长了公共座椅等设施的使用寿命,同时还降低了维护成本。而在塑胶跑道的建设中,新型环保材料WPPU展现出其卓越的弹性和抗撕裂性能,使其成为运动场地的首选材料,延长了使用寿命,减少了维护频率。

总之,化工材料在建筑领域的多样应用不仅为建筑物的质量和耐久性提供了强有力的支持,更为绿色建筑理念的传承和发展贡献了自身的力量。这一充满创新与前瞻性的领域,必将继续引领着建筑行业向着更加可持续和环保的方向前进。

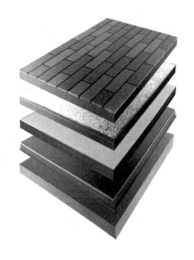

图 1-1　建筑墙体用聚氨酯保温材料

二、航空航天制造

在航空航天制造领域,化工材料有着广泛的应用,成为不可或缺的主要构成部分。尤其值得一提的是其中的主力角色——先进复合材料,这些复合材料不仅展现出卓越的比强度和比模量,同时还具有低热膨胀系数的优点。更为引人注目的是,它们在抗疲劳和减震能力方面相较于传统材料有着显著提升,从而为航空航天领域赋予了"第四大航空结构材料"的光荣称号。

在飞机制造方面,碳纤维材料(图1-2)已成为机翼设计的首选。这些材料不仅减轻了飞机整体结构负担,还避免了金属疲劳的问题,从而大大延长了机翼的使用寿命。以美国波音公司生产的B787为例,这款全球首款超远程中型客机便采用了碳纤维材料,使得它能够在远距离飞行中保持出色表现。此外,一些民用飞机也纷纷采用化工材料,如环氧树脂基和双马来酰亚胺基碳纤维复合材料在机翼、机身等部位发挥关键作用。同时热塑性工程塑料在内部装饰上应用广泛,从而全面提升了飞机的整体性能。

图1-2　碳纤维材料

不仅如此,化工材料还在人造卫星制造中发挥了重要作用。复合材料在整流罩和太阳能电板的制造中得到广泛应用,特别是碳复合材料,为卫星提供坚实的基础,确保其在太空环境中稳定运行。

总的来说,化工材料在航空航天领域的引入,既提升了飞行器的性能,又延长了其使用寿命,进一步推动了航空航天技术的发展。这种持续创新与材料科学的结合,必将继续为航空航天领域带来新的突破与进步。

三、机械制造

与航空航天领域相呼应,化工材料在机械制造领域同样取得了显著的成就。在这个领域中,一些常见的材料如合金钢和碳素钢,为机械设备的性能提升做出了巨大贡献,同时也有效地降低了设备的维护成本。值得强调的是,碳素钢作为世界上广泛应用的合金材料,虽然具备许多优点,但在强度和韧性方面存在一定局限,因此在用作大型机械零件的主要材料时表现不尽如人意。

为了弥补碳素钢的不足,研究人员着手探索在其结构中引入其他金属的可能性。这样的努力催生了合金钢的诞生,它不仅填补了碳素钢在强度和韧性方面的缺陷,还在耐磨性能上取得了显著进步。合金钢的问世使得机械制造领域迎来了全新的机遇,因为它不仅能够满足机械零件对强度和耐用性的要求,还能够在恶劣环境中表现出色,为机械设备的可靠运行提供了坚实保障。

随着技术的不断演进,机械制造领域对材料的要求也越来越高。在这个背景下,合金钢等化工材料的应用不仅是一种简单的材料选择,更是一种技术进步和创新的体现。在未来,随着材料科学的深入研究和应用,我们可以期待更多新型化工材料的涌现,为机械制造领域带来更多可能性和突破。

▶ 知识点四　化工材料的分类 ◀

化工材料的种类繁多,数量高达数十万种。从材料的化学成分、生产工艺、结构和性能特点的角度来看,它们可以分为三大主要类别:金属材料、无机非金属材料以及有机高分子材料。这三大类材料相互交织、相互融合,通过将其中的任意两种或两种以上的材料复合,便形成了复合材料。如果单独将复合材料作为一类材料,那么就可以得到四大主要材料。其中,有机高分子材料及其复合材料以其独特性、多样性、创新性,成了当前材料领域中最引人瞩目的研究和发展方向,为社会的发展和进步贡献更多可能性。

一、金属材料

金属材料按其使用方式可分为两种类型:一种是根据其固有特性以纯金属状态使用的,如用于导电的铜和铝;另一种是由几种金属组成或加入适当的杂质成分以改善其原有特性而使用的,如合金钢、铸铁等。金属的键合是无方向性的,其结晶结构多为立方和六方的最密堆积结构,具有展性、延性、良好的导电导热性、较高的强度和耐冲击性。通过各种热处理方法可以改变金属和合金的组织结构,从而赋予其各种特性。这些特点使金属材料成为用途最广泛、用量最大的材料。

在工业领域,通常将金属材料分为两大类:黑色金属(铁基合金)和有色金属。

黑色金属主要指以铁-碳为基础的合金,包括普通碳钢、合金钢、不锈钢和铸铁。合金元素在其中的作用在于改善热处理能力,有助于在高温下稳定产生的组织结构。钢的性能主要取决于渗碳体的数量、尺寸、形状和分布,而这些渗碳体的特性又受不同的热处理工艺影响。不锈钢中至少含有12%的铬(Cr),这种钢在氧气中会形成一层薄的氧化铬保护层,从而表现出优异的耐蚀性。铸铁是铁-碳-硅合金,典型的铸铁含有2%～4%的碳和0.5%～5%的硅。不同的铸造工艺会生成不同类型、不同用途的铸铁。

有色金属是指除了铁之外的纯金属或以其为基础的合金,常见的有铝合金、镁合金、铜合金、钛合金等。

1. 镁及镁合金

镁因其卓越的物理性能和机械加工性能,以及丰富的资源储备,被公认为是最具潜力的轻量化材料之一,也是21世纪的绿色金属材料。在实际应用中,作为最轻的金属结构材料之一,镁在汽车减重和性能改善方面扮演着重要角色。世界各大汽车公司已将镁合金零部件制造视为重要的发展方向。

2. 钛及钛合金

钛及其合金具有低密度、高比强度、良好耐蚀性和耐高温性等优异特性。随着国民经济和国防工业的发展,它们广泛应用于汽车、电子、化工、航空、航天、兵器等领域。

3. 铝及铝合金

铝合金以其低密度、良好导热性、易成形性和经济实惠性等优点，被广泛应用于航空航天、交通运输、轻工建材等领域，是轻合金中应用最为广泛、用量最大的合金。其中交通运输业已成为铝合金材料的最大用户。而在大型飞机领域，尽管铝合金受到复合材料和钛合金的挑战，但其在主体结构材料中的地位仍未改变。目前在使用的民用客机中，仍大量采用铝合金。例如，美铝公司开发的第三代铝锂合金与碳纤维复合材料相比，具有良好的气动性能、强大的防腐能力，可回收利用，并且比重轻 10%，制造、运营和维护成本降低了 30%。这种合金已经在波音 787、空客 A350XWB、A380 和庞巴迪 C 系列飞机上得到应用。

二、无机非金属材料

无机材料是由无机化合物构成的材料，其中包括一些单质，如锗、硅和碳等。硅和锗是主要的半导体材料，由于其重要性，已经发展成为材料学领域的一个重要分支。

主要的无机材料类别之一是硅酸盐材料。硅酸盐在地壳中的分布量最大，其氧化物 SiO_2 大约占地壳岩石中氧化物的 60%。硅酸盐与氧化铝、氧化铁、氧化镁、氧化钙、氧化钠、氧化钾、氧化钛等氧化物结合，形成各种硅酸盐矿物。由于分布广泛且容易采集，早在人类历史的早期阶段，硅酸盐就被用于制造各种物品。如在石器时代，人们直接将硅酸盐材料制作成各种工具；史前时期则制作出了陶器；随后的发展中，又创造出了制造三大主要硅酸盐材料——玻璃、陶瓷、水泥的方法。在这个发展过程中，除了使用以硅酸盐为主要成分的天然硅石和黏土等原料外，还采用了不含 SiO_2 的氧化物，以及碳为主要成分的石墨等，通过相同的工艺制作出各种产品。尽管这些材料不再是纯粹的硅酸盐，但习惯上仍被归类为硅酸盐材料。

自 20 世纪 40 年代以来，随着新技术的发展，许多新型无机材料在传统硅酸盐材料的基础上得以研制，如由氧化铝制成的刚玉制品，以及由焦炭和石英砂制成的碳化硅制品，还有钛酸钡铁电材料等。这些新型材料常被称为新型无机材料，以便与传统的硅酸盐材料区分。在欧美国家中，无机材料通常被称为陶瓷材料，因此这些新型无机材料也被称为"新型陶瓷"。

无机材料通常具有高硬度、脆性、高强度、抗化学腐蚀性、优良的电绝缘性和热绝缘性等特点。它们在各种工业和科技领域中扮演着重要角色。

三、高分子材料

高分子化合物的来源可分为两种：一种是天然高分子材料，另一种是合成高分子材料。天然高分子材料指的是那些存在于动植物等自然有机体内的高分子物质，如天然纤维、天然树脂和天然橡胶等。这些天然材料以其独特的结构和性能，在自然界中发挥着重要的角色。而合成高分子材料则是通过人工合成得到的，其功能和性能往往比天然材料更加多样和全面。例如，塑料、合成橡胶和合成纤维等合成材料，在耐磨性、耐压性和耐腐蚀性方面通常表现出较强的特点。

根据材料的特性,高分子材料可以分为橡胶、纤维、塑料和高分子胶黏剂等不同类别;根据用途,又可以进一步分为通用高分子材料、特种高分子材料和功能高分子材料等多个子类;按照分子结构的不同,又可以划分为碳链高分子材料、杂链高聚物材料和元素有机高分子材料等多个类型。

不同类型的高分子材料在应用中具有各自独特的优势。例如,塑料作为一种由合成树脂、填料、增塑剂和稳定剂等成分构成的高分子材料,在现代生活中无处不在,涵盖了广泛的领域。从日常用品到工业制造,从医疗器械到电子设备,塑料材料的多样性和可塑性使它成为现代社会不可或缺的一部分。

总而言之,高分子材料的丰富来源和多样应用为人类创造了无限的可能性,天然材料与合成材料的结合,不仅推动了科学技术的发展,也为各行各业带来了前所未有的发展机遇。

四、复合材料

复合材料是由两种或更多性质不同的材料,通过物理或化学的方法,在宏观或微观层面上融合而成的一类材料。这种材料设计的核心思想在于利用不同材料间的协同作用,将各自的优势融合在一起,以弥补单一材料的局限性和缺陷。通过巧妙的材料组合,复合材料能够显著增强原材料的性能。通常情况下,在物理或化学处理的影响下,复合材料的综合性能要优于任何单一材料。

这种材料的创新在大规模生产中扮演了关键角色,因为它能够满足多样化的生产需求。通过选择不同的成分和工艺,可以调配出具有特定性能的复合材料,从而为各行业提供高效、多功能的解决方案。

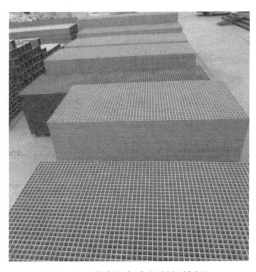

图 1-3　玻璃钢复合材料栅格板

复合材料的基体可以根据性质划分为金属基体和非金属基体两大类。常见的金属基体材料包括铝、镁、铜、钛及其合金。非金属基体则主要涵盖合成树脂、橡胶、陶瓷、石墨和碳等(图 1-3)。与基体相辅相成的是增强材料,其中包括玻璃纤维、碳纤维、硼纤维、芳纶纤维、碳化硅纤维、石棉纤维、晶须、金属丝和硬质细粒等。

复合材料的应用范围广泛,从航空航天到汽车制造,从建筑到电子设备,无不体现了它在不同领域的价值。通过巧妙地将不同性能的材料相结合,我们可以创造出更轻、更强、更耐用的材料,推动科技和工程领域的不断进步。这种材料的应用不仅令产品性能得以优化,也为可持续发展和创新提供了有力支持。

任务实施

1. 简述化工材料的概念及分类。
2. 简述化工材料的应用领域。
3. 查阅文献资料，回顾化工材料的发展历史。
4. 查阅文献资料，简述典型的化工材料。

任务评价

1. 知识目标的完成

是否掌握了化工材料的概念、分类及应用。

2. 能力目标的完成

(1) 是否能够通过查阅文献调研化工材料知识。

(2) 是否能够列举身边化工材料的应用实例。

自测练习

1. 化工材料的基本定义是什么？请简要说明其分类。
2. 列举化工材料在工业生产中的三个主要应用领域。
3. 简述化工材料发展历史中的一个重要转折点及其对现代工业的影响。
4. 请描述一种典型的化工材料及其在现代生活中的具体应用。
5. 通过查阅文献，你发现哪些新的化工材料趋势或研究方向？
6. 列举一个你通过文献调研学习到的，关于化工材料制备技术的创新点。
7. 在日常生活中，你能举出哪些化工材料的应用实例，请解释它们的作用。
8. 在调研化工材料知识时，你遇到了哪些挑战？你是如何克服这些挑战的？
9. 你认为化工材料在未来社会中可能扮演的角色和潜在的发展方向是什么？

任务二 认识化工新材料

任务提出 >>>>>

近年来,人们的通信和办公条件发生了翻天覆地的变化,从当初的笔、纸、油墨印刷到如今的无纸化办公,互联网时代已真正实现了"秀才不出门能知天下事"。而化工新材料在信息技术的发展中发挥着不可替代的作用。请列举出化工新材料在信息技术发展中的具体应用实例。

 **知识链接**

▶ 知识点一　化工新材料概述 ◀

化工新材料是在化学工业领域新兴或正在发展中的先进材料,其具备卓越性能和多重功能,具有高技术含量、高附加值,以及知识密集和技术密集的特点。作为新材料产业的重要组成部分,化工新材料是化学工业中颇具活力和潜力的新兴领域。我国的化工新材料产业在"十一五"时期开始快速发展,在国家政策的支持和市场的推动下,如今已初步形成一个崭新的产业门类,不论是产业规模还是年均增长速度,都保持着世界领先的地位。然而,从总体来看,我国化工新材料产业仍存在一些问题,如产品仍然停留在产业价值链的中低端水平,中高端产品的比例相对较低;现有产品的技术含量和附加值与发达国家相比存在明显差距;受制于技术水平的制约,国内产品的质量和价格与国外产品存在较大的差异;同时,一些化工新材料虽然得到迅速发展,但也开始出现部分品种和原材料结构方面的过剩问题。

化工新材料的范围广泛,包括高性能合成树脂、特种合成橡胶、高性能合成纤维、特种弹性体、复合材料、工程塑料、高端碳材料、电子化学品、降解材料、特种涂料、特种胶黏剂、特种助剂等一系列品种。化工新材料在国民经济的多个领域中得到广泛应用,成为我国化学工业体系中需求增长最快的领域之一。它们不仅是发展战略性新兴产业的重要基础,还是传统石化和化工产业转型升级的关键方向。从下游产业的需求来看,化工新材料主要应用于节能与新能源汽车、新一代信息技术、航空航天、轨道交通、节能环保、大健康等领域。

在新材料的浪潮中,化工新材料无疑将继续发挥重要作用,为我国的产业升级和科技创新提供坚实的支持。通过不断加强技术创新和研发投入，有望在化工新材料领域实现更大的突破，提升产业附加值，从而更好地满足市场需求，推动经济的可持续发展。

一、化工新材料在电子信息产业的应用

电子信息产业作为新一轮国际产业竞争与分工重构的核心领域，其战略地位在全球化背景下显得愈发重要。化工新材料在这一领域中扮演着关键角色，其应用范围主要集中在半导体集成电路、印制线路板、信息存储以及新型显示等细分领域。然而，电子信息产业对于化工新材料的要求极具挑战性，因其技术难度较大，且产品更新换代的速度惊人，在当下的国内尚面临自给率较低的问题。

展望未来，我们必须集中精力加快电子信息产业所需的功能性化工新材料的发展，其中的重点领域包括显示材料、光学材料、高纯试剂、高纯特种气体、封装材料以及触摸屏等。这也将推动国内材料产业向更高端的方向发展，提升我国自主创新的能力和国际竞争力。

在电子信息产业的蓬勃发展中，化工新材料将持续发挥其不可替代的作用。我们需要加强研发投入，不断突破技术瓶颈，推动材料创新，以适应快速演进的市场需求。通过与电子信息产业的深度融合，可以确保我国在全球电子信息领域的竞争地位，实现可持续的经济增长和科技进步。

二、在航空航天领域的应用

航空航天工业作为一门综合性的高技术产业，对社会生活产生了广泛而深远的影响。在这一领域中，航空航天材料的进步不仅为航空航天技术提供了强有力的支撑和保障，同时，航空航天技术的不断创新也极大地引领和促进了航空航天材料的发展。

航空航天材料范畴广泛，涵盖了用于制造飞行器的各类材料。主要可分为四大类，包括金属材料、无机非金属材料、有机高分子材料以及复合材料。有机高分子材料涵盖橡胶、胶黏剂及密封剂、涂料、工程塑料等，复合材料包括纤维增强树脂基复合材料、颗粒增强金属基复合材料、纤维增强陶瓷基复合材料等，这些化工材料在航空航天领域中发挥着至关重要的作用，为航空航天领域的创新奠定了坚实的基础。

根据不同的用途，航空航天材料可以进一步划分为结构材料、轮胎、电线电缆、密封材料、润滑材料等几个主要类别。这些材料的不断演进与创新，为航空航天工业提供了持续的动力，使其能够在飞行器的设计、制造和运行中达到更高的性能和安全标准。

因此，在未来的发展过程中，持续的研发和创新将进一步推动航空航天工业的蓬勃发展，为人类探索未知领域、实现更远的航空航天目标提供强大支持。

三、在大健康领域的应用

在医疗领域中，高性能树脂具有广泛的应用前景。在植入材料、新型瓶塞、血袋等领域，高性能树脂的优异性能将会为产品的质量和功能带来显著的提升。同时，高性能合成橡胶也扮演着重要的角色，可用于输液导管、介入导管等医疗器械的制造中，其卓越的耐用性和生物相容性，将有助于提高医疗器械的可靠性和安全性。

在高值医疗设备领域,功能性膜材料的发展也备受关注。透析膜等高性能膜材料的应用,将极大地推动医疗设备的创新和性能提升,有助于提高医疗诊断和治疗的效率。另外,用于手术缝合、植入材料的高性能纤维,不仅在医疗中发挥着重要的作用,还为手术和治疗过程提供了更好的支持。

随着医疗技术的不断进步,对于材料的要求也越来越高。因此,化工新材料在大健康产业中具有的广泛应用前景,将会促进其在医疗领域的持续创新和发展(图1-4)。通过不断提升材料的性能和质量,能够更好地满足医疗领域的需求,为人类健康事业做出更大的贡献。

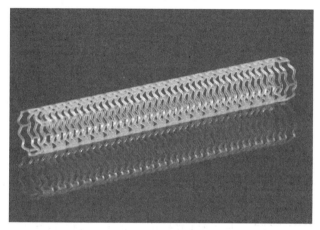

图1-4　可降解血管支架材料

知识点二　典型化工新材料

一、工程塑料

工程塑料是一类具备优良综合性能的塑料,其特点在于强度高、耐热性好、机械性能卓越,能够在恶劣的环境下长时间使用,可替代金属作为工程结构材料,但价格相对较高且产量相对较小。工程塑料分为通用工程塑料和特种工程塑料两类。通用工程塑料包括聚碳酸酯、尼龙、聚甲醛、改性聚苯醚和热塑性聚酯等;而特种工程塑料则主要指耐高温的材料,如聚酰亚胺、聚苯硫醚、聚砜类、芳香族聚酰胺、聚芳酯、聚苯酯、聚芳醚酮、液晶聚合物和氟树脂等。

相较于通用塑料,工程塑料在机械性能、耐久性、耐腐蚀性和耐热性等方面要求更高,因此在多个领域得以广泛应用,如电子电气、汽车、建筑、办公设备、机械、航空航天等行业。工程塑料以其卓越性能正逐渐取代传统材料,引领全球潮流。

在汽车工业中,工程塑料广泛用于制造保险杠、燃油箱、仪表板、车身板、车门、车灯罩、燃油管、散热器以及发动机相关零部件,从而减轻整车重量,提升燃油效率。

在机械领域,工程塑料可用于制造轴承、齿轮、丝杠螺母、密封件等机械零部件,以及壳体、盖板、手轮、手柄、紧固件和管接头等机械结构件,为机械设备提供可靠的支持和优良的性能。

在化工领域,工程塑料可用于制造热交换器、化工设备衬里等化工设备,以及管材、阀门、泵等化工管路,为化工生产提供可靠的材料支持。

在电子电器行业,工程塑料被广泛应用于电线电缆包覆、印刷线路板、绝缘薄膜等绝缘材料,同时也用于制造电器设备结构件,为电子产品的性能和可靠性提供有力保障。

不仅如此,工程塑料还走进了家居生活,应用于电冰箱、洗衣机、空调、电视、电风扇、吸尘器、电熨斗、微波炉、电饭煲、音响设备和照明器具等家电中,为日常生活带来便利。

总之,工程塑料作为一种多功能、多用途的材料,正不断扩展其应用领域,为各个领域的创新和发展注入新的活力。

二、生物基材料

生物基材料是从生物角度对材料的性质进行改造,赋予其原本不具备的特性,以达到提高生产效率、降低生产成本、节能环保等目标。其中,最具代表性的材料之一就是可降解塑料。

目前,全球生物基材料产能已超过 3 000 万吨/年,而其年均增速更是达到 20% 以上。各国纷纷推动生物质利用产业政策,促使生物基材料的应用领域不断扩展。这种扩展正在加速,从医用材料和高端功能性材料的应用,向大宗工业产品和日常生活消费品的应用领域转变。在农用地膜、日用塑料制品、化纤服装等领域,规模化应用正在逐步实现。在我国,生物基材料产业已初步形成了环渤海、长三角、珠三角等区域的产业集群。

图 1 - 5 聚乳酸材料

当今生物基材料与制品中,生物基塑料是发展最为迅猛的领域之一。这包括了可降解生物基塑料,如聚乳酸(PLA)(图 1 - 5)、聚己内酯(PCL)、聚羟基烷酸酯(PHA)、聚乙烯醇(PVA)等;同时也包括了非生物降解生物基塑料,如生物基聚乙烯(BPE)、聚酰胺(PA)等。此外,还有生物基再生纤维,涵盖了生物基合成纤维、海洋生物基纤维、生物蛋白质纤维以及新型纤维素纤维等新材料。

在这个蓬勃发展的领域里,科技的进步与创新正在不断地推动着生物新材料的发展。

这些材料的广泛应用将进一步推动产业升级,引领更加环保和可持续的生产与消费模式。

三、高性能纤维材料

高性能纤维材料是包括碳纤维、芳纶纤维和超高分子量聚乙烯纤维在内的一类材料,它们在火箭、导弹、战斗机、作战装甲、海军舰船等尖端武器装备的制造中扮演着关键的角色,成为不可或缺的基础原材料,为军事工业提供了强有力的支持。在经过近20年的攻关之后,我国在碳纤维、芳纶和高强高模聚乙烯纤维等高性能纤维领域已经取得了突破性进展,正迈入大规模工业化生产的前期阶段。

现如今,高性能纤维的应用已不再局限于军事领域,它们逐渐走进了人类的日常生活,为生活品质带来了积极改变。

高性能纤维材料在体育休闲用品方面有着广泛的应用。从钓鱼竿、高尔夫球杆,到网球拍、滑雪板,都充分采用了碳纤维,赋予了这些用品更出色的性能。碳纤维自行车更是作为骑行爱好者的终极追求目标在我国实现了产业化,其价格仅为进口同类碳纤维自行车的一半。该产业的目标是推出市场价位在3 000多元的民用级碳纤维自行车和折叠车,使普通百姓也能够享受碳纤维自行车带来的乐趣。

碳纤维复合材料在汽车制造中的应用也呈现不断增加的趋势。从汽车车身、尾翼、底盘,到发动机罩和内饰,都能发现碳纤维复合材料的身影。与传统金属材料相比,碳纤维复合材料不仅具有更高的刚性和抗冲击性能,还拥有出色的能量吸收能力(比金属材料高出4～5倍),进一步提升了汽车的安全性能。数年来,F1车队一直使用碳纤维复合材料制造赛车的碰撞缓冲构件,显著减少了赛车运动中的重伤事故。除了安全性外,碳纤维复合材料的另一个显著优点是轻量化,从而可降低汽车的油耗。

超高分子量聚乙烯纤维(UHWMPE)是世界上最坚韧的纤维之一,其"轻薄如纸,坚硬如钢"的特点令人瞩目。这种纤维的强度是钢铁的15倍,比碳纤维和芳纶1414(凯夫拉纤维)还要高出2倍,主要应用于制造防弹设备和高性能绳索。在上海世博会的开幕式上,770只可升降的白色小球组成了精彩的魔幻方阵,可变换出不同的图案,伴随着音乐的节奏舞动。而这背后是UHWMPE纤维绳索的应用,为"小球矩阵"的表演增色不少。这种绳索不仅重量轻、弹性高、柔韧性好,还能随意改变颜色。因此,与"小球矩阵"结合,观众几乎看不到牵引小球的绳索,从而更完美地呈现出小球"凌空悬浮"的效果。这些创新应用充分展示了高性能纤维材料的多样性和前沿性。

▶ 知识点三　化工新材料发展方向 ◀

目前,新材料的应用与发展正朝着以下几个关键方向前进。

一、高性能化、高功能化、高智能化

在高性能材料方面,人们通过深入掌握原理,采用新工艺、新技术以及新设备,创造出性能更为卓越的新型材料。对于结构材料,优化材料的强度、刚度、韧性、耐高温、耐腐蚀、高弹性、高阻尼等性能是核心目标。新工艺制造的产品不仅具有体积小、重量轻、资源节

约、能源低消耗、成本低、利润高等优势,同时也表现出更为出色的性能。

在功能材料方面,从单一功能向多功能的转变成为趋势。人们将功能材料与元器件融合在一起,实现一体化,使得材料本身就具备了元器件的功能,进一步拓展了材料的应用领域。

智能材料领域则向具备感知和响应的双重功能方向发展。例如,形状记忆合金、压电陶瓷、光导纤维、磁致伸缩材料等,在不同外界条件下能够实现自主的状态转换,为创造超越传统材料所能实现的功能提供了解决方案。美国空军运用智能材料制造飞机机翼,机翼能够根据工作状态自动调整形状,以适应不同的飞行情况,从而增加飞行安全性,降低燃油消耗。

二、复合化

单一材料,如金属、无机非金属和有机高分子材料,尽管各有优势,却难以满足现代高科技对材料综合性能的要求。通过将不同种类、不同性能的材料复合,可以获得在某些特性上更加优越或者具备特定性能的复合材料。以碳纤维增强的陶瓷基复合材料为例,其抗冲击强度比普通陶瓷高出 40 倍,具备出色的高温性能,因此在航空工业中扮演着重要的角色。

三、极限化

在尺寸、压力、温度、纯度等各方面追求极限,从而使材料性能实现根本性的飞跃,也是新材料的发展方向。例如,在超高温和超高压下利用石墨合成金刚石,或在超高真空环境中制备新型半导体器件和高度集成的芯片;借助宇宙空间实验室的特殊环境,制备出地球上无法获得的具有特殊性能的新材料,如高纯金属等。

四、仿生化

仿生材料是通过简单且丰富的原料,模仿生物体的复杂过程,制得的高强度且多功能的新材料。其开发思路是通过研究生物体的结构与功能获得制备新材料的思路和方法,再将这些原理应用于材料设计和制造。例如,蜘蛛丝比钢丝更强韧、更有弹性,能够抵御外界冲击,且在低温下表现优异,是制造防弹服和降落伞的理想材料。通过将水溶性蛋白质分子纺织成坚韧且不溶解的人造蛛丝,可用于制作军用品。

在生物医用材料方面,仿生材料可模仿人体细胞外基质的结构和成分,具有出色的生物相容性,适用于人体组织和器官的修复、矫形和再生,应用前景巨大。部分仿生材料以生物合成的蛋白质为基础,替代合成人工材料,有助于解决资源和能源枯竭问题,并且不对环境造成危害。

五、绿色化

绿色材料或环境友好材料是指资源和能源消耗较少、可循环再生利用率高,或可降解使用的材料。随着普通塑料废弃物的增加,对于其耐久性所带来的自然环境问题也逐渐突显。我国在 2008 年 6 月 1 日开始实行了"限塑令",以限制塑料制品的使用。

可降解塑料通过实现绿色循环解决这一问题。通过乳酸聚合,聚乳酸等可降解材料得以合成。细菌也可以合成可降解塑料,如聚羟基丁酸酯、聚羟基戊酸酯以及它们的共聚物。通过二氧化碳的加入,还可以制备诸如聚碳酸酯等可降解塑料。这些生物可降解材料已广泛应用于日常生活中,如包装材料、牙刷、杯子等,还在医疗领域(如骨钉、骨板、缝合线等)得到了广泛使用。

在新材料的多元发展中,这些方向展现出了无限的潜力。高性能化、功能多元化、仿生设计以及绿色可持续性,都在推动新材料领域的创新和进步。随着科技的不断进步和人类对材料性能的不断追求,这些方向将继续引领新材料的发展,为各个领域带来更多可能性和机遇。

任务实施

1. 简述化工新材料的概念及分类。
2. 简述化工材料与化工新材料的区别。
3. 简述化工新材料的应用领域。
4. 查阅文献资料,简述典型的化工新材料。

任务评价

1. 知识目标的完成
是否掌握了化工新材料的概念、分类及应用。
2. 能力目标的完成
(1) 是否能够通过查阅文献调研化工新材料知识。
(2) 是否能够列举身边化工新材料的应用实例。

自测练习

1. 请简述化工新材料的基本定义。
2. 化工新材料相比传统化工材料有哪些显著优势?
3. 列举化工新材料产业的主要大类品种。
4. 功能高分子材料主要可以分为哪些类别?
5. 有机硅材料和有机氟材料在化工新材料中各扮演什么角色?
6. 简述特种橡胶与聚氨酯在哪些领域有重要应用。
7. 化工新材料的发展方向有哪些?
8. 化工新材料在航空航天领域中的具体应用有哪些?
9. 化工新材料如何助力新能源汽车的发展?

任务三　认识高分子材料

任务提出 »»»»

　　高分子材料,作为现代材料科学的重要组成部分,是一类由众多原子或较小分子通过共价键结合而成的大分子化合物。这些大分子通常具有重复的结构单元,赋予了高分子材料独特的物理和化学性质。本次任务旨在探讨高分子材料的基本概念,并在此基础上深入分析高分子材料在日常生活、工业生产以及尖端科技领域中的广泛应用。同学们将通过资料查阅和实践探索,了解高分子材料如何改变我们的生活,以及其在未来科技发展中可能扮演的角色。

 知识链接

▶ 知识点一　高分子材料的三个发展阶段 ◀

一、第一阶段:高分子材料的诞生早于科学概念的确立

1. 天然橡胶的应用、开发与改进

　　在中美洲和南美洲,大约在 11 世纪左右,当地居民开始利用天然橡胶制作游戏和生活用品,如容器和雨具等。直到 18 世纪,法国人在南美洲亚马孙河地区发现了野生橡胶树。这些树被当地印第安人称为"流泪的树",并通过当地的印第安语翻译而来。当橡胶树皮被割开时,流出一种乳液,也就是天然橡胶。到了 19 世纪中叶,英国人将橡胶树种子引入斯里兰卡,并逐渐扩大到马来西亚、印度尼西亚等地。

　　1832 年,英国建立了世界上第一家橡胶工厂,开始生产防水胶布。这个工厂采用了溶解法,即将橡胶溶解在有机溶剂中,然后涂覆在布料上。然而,当时的橡胶制品在温度变化下表现不稳定,遇冷变硬,加热则变得黏稠。

　　19 世纪 40 年代,美国科学家发现将橡胶与硫黄一起加热可以消除其变硬发黏的问题,并显著提升橡胶的弹性和强度。这种硫化改性的方法极大地推动了橡胶工业的发展,因为硫化后的橡胶性能远远优于未经处理的橡胶,从而广泛应用于各个领域。

2. 天然纤维素的改良

　　天然纤维素的改良历史可以追溯到 19 世纪中叶,当时欧洲的化学家开始尝试将纤维

素硝化,制得硝化纤维素,这为再生纤维素纤维的研制奠定了基础。1884 年,法国化学家夏尔多内发明了人造丝,标志着人造纤维技术的诞生。随后,在 1890 年和 1891 年,德国人布伦内和弗雷梅以及法国人夏尔多内分别提出了在铜氨溶液和硝酸纤维素中溶解纤维素的方法,制成了铜氨纤维和硝酯纤维。

进入 19 世纪末,人们开始将纤维素溶解在氢氧化钠和二硫化碳溶液中,形成粘胶,再经过纺丝制成粘胶纤维。这种纤维具有良好的吸水性、穿着舒适且容易染色,但由于其分子经过多次化学反应,强度、耐磨性、弹性等略逊于棉纤维。

20 世纪 80 年代初,欧洲出现了可溶解纤维素高分子的新溶剂 N-甲基吗啉氮氧化合物,这种溶剂无毒且可回收,因此出现了对环境无污染的绿色粘胶丝新工艺。此后,我国也开始逐步产业化这种绿色粘胶丝技术。

除了粘胶纤维,还有其他类型的人造纤维,如以木浆为原料的莱赛尔纤维和以甲壳素为原料的甲壳素纤维等。这些人造纤维不仅丰富了纺织品的种类,还提高了纤维的可再生性和环保性。天然纤维素的改良历史是一个不断探索和创新的过程,为人类生活带来了更多的便利和舒适。

3. 最早的合成高分子材料

在 20 世纪初,美国科学家利用苯酚与甲醛的反应首次合成出一种被称为酚醛树脂的高分子材料,这被认为是最早的合成高分子材料之一。尽管当时已经有一些高分子材料的制备工艺,但天然高分子和合成高分子的结构以及聚合反应机制都尚不清楚。

二、第二阶段:科学的确立推动新材料的开发

20 世纪初,科学家们开始确认淀粉的分子式,并了解到其在水解后会得到葡萄糖。然而,淀粉分子内部的连接方式还不明确,当时的理论认为淀粉是由葡萄糖或其环状二聚体构成的。天然橡胶的裂解产物异戊二烯也被发现,但对其分子之间的连接方式以及末端结构也了解甚少。

经过近 10 年的研究,德国物理化学家斯陶丁格提出了高分子物质的概念:高分子是由具有相同化学结构的单体通过聚合形成的大分子化合物。高分子(或聚合物)即由此诞生。然而,他的这一观点遭到了当时大多数同行的反对和质疑,未能获得认可。经过两年的实验验证,斯陶丁格于 1930 年在会议上再次提出了他的高分子概念,这一次终于成功了。在此后的 10 多年时间里,关于高分子概念的争论逐渐平息,科学界对高分子的认知得以确立。之后,斯陶丁格进一步阐述了高分子稀溶液黏度与分子量之间的定量关系,并于 1932 年出版了一本名为《高分子有机化合物、橡胶和纤维素》的著作,这被公认为标志着高分子化学作为新兴学科的建立。斯陶丁格于 1953 年获得了诺贝尔化学奖。

1935 年,美国杜邦公司成功发明了己二胺与己二酸缩聚得到的聚酰胺,也就是尼龙66。到了 1938 年,这种材料实现了工业化生产。尼龙 66 被广泛应用于制作尼龙袜和二战后期的降落伞。进入 20 世纪 40 年代,乙烯类单体的自由基引发聚合技术迅速发展,使得聚氯乙烯、聚苯乙烯、有机玻璃等材料实现了工业化生产。到了 20 世纪 50 年代,从石油裂解中获得的 α-烯烃,特别是乙烯和丙烯,催生了聚乙烯和聚丙烯的大规模工业化生

产。德国的齐格勒与意大利的纳塔分别于 1952 年和 1957 年发明了用金属络合催化剂制备聚乙烯和聚丙烯的方法,为高分子化学的历史性发展做出了贡献,并因此获得了诺贝尔化学奖。

进入 20 世纪 60 年代,为满足登月任务的需求,耐高温高分子材料的研究迅速展开。耐高温材料的标准是在温度为 500℃ 的氮气环境中可持续使用一个月;在温度为 300℃ 的空气中可持续使用一个月。这类材料主要分为两类:芳香族聚酰胺和杂环高分子。芳香族聚酰胺,如由对苯二胺和间苯二酰氯缩合得到的聚间苯二甲酰对苯二胺,被用作太空服的原材料;聚对苯二甲酰对苯二胺,由对苯二胺和对苯二酰氯缩合得到,被用于制造耐高温的高分子液晶材料,应用于超声速飞机的复合材料。杂环高分子方面,聚芳酰亚胺等在高温黏合剂和宇航器材领域具有重要地位。

三、第三阶段:规模化与功能化的高分子材料发展

近年来,高分子材料工业得到了迅猛的发展,已不再仅仅是传统材料如金属、木材、棉麻和天然橡胶的替代品,而成为国民经济和国防建设中的基础材料之一。

合成高分子材料主要分为塑料、橡胶和纤维三大类。在 2001 年,这三类合成高分子材料(合成树脂、合成纤维、合成橡胶)的全球年产量已经高达约 1.8 亿吨,其中 80% 以上是合成树脂和塑料,发展速度惊人。中国作为高分子材料的生产和消费大国,合成树脂、合成纤维分别在 2009 年和 2010 年开始成为世界上生产和消费量最大的国家。在塑料领域,通用高分子材料占据 80% 的市场份额,包括高压聚乙烯、低压聚乙烯、聚丙烯、聚氯乙烯和聚苯乙烯。工程塑料在对性能要求更为严格的领域起着重要作用,如耐高温材料聚醚砜、聚苯硫醚、聚醚醚酮和聚酰亚胺等。

此外,复合材料的研究也取得了快速的发展,从最初的玻璃纤维复合材料,发展到了使用碳纤维的高温耐用复合材料。从 20 世纪 80 年代开始,高分子黏合剂和油漆涂料也开始朝着耐高温方向发展,这也意味着工程高分子材料不仅仅局限于结构材料,还开始应用于非结构材料领域。

功能性高分子材料是 20 世纪 60 年代兴起的新兴领域,随着高分子材料渗透到电子、生物、能源等领域,新型材料涌现出来。功能性高分子材料不仅具备良好的力学性能、绝缘性能和热性能,还具备物质、能量和信息的转换、传递和储存等特殊功能。

其中,化学功能高分子材料包括化学反应功能和吸附分离功能。化学反应功能高分子材料涵盖高分子试剂、高分子催化剂、高分子药物、高分子固相合成试剂和固定化酶试剂等。高分子吸附分离材料包括各种分离膜、缓释膜、半透性膜材料、离子交换树脂、高分子螯合剂、高吸水性高分子和高吸油性高分子等。

光电功能高分子材料在半导体器件、光电池、传感器、质子电导膜等方面发挥着重要作用。光功能高分子材料包括各种光稳定剂、光刻胶、感光材料、非线性光学材料、光导材料、光伏材料和光致变色材料等。电性能高分子材料包括导电聚合物、超导高分子等。能量转换功能材料包括压电性高分子材料、热电性高分子材料、电致发光材料和电致变色材料等,这些都为能源领域的创新奠定了基础。

生物医用高分子材料涵盖医用高分子材料、药用高分子材料、医药辅助高分子材料、

仿生高分子材料等。这些材料不仅在医疗领域发挥重要作用,还为生物技术和医疗技术的发展提供了支持。

总之,高分子材料的发展经历了不同阶段,从最早的发展到科学概念的确立,再到规模化生产和功能化应用的阶段。这一过程不仅丰富了材料科学领域,也为人类社会的进步和发展做出了重要贡献。

▶ 知识点二　高分子材料展望 ◀

高分子材料,作为现代科技和工业发展的基石之一,自 20 世纪中叶以来,以其独特的性能、广泛的应用领域以及持续的技术创新,深刻改变了人类社会的生产生活方式。展望未来,高分子材料的发展将更加注重可持续性、智能化、高性能化以及多功能化,旨在解决当前社会面临的能源危机、环境污染、健康医疗等挑战,推动人类社会向更加绿色、智能、高效的方向迈进。

一、可持续性:绿色高分子材料的兴起

随着全球对环境保护意识的增强,开发可降解、生物基及循环利用的高分子材料成为未来发展的重要趋势。生物基高分子,如聚乳酸(PLA)、聚羟基脂肪酸酯(PHA)等,来源于可再生资源(如玉米淀粉、植物油等),在自然界中能被微生物分解,减少了对化石燃料的依赖,降低了环境污染。同时,通过化学回收和物理回收技术的不断进步,废旧高分子材料的循环利用率将大幅提升,形成闭环经济模式,促进资源节约型社会的构建。

二、智能化:高分子材料的自我感知与响应

智能高分子材料,能够感知外界刺激(如温度、压力、光、电、化学物质等)并做出相应响应,为材料科学开辟了新的研究方向。例如,形状记忆高分子能在特定条件下恢复原始形状,用于制造自适应结构、智能纺织品等;刺激响应性高分子则能在药物释放、传感器、智能包装等领域展现巨大潜力。随着纳米技术和生物技术的融合,智能高分子材料将更加精准地模拟生物体的功能,如自修复、自清洁、自调节等,为医疗健康、环境保护、信息技术等领域带来革命性变化。

三、高性能化:极端环境下的稳定应用

面对航空航天、深海探测、极端气候等极端环境下的应用需求,高分子材料的高性能化成为必然趋势。通过分子结构设计、复合材料制备等手段,可以开发出具有高强度、高韧性、耐高温、耐低温、耐辐射等特性的高分子材料。例如,高性能聚合物纤维如芳纶、超高分子量聚乙烯纤维,已广泛应用于防弹衣、航空航天器、深海缆绳等领域。未来,随着对材料微观结构与性能关系的深入理解,将推动更多具有特殊功能的高性能高分子材料的诞生。

四、多功能化:跨界融合的创新应用

高分子材料的多功能化是实现其广泛应用的关键。通过共混改性、表面修饰、纳米复合等技术,可以将导电、导热、磁性、光学、生物相容性等多种功能集成于单一材料中,满足复杂多变的应用需求。例如,导电高分子在电子器件、能量存储、电磁屏蔽等领域的应用;生物相容性高分子则在组织工程、药物控释、医疗器械等方面展现出巨大价值。未来,随着跨学科研究的深入,高分子材料将更多地融入生命科学、信息技术、新能源等领域,推动跨界融合的创新发展。

综上所述,高分子材料的发展是充满无限可能的。在可持续性、智能化、高性能化、多功能化的驱动下,高分子材料不仅将继续作为现代工业的重要支撑,更将成为解决全球性挑战、推动社会进步的关键力量。未来,我们有理由相信,高分子材料将以其独特的魅力和无限的潜力,引领人类社会进入一个更加绿色、智能、高效的新时代。

▶ 知识点三　高分子的基本概念 ◀

一、高分子的定义

高分子(又称高分子化合物、高聚物)是由许多相同的、简单的重复结构单元通过共价键连接而成的大分子化合物。其通常由许多简单的单体通过聚合反应连接而成,分子量大约在 $10^4 \sim 10^6$,分子链长一般在 $10^{-7} \sim 10^{-5}$ m。这些单体通常是一些小分子,如乙烯、苯乙烯、丙烯腈等。高分子材料可以根据其合成方法分为天然高分子和合成高分子两大类。天然高分子包括纤维素、蛋白质、橡胶等,而合成高分子则包括塑料、纤维、涂料等。

二、高分子的基本术语

1. 单体

能聚合形成高分子的小分子化合物统称为单体。

例如:乙烯 $H_2C=CH_2$,丙烯 $H_2C=CH-CH_3$,聚氯乙烯 $H_2C=CH-Cl$,对苯二甲酸 $HOOC-\langle\!\bigcirc\!\rangle-COOH$,乙二醇 $HO-CH_2CH_2-OH$,己二胺 $H_2N-(CH_2)_6-NH_2$,己二酸 $HOOC-(CH_2)_4-COOH$。

2. 结构单元

单体分子通过聚合反应进入高分子重复单元的部分称为结构单元。

例如:乙烯中的 $-CH_2-CH_2-$,乙二醇中的 $-O-CH_2CH_2-O-$。

3. 重复结构单元

重复结构单元(又称链节)是高分子链中的最小重复单元,它是由一组原子或分子单元组成的,并且在整个高分子链中反复出现。重复单元通常由方括号括起来,示意其中的

原子或分子组合,而下标"n"表示它在高分子链中的重复次数。

例如:聚乙烯的重复单元可以表示为$\left[\!\!\begin{array}{c}CH_2CH_2\end{array}\!\!\right]_n$,其中$[CH_2CH_2]$是重复单元。

4. 聚合度

聚合物的聚合度是描述聚合物分子链中重复结构单元(或单体分子)的数量的概念。聚合度通常用字母"n"表示,它反映了聚合物链中特定单体重复出现的次数。较高的聚合度通常意味着更长的聚合物链,从而导致更高的分子质量。

聚合度除直接影响了聚合物的平均分子质量,还影响聚合物的其他性质,如溶解性、熔点、强度等。这些性质在聚合物的应用中具有重要作用,因此聚合度是一个关键的设计参数,可以通过调整聚合反应中的反应条件来控制。

5. 均聚物

由一种单体参加的聚合反应称为均聚合反应,其结构单元等于产物的重复结构单元。此时生成的聚合物称为均聚物,如聚乙烯、聚氯乙烯。

6. 共聚物

由两种或两种以上单体参加的反应称为共聚合反应,结构单元不等于产物的重复结构单元。此时生成的聚合物称为共聚物,如聚对苯二甲酸乙二醇酯、聚己二酰己二胺。

三、高分子的命名

高分子有许多命名法,也比较复杂,但主要有习惯命名法、系统命名法(IUPAC 法)、商品命名法和聚合物名称缩写,如表 1-1 所示。这里重点介绍常用的通俗命名法。

1. 单体名称前冠以"聚"字命名高分子

如氯乙烯聚合的高聚物称为聚氯乙烯;丙烯聚合的高聚物称为聚丙烯;己内酰胺开环聚合的高聚物称为聚己内酰胺。

2. 单体名称(或简名)后缀"树脂"两字命名高分子

如苯酚和甲醛聚合的高聚物称为酚醛树脂;尿素和甲醛聚合的高聚物称为脲醛树脂;甘油和邻苯二甲酸酐聚合的高聚物称为醇酸树脂。但现在树脂二字的应用范围已扩大,未加工的高聚物也常称为树脂,如聚苯乙烯树脂、聚氯乙烯树脂、聚酯树脂、ABS树脂等。

3. 单体名称中各取代表字后缀"橡胶"两字命名高分子

如丁二烯与苯乙烯聚合的高聚物简称为丁苯橡胶;丁二烯与丙烯腈聚合的高聚物简称为丁腈橡胶;在特定条件下用丁二烯聚合(以顺式结构为主)的高聚物简称为顺丁橡胶。

4. 高聚物的结构特征命名高分子

如对苯二甲酸与乙二醇聚合的高聚物称为聚对苯二甲酸乙二醇酯;己二胺与己二酸聚合的高聚物称为聚己二酰己二胺。

表 1-1　高分子的命名

高分子的重复结构单元	习惯命名法名称	系统名称	商品名称	英文缩写
$-CH_2-CH_2-$	聚乙烯	聚亚甲基	高密度聚乙烯、低密度聚乙烯	HDPE LDPE
$-CH_2-CH_2-$ 下CH_3	聚丙烯	聚(1-甲基亚乙基)	(丝用)丙纶	PP
$-CH_2-CH_2-$ 下Cl	聚氯乙烯	聚(1-氯亚乙基)	(丝用)氯纶	PVC
$-CH_2-CH-$ 下CN	聚丙烯腈	聚(1-氰基亚乙基)	(丝用)腈纶	PAN
CH_2-CH- 苯环	聚苯乙烯	聚(1-苯基亚乙基)		PS
$-CH_2-CH-$ 下OCOCH_3	聚醋酸乙烯酯	聚(1-乙酰氧基亚乙基)		PVAc
$-CH_2-C(CH_3)-$ 下COOCH_3	聚甲基丙烯酸甲酯	聚[(1-甲氧基羰基)-1-甲基亚乙基]	有机玻璃	PMMA
$-CH_2-CH-$ 下OH	聚乙烯醇	聚(1-羟基亚乙基)		PVA
$-CF_2-CF_2-$	聚四氟乙烯	聚(二氟亚甲基)		PTFE
$-CH_2-C(CH_3)_2-$	聚异丁烯	聚(1,1-二甲基亚乙基)		PIB
$-CH_2-CH_2-O-$	聚环氧乙烷	聚(氧化乙基)		PEOX
$-CH_2-O-$	聚甲醛	聚(氧化亚甲基)		POM
$-CO-$苯环$-OCO-(CH_2)_2-O-$	聚对苯二甲酸乙二醇酯	聚(氧亚乙基对苯二酰)	涤纶	PET
$-CO-(CH_2)_4-COHN-(CH_2)_6-NH-$	聚己二酰己二胺	聚[亚氨基(1-氧代六亚甲基)]	锦纶-66或尼龙-66	PA-66
$-HN-(CH_2)_5-CO-$	聚己内酰胺	聚氨基己内酰胺	锦纶-6或尼龙-6	PA-6

四、高分子的分类

高分子的种类很多,可以从不同的角度进行分类。

1. 根据高分子的来源分类

高分子按照其来源可分为天然高分子、半天然高分子和合成高分子。

(1) 天然高分子

天然高分子是指自然界天然存在的高分子化合物,如淀粉、纤维素、明胶、蚕丝、羊毛、天然橡胶等。

(2) 半天然高分子

半天然高分子是指经化学改性后的天然高分子化合物,如硝化纤维素、醋酸纤维素等。

(3) 合成高分子

合成高分子是由小分子化合物经聚合反应形成的高分子化合物,如由乙烯聚合得到的聚乙烯、氯乙烯聚合得到的聚氯乙烯等。

2. 根据高分子的性能和用途分类

根据制成材料的性能和用途,高分子一般分为塑料、橡胶、纤维、涂料、黏合剂、功能高分子材料、绿色高分子材料等。

(1) 塑料

塑料是在一定温度和压力下具有流动性,可塑化加工成型,而产品最后能在常温下保持形状不变的一类高分子材料。塑料可分为热塑性塑料与热固性塑料两种。热塑性塑料可熔可溶,在一定条件下可以反复加工成型,对塑料制品的再生意义重大,占塑料总产量的 70% 以上,如聚乙烯、聚丙烯、聚氯乙烯等;热固性塑料不熔不溶,在一定温度与压力下加工成型时会发生化学变化,不可以反复加工,如酚醛树脂、脲醛树脂、环氧树脂等。

(2) 橡胶

在室温下具有高弹性的高分子材料称为橡胶。它在外力作用下能发生较大的形变,当外力解除后,又能迅速恢复其原来形状。橡胶具有独特的高弹性,还具有良好的耐疲劳强度、电绝缘性、耐化学腐蚀性以及耐磨性等,是国民经济中不可缺少和难以替代的重要材料。常见的有天然橡胶、丁苯橡胶、顺丁橡胶、异戊橡胶、氯丁橡胶、丁基橡胶等。

(3) 纤维

柔韧、纤细,具有相当长度、强度、弹性和吸湿性的丝状高分子材料称为纤维。纤维可分为天然纤维和化学纤维。天然纤维指棉花、羊毛、蚕丝和麻等;化学纤维指用天然或合成高分子化合物经化学加工而制得的纤维。化学纤维又分为人造纤维和合成纤维,将天然纤维经化学处理与机械加工而制得的纤维称为人造纤维,如人造丝(粘胶纤维);由合成的高分子化合物经加工而制得的纤维称为合成纤维,如聚酯纤维(涤纶)、聚酰胺纤维(尼龙)、聚丙烯腈纤维(腈纶)和聚丙烯纤维(丙纶)等。

实质上,塑料、橡胶和纤维这三类聚合物有时很难严格区分。例如,聚丙烯既可制成塑料制品,也可制成丙纶纤维;聚酯、聚酰胺既可以做工程塑料又可做纤维等。通常把塑料、合成橡胶、合成纤维称为三大合成材料。

（4）涂料

涂料是指具有流动状态或粉末状态的有机物质,把它涂布在物体表面上,经干燥、固化或熔融固化形成一层薄膜,可均匀地覆盖并良好地附着于物质表面上。涂料按成膜物质的分散形态分为无溶剂型涂料、溶液型涂料、分散性涂料、乳胶型涂料、粉末涂料等。

（5）黏合剂

通过表面黏结力和内聚力把各种材料黏合在一起,并且在结合处有足够强度的物质称为黏合剂,又称胶黏剂,属于非金属材料。胶黏剂中最重要的是以聚合物为基本组成,多组分体系的高分子胶黏剂。按黏合剂中主要组分不同可分为无机黏合剂（如磷酸盐型、硅酸盐型、硼酸盐型等）、有机黏合剂（如松香甘油酯、环氧树脂、聚氨酯等）。

（6）功能高分子材料

具有物质能量、信息的传递、转换和贮存作用的高分子材料及其复合材料称为功能高分子材料。与常规高分子材料（纤维、橡胶、涂料、塑料和高分子黏合剂）相比,其在物理化学性质方面明显表现出某些特殊性（如电学、光学、生物学方面的特殊功能）。功能高分子材料有时也被称为精细高分子材料,是因为其产品的产量小、产值高、制造工艺复杂。功能高分子材料主要根据其物理化学性质和应用领域分类,包括反应型功能高分子材料、电活性高分子材料、光敏高分子材料、吸附型高分子材料、高分子液晶材料、高分子膜材料和医药用高分子材料等几大类。其研究与制备主要通过对功能型小分子的高分子化,或者对普通高分子的功能化过程来实现;有时复杂的功能高分子材料还需要通过多种功能材料的复合制备得到。

（7）绿色高分子材料

绿色高分子材料是指从生产到使用过程中能节约能源和资源,废弃物排放少,对环境污染少,又能再生循环利用的高分子材料。现日益受到人们关注。人们积极、合理地进行废弃物的再生利用,保护环境,节约能源,为高分子材料的可持续发展提供了保障。

3. 根据高分子主链化学结构分类

高分子化合物通常以有机化合物为基础,根据主链结构不同,可分为碳链高分子、杂链高分子、元素有机高分子和无机高分子。

（1）碳链高分子

大分子主链完全由碳原子组成的高分子称为碳链高分子。绝大部分单烯类和二烯类聚合物属于此类,如聚乙烯、聚苯乙烯、聚氯乙烯、聚甲基丙烯酸甲酯、聚醋酸乙烯酯等,详见表1-2。

（2）杂链高分子

大分子主链中除碳原子外,还含有氧、氮、硫等杂原子的高分子称为杂链高分子,如聚酯、聚酰胺、聚甲醛、聚环氧乙烷、聚硫橡胶等,详见表1-3。

（3）元素有机高分子

大分子主链中没有碳原子,而由硅、硼、铝和氧、氮、硫、磷等原子组成,但侧基却由有机基团组成的高分子称为元素有机高分子,如聚硅氧烷、聚钛氧烷等。

（4）无机高分子

高分子主链和侧基均无碳原子的高分子称为无机高分子，如聚二硫化硅、聚二氟磷氮等。

表 1－2　常见的碳链高分子

高分子名称	重复结构单元	单体结构	英文缩写
聚乙烯	$-CH_2-CH_2-$	$H_2C=CH_2$	PE
聚丙烯	$-CH_2-\underset{CH_3}{CH}-$	$H_2C=\underset{CH_3}{CH}$	PP
聚苯乙烯	H_2C-CH- （苯环）	$H_2C=CH$ （苯环）	PS
聚氯乙烯	$-CH_2-\underset{Cl}{CH}-$	$H_2C=\underset{Cl}{CH}$	PVC
聚偏二氯乙烯	$-CH_2-\underset{Cl}{\overset{Cl}{C}}-$	$HC_2=\underset{Cl}{\overset{Cl}{C}}$	PVDC
聚四氟乙烯	$-CF_2-CF_2-$	$F_2C=CF_2$	PTFE
聚三氟氯乙烯	$-CF_2-\underset{Cl}{CF}-$	$F_2C=\underset{Cl}{CF}$	PCTEF
聚异丁烯	$-CH_2-\underset{CH_3}{\overset{CH_3}{C}}-$	$H_2C=\underset{CH_3}{\overset{CH_3}{C}}$	PIB
聚丙烯酸	$-CH_2-\underset{COOH}{CH}-$	$H_2C=\underset{COOH}{CH}$	PAA
聚丙烯酰胺	$-CH_2-\underset{CONH_2}{CH}-$	$H_2C=\underset{CONH_2}{CH}$	PAM
聚丙烯酸甲酯	$-CH_2-\underset{COOCH_3}{CH}-$	$H_2C=\underset{COOCH_3}{CH}$	PMA
聚甲基丙烯酸甲酯	$-CH_2-\underset{COOCH_3}{\overset{CH_3}{C}}-$	$H_2C=\underset{COOCH_3}{\overset{CH_3}{C}}$	PMMA
聚丙烯腈	$-CH_2-\underset{CN}{CH}-$	$H_2C=\underset{CN}{CH}$	PAN

高分子名称	重复结构单元	单体结构	英文缩写
聚醋酸乙烯酯	$-CH_2-CH-$ 　　　$OCOCH_3$	$H_2C=CH$ 　　　$OCOCH_3$	PVAc
聚乙烯醇	$-CH_2-CH-$ 　　　OH	$H_2C=CH(假想)$ 　　　OH	PVA
聚丁二烯	$-CH_2-CH=CH-CH_2-$	$H_2C=CH-CH=CH_2$	PB
聚异戊二烯	$-CH_2-CH=C-CH_2-$ 　　　　　　CH_3	$H_2C=CH-C=CH_2$ 　　　　　　CH_3	PIP
聚氯丁二烯	$-CH_2-CH=C-CH_2-$ 　　　　　　Cl	$H_2C=CH-C=CH_2$ 　　　　　　Cl	CR

表 1-3　常见的杂链高分子及元素有机高分子

高分子名称	重复结构单元	单体结构	英文缩写
聚甲醛	$-CH_2-O-$	$H_2C=O$	POM
聚环氧乙烷	$-CH_2-CH_2-O-$	H_2C-CH_2 　　＼O／	PEOX
聚环氧丙烷	$-CH_2-CH-O-$ 　　　CH_3	$H_2C-CH-CH_3$ 　　＼O／	PPOX
聚 2,6-二甲基苯醚	(见图：苯环，2,6位—CH₃，—O—)	(见图：苯环，2,6位—CH₃，—OH)	PPO
聚对苯二甲酸乙二醇酯	$-CO-$苯环$-CO-OCH_2CH_2-O-$	$HOOC-$苯环$-COOH$ $HO-CH_2-CH_2-OH$	PET
环氧树脂	$-O-$苯环$-\underset{CH_3}{\overset{CH_3}{C}}-$苯环$-O-CH_2CHCH_2-$ 　　　　　　　　　　　　　　　　　OH	$HO-$苯环$-\underset{CH_3}{\overset{CH_3}{C}}-$苯环$-OH$ $H_2C-CH-CH_3$ ＼O／	EP

续　表

高分子名称	重复结构单元	单体结构	英文缩写
聚碳酸酯	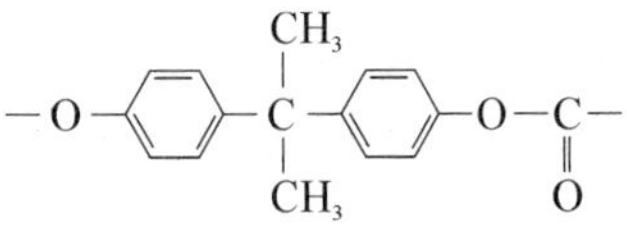	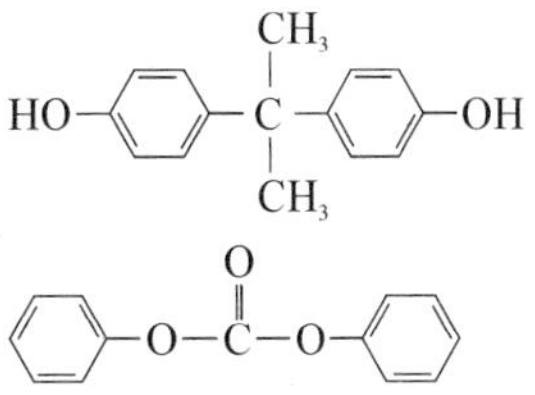	PC
聚苯砜	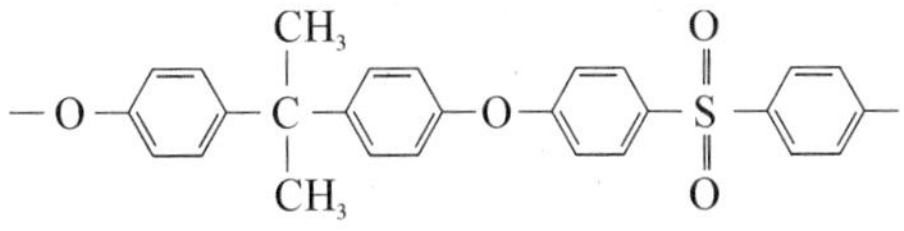	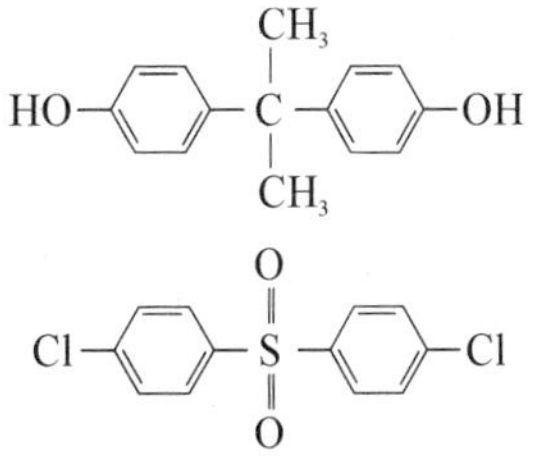	PPSU
尼龙-6	$-NH(CH_2)_5CO-$	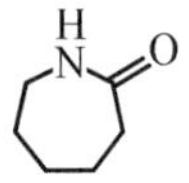	PA-6
尼龙-66	$-NH(CH_2)_6NH-OC(CH_2)_4CO-$	$H_2N(CH_2)_6NH_2$ $HOOC(CH_2)_4COOH$	PA-66
聚氨酯	$-O(CH_2)_2O-CONH(CH_2)_6NHCO-$	$HO(CH_2)_2OH$ $ONC(CH_2)_6CNO$	PU
聚脲	$-NH(CH_2)_6NH-OCNH(CH_2)_6NHCO-$	$H_2N(CH_2)_6NH_2$ $ONC(CH_2)_6CNO$	PUA
酚醛树脂	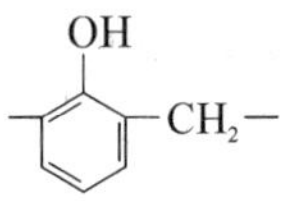	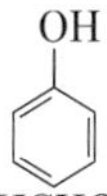	PF
聚硫橡胶	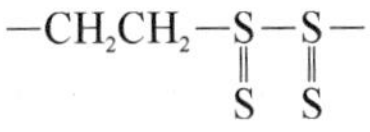	$ClCH_2CH_2Cl$ Na_2S_4	PSR
硅橡胶	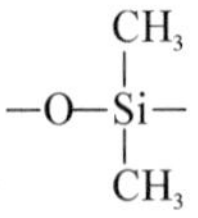	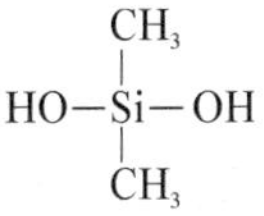	Silicone

4. 根据基本结构单元的连接方式分类

高分子中单个高分子链的几何形状可分为线型、支链型、交联型三种，如图1-6所示。

（1）线型高分子

由许多链节彼此相连、没有支链的长链分子所组成的高聚物为线型高分子,其大多数呈卷曲状,如低压聚乙烯、聚苯乙烯、涤纶、尼龙、未经硫化的天然橡胶和硅橡胶等。

（2）支链型高分子

主链上带有长支链或短支链的高聚物为支链型高分子,如高压聚乙烯、聚醋酸乙烯酯和接枝型的 ABS 树脂等。另外,近几年还合成了一些新的支链型高聚物,如星形、梳形和梯形高聚物等。

（3）交联型高分子

线型或支链型高聚物以化学键交联形成网状结构或体型结构的高聚物称为交联型高分子,如硫化后的橡胶,固化的酚醛树脂、环氧树脂和不饱和聚酯等。交联程度小,高聚物有较好的弹性,受热可软化,但不能熔融,加适当溶剂可溶胀,但不能溶解;交联程度大,高聚物不能软化,也难溶胀,但有较高的刚性、尺寸稳定性、耐热性和抗溶剂性。

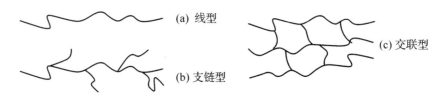

图 1-6　高分子链的几何形状

5. 根据高分子凝聚态的结构分类

高分子材料是由许多高分子链以不同方式排列和堆砌而成的凝聚体。高分子的相对分子质量大,分子链长,所以分子间有较强的凝聚力,因此,高分子的凝聚态无法以气态存在,在室温下一般凝聚成固体。加热到适当温度,都可能转变成黏滞的液体。高分子按聚集态结构可以分为结晶态高分子和非结晶态高分子。

（1）结晶态高分子

结晶态高分子由线型高分子链聚集而成,高分子链间排列整齐、紧密,如低压聚乙烯、结晶聚丙烯、聚四氟乙烯、聚甲醛、聚酰胺、聚对苯二甲酸乙二醇酯等。结晶态高分子熔点高、强度大、耐溶剂性好。

（2）非结晶（无定形）态高分子

非结晶（无定形）态高分子由无规线型、支链型高分子聚集而成,高分子链间排列杂乱、疏松,如聚氯乙烯、聚苯乙烯、聚甲基丙烯酸甲酯、天然橡胶等。无定形态高聚物透明性好、易软化、可溶性好。

五、高分子的相对分子质量及其分布

1. 高分子相对分子质量与强度的关系

聚合物的相对分子质量对其物理性质有着重大的影响。聚合物主要用作材料,如塑料用作结构材料,橡胶用作弹性材料,纤维用作纺织材料。材料共同的基本要求是强度,聚合物的强度与其相对分子质量有密切的关系,因此在聚合物合成、成型加工和应用等科学技术中,相对分子质量总是首先要考虑的指标。表1-4为一些高分子化合物和低分子化合物的相对分子质量。

表1-4　一些高分子化合物和低分子化合物的相对分子质量

一般低分子有机化合物		高分子化合物			
		天　　然		合　　成	
物质名称	相对分子质量	物质名称	相对分子质量	物质名称	相对分子质量
乙醇	46.05	淀粉	$(1\sim8)\times10^4$	涤纶树脂	$(1.5\sim2.5)\times10^4$
聚乙烯	62.5	果胶	2.7×10^4	聚氯乙烯	$(2\sim16)\times10^4$
甘油	92 105	乳酪	$(1.5\sim37.5)\times10^4$	聚乙烯	$(2\sim20)\times10^4$
葡萄糖	198.04	丝蛋白	约1.5×10^5	腈纶	$(6\sim50)\times10^4$
蔗糖	342.12	天然纤维素	约2×10^6	有机玻璃	$(5\sim14)\times10^4$

高分子强度随相对分子质量变化规律如图1-7所示。

A点处为初具强度的聚合物;在A点以上强度随相对分子质量增加而迅速增加;到临界点B点以后,强度的增加就变得缓慢;到达C点以后,随相对分子质量增加,其强度几乎不再增加。A、B点的值与聚合物的极性有关,如聚酰胺的A点值为40,B点值为150;许多乙烯基聚合物的A点在100以上,B点在400以上。大多数常用聚合物的聚合度在$200\sim2\ 000$,相应的相对分子质量为2万~20万。

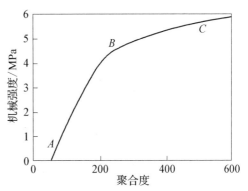

图1-7　聚合物的机械强度与聚合度的关系

2. 高分子相对分子质量表示方法

合成高分子是由许多相对分子质量大小不等的同系物高聚物分子合成的混合物。因此,高分子的相对分子质量都是统计平均值,统计测定方法不同,所得到的高聚物相对分子质量也不同,如数均相对分子质量$\bar{M}_n$、重均相对分子质量$\bar{M}_w$等。

3. 相对分子质量分布

相对分子质量不足以表征聚合物分子的大小,因为它无法明确多分散的程度。为表示多分散性,可采用两种方法:多分散系数和相对分子质量分布曲线。

(1) 多分散系数(HI)

多分散系数(也称分散指数、分布指数、分散度)是重均相对分子质量与数均相对分子质量的比值,即$HI=\bar{M}_w/\bar{M}_n$,表示相对分子质量分布的宽窄。对典型聚合物,HI在$1.5\sim50$;对单分散聚合物,$HI=1$。

(2) 相对分子质量分布曲线

高分子相对分子质量的多分散程度,通常用相对分子质量分布曲线来表示。图1-8所示为两种典型高分子的相对分子质量分布曲线。图中,纵坐标表示高分子中某一相对分子质量的分子在总分子中所占的质量分数；横坐标表示高分子的相对分子质量。曲线 a、b 分别代表两种不同的高分子相对分子质量分布曲线。

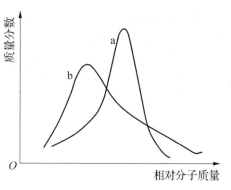

图 1-8　两种典型高分子的
相对分子质量分布曲线

聚合物的性能不仅与相对分子质量有关，而且与相对分子质量分布有关，相对分子质量分布也是影响高分子性能的重要因素之一。相对分子质量过低的部分将使高分子强度降低，相对分子质量过高的部分又使高分子成型加工时塑化困难。不同高分子材料应有其合适的相对分子质量和相对分子质量分布。一般来说，天然高分子的相对分子质量分布较合成高分子的窄，作为纤维用的高分子要求相对分子质量分布较窄，而作为塑料和橡胶制品用的高分子要求相对分子质量分布较宽。

六、高分子的形成反应

由低分子单体合成聚合物的化学反应称为聚合反应。聚合反应有多种类型，可以从不同的角度进行分类，常用的有以下几种。

1. 按单体与聚合物的组成与结构变化分类

在 20 世纪 30 年代时，美国化学家华莱士·卡罗瑟斯（Carothers）就将聚合反应分成加聚反应和缩聚反应两大类。随着高分子化学的发展，新的聚合反应不断开发，后又增列了开环反应。

（1）加聚反应

烯烃类单体（单烯类、双烯类、三键的单体）反复多次的加成反应过程称为加聚反应。加聚物的元素组成与原料单体相同，仅仅是电子结构有所改变；反应过程中无小分子物质。烯类的聚合物或碳链的聚合物大多是烯类单体通过加聚反应合成的。

（2）缩聚反应

聚合反应过程中除形成聚合物外，同时还有低分子副产物产生的反应称为缩聚反应。缩聚物的元素组成与原料单体不同，反应过程中有小分子物质析出。缩聚反应一般是含有官能团单体的反应。缩聚物通常都为杂链高分子。

（3）开环聚合反应

开环聚合是一种重要的聚合反应类型，指的是环状化合物单体在引发剂或催化剂的作用下，通过开环加成反应，逐步连接成线型或支链型高分子聚合物的过程。这种聚合方式通常在较为温和的条件下进行，副反应相对较少，因此容易得到高分子量的聚合物。常见的开环聚合单体包括环醚（如环氧乙烷）、环亚胺（如己内酰胺）等。通过开环聚合，可以得到一系列性能优异的聚合物，如聚环氧乙烷、尼龙等，这些聚合物在材料科学、生物医药等领域具有广泛的应用前景。

2. 按反应机理分类

随着对聚合反应研究深入,20 世纪 50 年代弗洛里(Flory)根据聚合反应机理和动力学的不同,将聚合反应分成连锁聚合反应和逐步聚合反应两大类。

(1) 连锁聚合

① 定义:单体经引发形成活性种,瞬间与单体连锁聚合形成高聚物的化学反应称为连锁聚合。从微观上看,该反应体系有一个活性中心,反应一次活性不消失,反而产生更多活性中心。从宏观上看,这种反应只要开始便不断自动地,甚至越来越剧烈地反应下去,直到终止。

② 特点:聚合需要活性中心,如自由基、阳离子、阴离子等;聚合过程由链引发、链增长、链终止等基元反应组成;聚合过程中一个大分子形成以后其相对分子质量变化不大,单体转化率随时间延长而增加;体系始终由单体、高相对分子质量聚合物和引发剂组成,没有相对分子质量递增的产物;大多数反应是不可逆的。

③ 分类:

a. 根据活性种的不同,连锁聚合反应可分为自由基型聚合、阳离子型聚合、阴离子型聚合、配位型聚合。

b. 根据工业实施方法的不同,连锁聚合反应可分为本体聚合、溶液聚合、悬浮聚合、乳液聚合。

④ 举例:由烯类单体加成而形成的高分子,约占合成高分子材料的 70%,其反应机理绝大部分属于连锁聚合。如 LDPE、PP、PVC、PS、PTFE、PMMA、PAN、ABS、BS 等都是连锁聚合产物。

(2) 逐步聚合反应

① 定义:逐步聚合反应是单体之间很快反应形成二聚体、三聚体……再逐步形成高聚物的化学反应。

② 特点:产物的相对分子质量随时间的延长而增加;反应初期单体转化率大;反应逐步进行,每一步的反应速率及活化能大致相同,并且每一步反应产物都可以单独存在并分离出来;逐步聚合反应大多是可逆反应。

③ 分类:

a. 根据参加反应单体的不同逐步聚合反应可分为缩聚反应、逐步加聚反应、开环逐步聚合反应。

b. 根据工业实施方法的不同逐步聚合反应可分为熔融聚合反应、溶液聚合反应、界面聚合反应、固相聚合反应。

④ 举例:由官能团单体而形成的高分子,约占合成高分子材料的 20%,其反应机理大部分属于逐步聚合,如 PET、PA、PU、EP 等都是逐步聚合产物。

任务实施

1. 简述高分子材料的发展历程。

2. 简述高分子材料的发展方向。

任务评价

1. 知识目标的完成

① 是否掌握了高分子材料的发展历程及发展方向。

② 是否掌握了高分子材料的基本概念。

2. 能力目标的完成

(1) 是否能够通过查阅文献调研化工材料知识。

(2) 是否能够列举身边高分子材料的应用实例。

自测练习

1. 高分子材料的基本定义是什么？

2. 简述高分子链的两种主要结构：线型与交联型。

3. 解释"聚合度"这一概念及其对高分子材料性能的影响。

4. 高分子材料的主要应用领域有哪些？

5. "热塑性"与"热固性"高分子材料有何区别？

6. 高分子链中的"结晶度"是如何影响材料性质的？

7. 解释"玻璃化转变温度"(T_g)及其对高分子材料使用温度的限制。

8. 在高分子合成中，"单体""低聚物"和"聚合物"之间的关系是怎样的？

9. 高分子材料按来源可以分为哪几类？

项目二
高分子材料
的生产

教学目标

知识目标

1. 掌握合成高分子材料的基本工艺路线及生产特点。

2. 掌握连锁聚合、逐步聚合的各种工业实施方法及特点。

3. 了解合成高分子材料基本原料的来源。

能力目标

1. 能利用互联网平台探寻新的聚合方法。

2. 能正确地分析合成聚合物的单体、引发剂等原料的来源。

3. 能正确依据产品用途合理地设计高分子材料生产路线。

情感目标

1. 通过创设问题、情景，激发学生的好奇心和求知欲。

2. 增进学生对化工基础原材料和高分子材料生产的认识，提高学生的基本理论知识，为后续学习奠定基础。

任务一 高分子材料的生产过程

任务介绍 ▶▶▶▶

如果将不同的单体(乙烯,乙二醇)进行聚合反应制备高分子材料,尝试初步分析合成高分子材料应包含哪些主要生产过程,单体是如何制备的,并了解主要生产岗位的工作任务。

知识链接

▶ 知识点一 高分子材料单体的来源及用途 ◀

一、单体的来源

高分子合成材料已广泛应用于各个领域中,其生产过程要求原料来源丰富、成本低、生产工艺简单、环境污染小,各种原料能综合利用、经济合理。

目前,高分子材料单体来源主要有三个途径,即石油化工路线、煤炭路线及农副产品路线。由于高分子材料合成所用单体大多数是单烯烃、二烯烃等脂肪族化合物,少数为芳烃、杂环化合物,还有二元醇、二元酸、二元胺等含官能团的化合物。除单体外,生产中还需要大量的有机溶剂,如苯、甲苯、二甲苯、加氢汽油及烷烃化合物等。所以采用石油化工技术路线是比较合理的,下面仅介绍石油化工路线。

采用石油化工技术路线的相关各工业关系如图 2-1 所示。

$$\boxed{\text{石油开采工业}} \rightarrow \boxed{\text{石油炼制工业}} \rightarrow \boxed{\text{基本有机合成工业}} \rightarrow \boxed{\text{高分子合成工业}} \rightarrow \boxed{\text{高分子材料成型加工工业}} \rightarrow \boxed{\text{高分子材料制品}}$$

图 2-1 石油化工技术路线的相关各工业关系

石油开采工业:从石油中开采出原油和油田伴生气的工业。石油炼制工业:将原油经过常减压蒸馏、催化裂化、加氢裂化、焦化、加氢精制等过程加工成各种石油产品(如汽油、煤油、柴油、润滑油等)的工业过程。基本有机合成工业:将石油炼制得到的相关油品如汽油、柴油经高温裂解、分离精制得到三烯,即乙烯、丙烯及丁二烯。再由裂解得到的轻油经催化重整加工得到三苯一萘,即苯、甲苯、二甲苯及萘,进一步可合成醇、醛、酮、有机酸、酸酐、酯以及含卤类衍生物等。基本有机合成工业不仅为高分子合成工业提供了最主要的原料——单体,并且提供溶剂、塑料用添加剂及橡胶用配合剂等。高分子合成工业:将小分子的单体聚合成相对分子质量高的合成树脂、合成橡胶及合成纤维的工业过程。高分子材料成型加工工业:将高分子合成工业的产品(合成树脂、合成橡胶及合成纤维),添加适当种类及数量的助剂,经过一定的方法加以混合或混炼,然后经各种成型方法制得经久耐用的高分子材料制品。

二、常见单体的用途

1. 乙烯和丙烯

有机合成工业中,利用石脑油或轻柴油高温裂解,主要可制得乙烯和丙烯,因为乙烯产量最大,所以一般将石油裂解装置统称为"乙烯装置"。以乙烯为单体经聚合反应可得到聚乙烯,是目前产量、用量最大的合成树脂。乙烯和丙烯用途十分广泛,同时它们也是合成其他树脂的主要原料,所以发展很快。乙烯、丙烯的主要用途如图 2-2、图 2-3 所示。

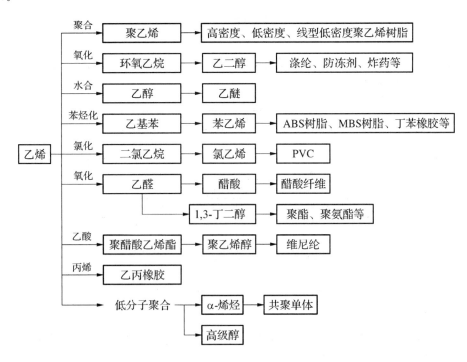

图 2-2　乙烯的主要用途

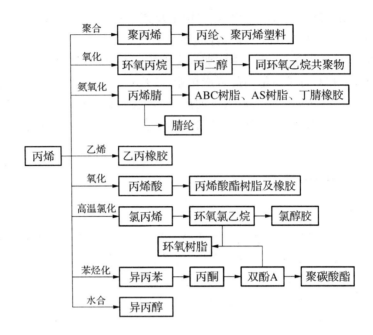

图 2-3　丙烯的主要用途

2. 1,3-丁二烯

1,3-丁二烯是合成橡胶的主要单体之一,还可生产工程塑料及热塑性树脂,1,3-丁二烯的主要用途如图 2-4 所示。

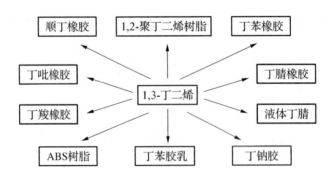

图 2-4　1,3-丁二烯的主要用途

3. 苯乙烯

苯乙烯是合成高分子材料的重要原料,利用它可制成合成橡胶、合成树脂及多种精细化工产品,苯乙烯的主要用途如图 2-5 所示。

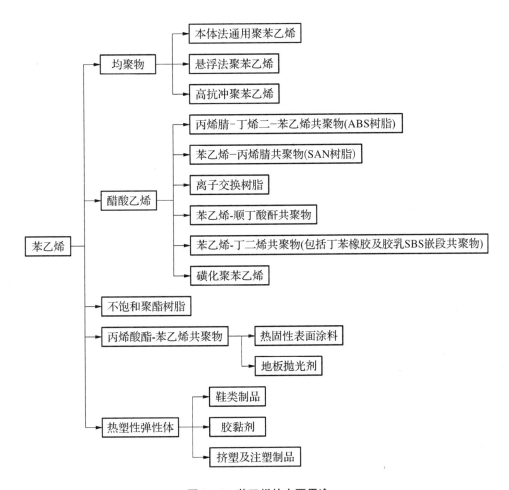

图 2-5　苯乙烯的主要用途

▶ 知识点二　高分子材料主要生产过程描述 ◀

高分子材料的生产过程主要包括原料准备与精制、引发剂的配制、聚合反应、产物分离、回收及产品后处理等工艺步骤,每步工艺过程都对产品的质量有影响。高分子材料的生产过程如图 2-6 所示。

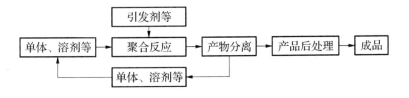

图 2-6　高分子材料的生产过程

一、原料准备与精制过程

原料准备与精制过程主要包括单体、溶剂、去离子水等原料的贮存、洗涤、精制、干燥、调整浓度等。高分子材料合成所用的大多数单体及溶剂都是有机化合物,具有易燃、易爆和有毒的特点,因此,在贮存和输送过程中应当考虑安全问题。

1. 为防止单体与空气接触产生爆炸混合物或过氧化物,要求贮存设备和输送管路的密封性要好,不应有渗漏现象。

2. 单体和溶剂贮存的温度不能过高,应尽量低温下避光贮存。

3. 在贮存区不得有烟火或其他可能引起火灾的物品。

4. 为了防止受热后单体产生自聚,单体贮罐及容器应避免阳光照射,注意采用隔热和降温措施或安装冷却装置。

5. 贮存低沸点的单体和溶剂的容器及设备需耐高压。

6. 为防止贮罐内进入空气,可通入氮气保护。

此外,合成高分子材料的生产要求单体中杂质含量少,纯度至少达到99%。因为有害杂质不仅影响聚合反应速率和产物相对分子质量,还可能造成引发剂失活或中毒。尤其是单烯烃及二烯烃单体中,要求醛、酮、炔烃含量尽量少。除单体和溶剂外,所用水及助剂的配制也应达到聚合级要求,如离子聚合反应中必须用除掉金属离子的去离子水,否则微量的金属离子也会引起引发剂失去活性。

二、引发剂的配制过程

引发剂的配制主要包括聚合用引发剂和助剂的溶解、贮存、调整浓度等过程。在该过程中,多数引发剂有受热后分解爆炸的危险,所以要充分考虑不同种类引发剂各自的稳定程度。

1. 自由基聚合用引发剂

自由基聚合用引发剂可分为油溶性引发剂和水溶性引发剂。油溶性引发剂主要是偶氮类化合物和有机过氧化物,这类引发剂受热后易分解,宜贮存在低温环境中。尤其是固体有机过氧化物易爆炸燃烧,在工业上贮存时要使用小包装,且要有一定的水分保持潮湿状态,还要注意防火、防撞击。对于液体过氧化物,可加入一定量的溶剂稀释以降低其浓度。

而水溶性引发剂主要是过硫酸盐及氧化-还原引发体系,这类引发剂一般需用水配成一定浓度溶液后再加以使用。

2. 离子型聚合用引发剂

离子型聚合所用引发剂有阳离子引发剂、阴离子引发剂及配位络合引发剂,其共同特点是不能同水及空气中的氧、醇、醛、酮等极性化合物接触,否则易引起引发剂中毒。尤其是水的存在很容易引起引发剂的爆炸分解,使其失去活性。

烷基金属化合物和过渡金属卤化物是离子型聚合,尤其是阴离子聚合和配位聚合中常用的引发剂。烷基金属化合物的危险性最大,遇氧后会发生爆炸。如三乙基铝接触空气就会自燃,遇水则会发生强烈反应而爆炸,使用时要特别小心,贮存处应有消防设备,配制好的催化剂应用氮气或其他惰性气体加以保护。

过渡金属卤化物如 $TiCl_4$、$TiCl_3$、$AlCl_3$ 及 BF_3 等,易水解放出腐蚀性的气体。因此,接触的空气或惰性气体应当十分干燥,使用容器、管道及贮罐应用惰性干燥气体或无水溶剂冲洗。此外,$TiCl_4$ 和 $TiCl_3$ 易与空气中的氧反应,在贮存和运输中要严格防止接触空气。

3. 缩聚反应用催化剂

缩聚反应是官能团之间逐步缩合聚合形成高分子材料的反应。缩聚反应中即使不加催化剂也可以完成聚合反应,但有时为了加快反应速率,也需加入一定量的催化剂。该类反应的催化剂大多数是酸、碱和金属盐类化合物,一般不属于易燃、易爆化合物,但对人体有一定的伤害,使用时也要注意安全。

三、聚合反应过程

高分子材料的聚合反应过程是高分子材料合成工艺中的核心过程,也是最关键的步骤,对整个高分子材料的生产起决定性作用,直接影响产物的结构、性能及应用。不同的聚合实施方法,其聚合反应的控制因素不同,主要需考虑以下几个方面。

1. 对聚合体系的要求

聚合体系中单体、分散介质(水、有机溶剂)和助剂的纯度应达要求,不含有害于聚合反应的杂质,不含影响聚合物色泽的杂质。同时要满足生产用量及配比要求。

2. 对反应条件的要求

聚合反应多为放热反应,不同单体聚合热差别很大。聚合温度主要影响聚合反应速率、产物的相对分子质量及分布。因此,为控制高分子材料产品的质量,通常要求聚合反应体系的温度波动与变化不能太大。聚合反应压力主要对沸点低、易挥发的单体和溶剂影响较大,影响规律与温度影响相似。因此,生产上需采用高度自动化控制。

3. 对聚合设备和辅助装置的要求

高分子材料的合成反应通常在反应器中进行,反应器应有利于加料、出料及传质、传热过程。高分子材料合成的品种很多,聚合方法不同,反应器的类型也不同。由于高分子材料产品形成之后不能精制提纯,所以对聚合生产设备的材质要求严格,设备及管道应采用不锈钢、搪玻璃或不锈钢碳钢复合材料制成。

4. 对产品牌号的控制方法

高分子材料生产中可通过改变配方或反应条件获得不同牌号(主要是相对分子质量大小及分布)的产品,常采用以下几种方法。

(1) 使用相对分子质量调节剂。在聚合过程中,链转移反应可以降低产物的相对分子质量,因此,实际生产中可添加适量的链转移剂(相对分子质量调节剂),将产品平均相对分子质量控制在一定范围内。

(2) 改变反应条件。聚合反应温度、压力不仅影响聚合反应总速率,对链增长、链终止及链转移反应速率均有不同影响,因而反应条件的改变会改变产品平均相对分子质量。工业上,最典型的是利用反应温度来得到不同牌号的聚氯乙烯树脂。

(3) 改变稳定剂、防老剂等添加剂的种类。生产中,某些品种的合成树脂与合成橡胶的牌号因所用稳定剂或防老剂的不同而改变,可根据用途选择。

四、产物分离过程

产物分离过程主要包括未反应单体的回收,脱除溶剂、引发剂、低聚物等。聚合反应后所得物料多数不是单纯的聚合物,往往还含有未反应的单体、反应用的介质水和溶剂、残留的引发剂及其他未参加反应的助剂等。为提高高分子材料产品纯度,回收未反应的单体及溶剂,降低生产成本,减少环境污染,对聚合后的物料必须进行分离,分离方法与所得高分子材料的形态有关。

五、回收过程

回收过程主要包括未反应单体和溶剂的回收与精制过程。生产中主要是回收离子聚合反应和配位聚合反应的溶液聚合方法中使用的有机溶剂,并进行精制,然后循环使用。通常采用离心过滤与精馏等单元操作进行回收。

六、产品后处理过程

产品后处理过程主要包括聚合物的输送、干燥、造粒、均匀化、贮存、包装等。经前期分离过程制得的固体高分子材料含有一定的水分和未脱除的少量溶剂,必须经过干燥脱除,才能得到干燥的合成树脂或合成橡胶。

此外,后处理过程还包括与全厂有关的三废处理和公用工程,如供电、供气、供水等项目。

▶ 知识点三 聚合反应设备 ◀

在聚合物生产中,聚合反应工序是最关键的过程,其设备是整个生产过程的核心。聚合反应设备种类很多,通常按结构分为釜式、管式、塔式、流化床及其他特殊结构的聚合反应器。

一、釜式聚合反应器

釜式聚合反应器也称为搅拌釜反应器,简称反应釜,分为有搅拌和无搅拌两种类型。这种反应器的适应性强,操作弹性较大,适用的压力和温度较宽,既可用于间歇操作,也可用于连续操作,并且釜内的温度和浓度均一,生产上容易控制,所得的产品质量均一,因而应用最广泛。一般聚氯乙烯、乳液丁苯、溶液丁苯、乙丙橡胶、顺丁橡胶等聚合物的合成均用釜式反应器。具体设备原理将在聚氯乙烯、聚丙烯、顺丁橡胶生产工艺中详细介绍。

二、管式聚合反应器

管式聚合反应器结构比较简单，属于连续流动式的反应器，一般用于处理黏度较高的均相反应物料。生产时原料从管的一端连续送入，在管内完成升温、加压及反应等，产物和未反应的单体从反应器另一端连续排出。管式反应器具体设备原理将在聚乙烯、聚丙烯生产工艺中详细介绍。

三、塔式聚合反应器

塔式聚合反应器构造简单，也属于连续流动式的反应器，具有长径比较大的垂直圆筒结构，可以是挡板式或固体填充式，塔内物料温度可沿塔高分段控制。塔式反应器主要用在聚苯乙烯的本体聚合中，其设备原理将在聚苯乙烯生产工艺中详细介绍。

四、流化床聚合反应器

流化床聚合反应器是一种垂直圆筒形或圆锥形容器，内装引发剂，生产时原料从反应器底部进入，产物从顶部引出。这类反应器中的固体颗粒在反应中处于悬浮状态，颗粒床层像液体沸腾一样，因此传热效果好，温度均匀且易控制，但单体转化率较低。由于流化床聚合反应器操作流程简单，使用日趋普遍。具体设备原理将在聚乙烯生产工艺中详细介绍。

五、其他特殊结构聚合反应器

对于高黏度的聚合体系，需要采用特殊结构的聚合反应器，如缩聚反应后期使用的卧式反应器。具体设备原理将在聚酯生产工艺中详细介绍。

▶ 知识点四　高分子材料生产过程的特点及岗位任务 ◀

一、高分子材料的生产过程特点

合成高分子材料的生产过程不同于其他化工生产，具有以下特点。

1. 要求单体具有双键和有活性的官能团，分子中含有碳碳双键及两个或两个以上的官能团，通过分子中双键或活性官能团，生成高分子材料。

2. 由小分子单体生成的高分子材料的相对分子质量是多分散性的，相对分子质量的分布不同，产品的性能差别很大，影响相对分子质量的工艺因素较多。

3. 生产过程中聚合或缩聚反应的热力学和动力学不同于一般有机反应，直接影响相对分子质量及分布、大分子结构和转化率。

4. 生产的品种多，有固体、液体，不同品种生产工艺流程差别很大。

5. 聚合反应体系中物料有均相反应和非均相反应体系，反应过程中有的有相态变化。

二、生产岗位主要工作任务

通过对高分子材料合成生产企业调研,针对高分子材料生产典型工艺过程,总结、分析、归纳出高分子材料合成产品生产中所对应的岗位任务、岗位能力、岗位知识及岗位素质的要求,如表2-1所示。

表2-1 高分子材料生成岗位任务描述

岗位名称	岗位任务	岗位能力	岗位知识	岗位素质
聚合单体岗位	聚合单体准备、精制、贮运、质检、投入及设备维护保养	能对单体进行选择、精制、存贮;能解读工艺流程,并按规程实施;能识别单体质量;能按配方计量、投入;能进行设备简单维护保养	单体来源、分类、性质、存贮;精制、计量、输送、控制原理与方法;静、动设备保养	经济意识;安全意识;环保意识;团队意识;整体运作意识
引发剂等岗位	引发剂的精制与配制;各辅助物料的精制与配制;各种计量输送;配制设备的维护保养	能对引发剂和辅助物料进行选择、存贮、精制、配制;能解读工艺流程,并按规程实施;能进行各种计量输送;能按配方计量、投入;能进行设备简单维护保养	引发剂的选择、分类、性质、存贮;精制、计量、输送、控制原理与方法;配方的计算方法;静、动设备保养	经济意识;安全意识;环保意识;团队意识;整体运作意识
聚合反应岗位	实施聚合并获得合格产品;按规程平稳操作;合理控制工艺条件;"三率"达标;聚合设备的维护与保养	能解读工艺流程,并按规程实施;能判断聚合现象并调节聚合条件;能正确使用聚合设备及仪器;能判别常见问题,并能及时处理;能对聚合设备简单维护与保养	聚合机理;实施方法;影响因素分析;DCS控制系统;操作优化方法;静、动设备保养、维修	经济意识;安全意识;环保意识;团队意识;关键意识;整体运作意识
产物分离岗位	对含有聚合物的混合物进行分离	能针对不同混合物组成,按分离方案进行分离实施;能解读分离规程;能操作分离设备;能控制分离指标;能维修保养分离设备	分离方案选择;分离原理与设备;分离控制原理;操作规程;静、动设备保养	经济意识;安全意识;环保意识;团队意识;整体运作意识
后处理岗位	聚合产物的提纯处理	能解读提纯操作规程;能实施提纯操作;能控制提纯工艺条件;能对产物均一化处理;能处理常见问题;能维护保养提纯设备	提纯原理;干燥原理;挤出造粒;均一化处理原理;静、动设备保养	经济意识;安全意识;环保意识;团队意识;整体运作意识

续　表

岗位名称	岗位任务	岗位能力	岗位知识	岗位素质
成品岗位	产品计量、抽检、包装、入库、登记、销售、付货	能使用计量、包装设备;能按规程实施计量与包装;能按规定登记、入库、付货;能进行贮存时检查管理;能进行设备维护保养	物流管理;安全管理;经济管理;营销管理	经济意识;安全意识;环保意识;团队意识;整体运作意识
回收岗位	按规程平稳操作;回收工艺条件控制;回收原料的再利用;回收设备的维护、保养	能解读回收规程;能进行回收设备操作;能控制回收工艺条件;能使用回收用电器、仪表;能处理常见回收问题;能进行设备简单维护保养	回收原理;控制方法;质量控制;节能减排;静、动设备保养	经济意识;安全意识;环保意识;团队意识;整体运作意识

任务实施

1. 简述常见的化工基础原材料及来源。
2. 简述乙烯、丙烯的应用领域。
3. 查阅文献资料,总结聚合反应过程及岗位。
4. 查阅文献资料,简述典型的聚合生产设备。

任务评价

1. 知识目标的完成
(1)是否掌握化工基础原材料及来源。
(2)是否掌握聚合生产过程及特点。
2. 能力目标的完成
(1)是否能根据所学,通过查阅文献总结聚合反应过程及岗位。
(2)是否能够列举工业产品生产实例。

自测练习

1. 列举八大化工基础原材料。
2. 列举聚合所需要的反应设备。
3. 高分子单体获得的方法有哪些?
4. 简述高分子的生产过程。
5. 画出制造高分子材料主要过程的流程图。
6. 控制聚合反应过程的因素有哪些?
7. 聚合釜式反应器的基本结构及应用场景有哪些?
8. 高分子材料生产过程的特点是什么?

任务二　聚合的工业实施方法

任务提出 »»»»»

　　在生产聚氯乙烯的过程中,单体氯乙烯作为一种有毒的气体物质,是如何在釜式反应器中完成聚合过程的呢?

 **知识链接**

▶ 知识点一　连锁聚合工业实施方法 ◀

一、本体聚合

　　本体聚合是指单体在引发剂(有时也不加)或光、热、辐射的作用下实施聚合反应的一种方法。体系的基本组成为单体和引发剂。在工业实际生产中,有时为改进产品的性能或成型加工的需要,也加入润滑剂、稳定剂等助剂。

　　根据单体在聚合时的状态不同,本体聚合可分为气相本体聚合、液相本体聚合。目前,本体聚合主要用于合成树脂的生产,工业上典型的产品有聚乙烯、聚丙烯、聚氯乙烯、聚苯乙烯及聚甲基丙烯酸甲酯等。

　　本体聚合的主要特点是聚合反应中无其他介质,工艺过程比较简单,产品杂质少、纯度高,可实现连续化生产,生产能力大;但由于反应的聚合热较大,容易引起局部过热,致使产品产生气泡、变色,甚至引起爆聚。因此,生产中要考虑如何将聚合热移除,工业上常用的方法是对单体进行分阶段聚合,即先在聚合釜中进行预聚合,控制转化率在 $10\%\sim40\%$,然后在模具中进行薄层聚合或减慢聚合速率,同时加强冷却。此外,还必须考虑聚合产物的出料问题,如果控制不好,不仅会影响产品质量,还会造成生产事故。可根据产品特性,采用浇铸脱模制板材、熔融体挤出造粒、粉料出料等方式。

二、溶液聚合

　　溶液聚合是指将单体和引发剂溶解于适当溶剂中进行聚合反应的方法。溶液聚合体系的基本组成为单体、引发剂和溶剂,也可加入适当的助剂。

　　溶液聚合根据单体、聚合物与溶剂的互溶情况,可将其分为均相聚合和非均相聚合

(沉淀聚合)两类。均相溶液聚合指单体和生成的聚合物都溶于溶剂;非均相溶液聚合指生成的聚合物不溶于溶剂。工业上,溶液聚合多用于聚合物溶液直接使用的场合,如涂料、胶黏剂、合成纤维纺丝液、浸渍剂等的制备,其典型的产品有聚丙烯腈、聚醋酸乙烯酯、顺丁橡胶、异戊橡胶及乙丙橡胶等。

溶液聚合的主要特点是溶剂作为传热介质,使聚合反应热容易移出,聚合温度容易控制;体系中聚合物浓度较低,不易进行活性链向大分子链的转移而生成支化或交联产物;反应后的产物可以直接使用。但由于单体被溶剂稀释而浓度小,聚合速率慢,转化率低,易发生向溶剂转移的反应而使聚合产物分子量不高。此外,溶剂回收使回收工艺烦琐。

溶液聚合所用的溶剂主要是水和有机溶剂。工业上,根据单体的溶解情况及生产高分子材料溶液的用途来选择合适的溶剂,还要考虑溶剂极性、链转移大小、对引发剂(催化剂)分解速率等方面的影响,此外还要考虑溶剂的毒性、安全性和生产成本等。

一般,自由基聚合反应选择芳烃、烷烃、醇类、醚类、胺类和水作溶剂;离子型与配位溶液聚合选择烷烃、芳烃、二氧六环(1,4-二氧杂环己烷)、四氢呋喃、二甲基甲酰胺等非质子性有机溶剂。

三、悬浮聚合

悬浮聚合是将不溶于水、溶于引发剂的单体,在强烈机械搅拌和分散剂的作用下,以小液滴状态悬浮于水中完成聚合反应的方法。体系的基本组成为单体、引发剂、水和分散剂,也可加入适当的助剂。通常把单体和引发剂称为单体相,水和分散剂称为水相。

目前,悬浮聚合主要用于合成树脂的生产,如聚氯乙烯树脂、可发性聚苯乙烯、苯乙烯-丙烯腈共聚物、聚甲基丙烯酸甲酯均聚物及共聚物、聚四氟乙烯及聚醋酸乙烯酯树脂等。

悬浮聚合的主要特点是以水作为分散介质,生产成本较低,温度较易控制,产品纯度较高,无需回收,操作简单,粒状树脂可用于直接加工。但目前只能采用间歇分批生产,连续化生产尚处于研究之中。

1. 悬浮聚合体系组成

(1)单体:悬浮聚合的单体应不溶于水或溶解度很低,对水稳定而不发生水解反应。

(2)引发剂:悬浮聚合应采用油溶性引发剂。可依据单体性质和工艺条件来选择适当的引发剂。引发剂的种类和用量对聚合反应速率、聚合转化率、产物相对分子质量均有影响。

(3)分散介质:悬浮聚合应采用去离子水,水中杂质的存在会影响产品外观质量、性能,也会产生阻聚作用而降低聚合速率。水的作用是能维持单体或聚合物粒子成稳定的悬浮状态,同时也能作为传热介质,将聚合热及时传递出去。

(4)分散剂:分散剂的主要作用是帮助单体分散成液滴,在液滴表面形成保护膜,防止聚合早期液滴或中后期粒子的黏并。按照化学性质,可将悬浮聚合用分散剂分为水溶性高分子化合物和非水溶性无机固体粉末两大类。

水溶性高分子化合物分散剂包括天然高分子化合物和合成高分子化合物两类,都是一些非离子性表面活性极弱的物质。常用的有明胶、淀粉、纤维素醚类(甲基纤维素、羟乙基纤维素等)、聚乙烯醇、聚丙烯酸、马来酸酐-苯乙烯共聚物等。水溶性高分子化合物分散剂溶于水的部分分散于水相中,另一部分吸附在单体液滴表面起保护作用。

非水溶性无机固体粉末分散剂主要有碳酸镁、碳酸钙和滑石粉等,它们的作用机理是细粉末吸附在液滴表面,起着机械隔离作用,防止液滴相互碰撞和聚集。

悬浮体系中除单体和引发剂外,有时为了控制产物的相对分子质量,单体相中也可加入少量的相对分子质量调节剂、稳定剂、颜料等助剂,水相中加入水相阻聚剂等。

2. 悬浮聚合的机理

悬浮聚合的场所是单体液滴内,而每个小液滴内只有单体和引发剂,因此,是在每个小液滴内实施本体聚合。

(1)单体液滴的形成过程

将溶有引发剂的油状单体倒入水和分散剂形成的水相中,单体相将浮于水相上层。进行机械搅拌时,由于剪切力的作用,单体液层先被拉成细条形,然后分散成单体液滴,在一定的搅拌强度和分散剂作用下,大小不等的液滴通过一系列的分散和结合过程,构成一定的动平衡,最后得到大小均匀的粒子。

(2)聚合物粒子的形成过程

根据聚合物在单体中的溶解情况,悬浮聚合可分为均相聚合(珠状聚合)和非均相聚合(粉状聚合)两种,其成粒机理是不同的。

聚氯乙烯均聚体系是典型的粉状悬浮聚合,其形成过程分为五个阶段:

第一阶段:转化率不大于0.1%,在搅拌和分散剂作用下,形成0.05~0.3 mm的微小液滴。当单体聚合形成约10个以上高分子链时,高分子链就从液滴单体相中沉淀出来。

第二阶段:转化率为0.1%~1%,是粒子形成阶段。沉淀出来的高分子链合并形成0.1~0.6 μm的初级粒子,液滴逐渐由单体液相转变为由单体液相和高分子材料固相组成的非均相体系。

第三阶段:转化率为1%~70%,是粒子生长阶段。液滴内初级粒子逐渐增多,合并成次级粒子,次级粒子又相互凝结形成一定的颗粒骨架。

第四阶段:转化率为70%~85%,溶胀高分子材料的单体继续聚合,粒子由疏松变得结实而不透明。生产上经常控制转化率达85%时结束,回收残余单体。

第五阶段:转化率在85%以上,直至残余单体聚合完毕,最终形成坚实而不透明的高分子材料粉状粒子。

四、乳液聚合

乳液聚合是指单体和引发剂在水中由乳化剂分散成乳液状态而完成聚合反应的方法。乳液聚合体系的基本组成为单体、引发剂、水和乳化剂,也可加入适当的助剂。

乳液聚合的发展得益于天然橡胶的发现及应用。乳液聚合适用于很多类合成树脂和合成橡胶的生产,如聚氯乙烯及其共聚物、聚乙酸乙烯酯及其共聚物、聚丙烯酸酯类共聚物、丁苯橡胶、丁腈橡胶、氯丁橡胶等。

乳液聚合的主要特点是以水作反应介质,环保安全;聚合速率快,产物分子量高;反应体系黏度低,反应热易移出;胶乳可直接用作水乳漆,黏结剂等。但需要固体产品时,后处理工序多,成本较高;产品中往往留有乳化剂杂质,难以完全除净,影响性能。

1. 乳液聚合体系中各组分的作用

(1) 单体:能够进行乳液聚合的单体很多,但必须具备三个条件。一是可以增溶溶解但不能全部溶解于乳化剂水溶液;二是可在发生增溶溶解作用的温度下进行聚合反应;三是与水或乳化剂无任何活化作用。

(2) 引发剂:乳液聚合采用水溶性引发剂,常用的是无机过氧化物或氧化-还原引发体系。可依据单体性质和工艺条件选择适当的引发剂,引发剂的种类和用量对聚合反应速率、聚合转化率、产物分子量均有影响。

(3) 水:乳液聚合用水必须是去离子水,水中杂质的存在会影响产品性能。水的作用是分散介质,保证胶乳有良好的稳定性。

(4) 乳化剂:乳化剂也称表面活性剂。任何乳化剂分子总是同时含有亲水基团和亲油基团。按照亲水基团的性质,乳化剂可分为阴离子型乳化剂、阳离子型乳化剂、非离子型乳化剂和两性乳化剂四种类型。工业上常用阴离子乳化剂或阴离子乳化剂与非离子型乳化剂的混合乳化剂。乳液聚合体系中除单体和引发剂外,也可加入少量的分子量调节剂、稳定剂、颜料、防老剂等助剂。

2. 乳液聚合的聚合机理

若向纯水中加入乳化剂,将形成乳化剂水溶液。当乳化剂浓度较低时,乳化剂以分子状态溶解于水中,浓度达到一定值后,乳化剂分子开始聚集在一起形成球状、层状或棒状的胶束(分子数为 50～150 个),如图 2-7 所示。能够形成胶束的最低乳化剂浓度,称为临界胶束浓度(critical micelle concentration),简称 CMC。对一定的乳化剂而言,在一定温度下,CMC 为一定值。显然,CMC 值愈小,乳化剂的乳化能力则愈强。

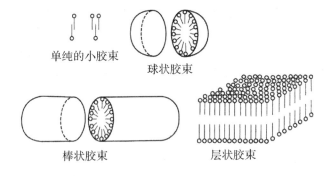

单纯的小胶束　　　球状胶束

棒状胶束　　　　层状胶束

图 2-7　各种胶束形状模型

通常,单体在水中的溶解度很小。当加入一定量的单体后,在搅拌作用下,单体被分散成单体液滴,其大小取决于单体及乳化剂的种类和数量。会有少量自由单体溶于水中,还有一部分单体被吸收到胶束内部,这种含有单体的胶束称作增容胶束。

当水溶性引发剂加入上述体系后,在一定温度下,引发剂分子在水相中分解产生初级自由基,由于溶解于水相中的自由单体和单体液滴与增容胶束相比数量少得多,相差至少

10倍以上,自由基会由水相扩散到增容胶束中,在其中引发聚合,生成聚合物链,这时的增容胶束称为乳胶粒。因此,乳液聚合不是发生在单体液滴内,增容胶束才是乳液聚合的场所。

▶ 知识点二　连锁聚合工业实施方法 ◀

逐步聚合反应的工业实施方法通常有熔融缩聚、溶液缩聚、界面缩聚、固相缩聚和乳液缩聚等。熔融缩聚的本质类似于本体聚合,溶液缩聚与溶液聚合基本相同,其他三种主要用在特种高分子的合成,属特殊聚合。

一、熔融缩聚

熔融缩聚是在没有溶剂的情况下,使反应温度高于单体和缩聚物的熔融温度(一般高于熔点10℃~25℃),体系始终保持在熔融状态下进行缩聚反应的方法。体系中可加入少量催化剂、适当的稳定剂及相对分子质量调节剂等。

熔融缩聚是工业生产线型缩聚物的最主要方法,如聚酯、聚酰胺、聚碳酸酯等都是采用熔融缩聚法进行工业生产的。

熔融缩聚的主要特点是工艺流程比较简单,产物后处理容易,产品纯净,可连续生产;但对设备要求较高,过程工艺参数指标高(高温、高压、高真空、长时间)。

二、溶液缩聚

溶液缩聚是当单体或缩聚产物在熔融温度下不够稳定而易分解变质时,为了降低反应温度,使单体溶解在适当的溶剂中进行缩聚反应的方法。

溶液缩聚的应用规模仅次于熔融缩聚,适用于熔点过高、易分解的单体缩聚过程。主要用于生产特殊结构和性能的缩聚物,如难熔融的耐热聚合物聚砜、聚酰亚胺、聚苯硫醚、聚芳香酰胺等。

与熔融缩聚相比,溶液缩聚反应缓和、平稳,不需要高真空;制得的聚合物溶液可直接作为清漆或成膜材料使用,也可直接用于纺丝;但需考虑溶剂回收,后处理会比较复杂。

三、固相缩聚

所谓固相缩聚是指温度在原料和生成的聚合物熔点以下进行的缩聚反应。采用该方法可以在温度较低的条件下制备高相对分子质量、高纯度的缩聚物,适合于熔点很高或超过熔点容易分解的单体的缩聚以及耐高温缩聚物的制备。如采用熔融缩聚只能制得相对分子质量在23 000左右的聚酯,而用固相缩聚法可制得相对分子质量在30 000以上的聚酯,可用作工程塑料或轮胎帘子线。

四、界面缩聚

界面缩聚又称相间缩聚,是在多相(一般为两相)体系中,在相的界面处进行的缩聚反应。界面缩聚是不可逆反应。相界面为每一基元反应提供适宜反应条件;在相界面处(或附近)形成初级聚合物膜;相界面处所具有的足够的表面张力是形成高相对分子质量产物的必要条件。

根据体系的相状态,界面缩聚可分为液-液界面缩聚和液-气界面缩聚。多适用于实验室或小规模合成聚酰胺、聚脲、聚砜、含磷缩聚物、螯合型缩聚物及其他耐高温的缩聚物。

任务实施

1. 简述连续聚合反应的主要工业实施方法。
2. 简述逐步聚合反应的主要工业实施方法。
3. 查阅文献资料,总结其他聚合实施方法。

任务评价

1. 知识目标的完成

是否掌握聚合工业实施方法的概念、分类及应用。

2. 能力目标的完成

是否能够通过查阅文献,探寻高分子生产过程的实施方法。

自测练习

1. 什么是本体聚合、溶液聚合? 分别有怎么样的特征? 典型产品是什么?
2. 什么是悬浮聚合? 说明体系的主要组成。
3. 悬浮液、乳浊液形成的历程有哪些?
4. 熔融聚合、固相聚合、界面聚合分别有怎么样的特征? 典型产品是什么?

项目三
高分子材料的结构与性能

教学目标

知识目标

1. 学习掌握高分子的结构层次。

2. 学习掌握高分子链的结构与形态、构象与柔性、热运动形式。

3. 学习掌握不同情况下的高分子物理状态。

4. 学习掌握高分子各种特征温度。

5. 学习高分子的力学性能。

6. 学习了解高分子的光、热、透气、热物理等性能。

能力目标

1. 能正确分析高分子链产生柔性的原因。

2. 能正确分析高分子链聚集的原因,合理应用各种结构特征指导实际应用。

3. 能根据用途合理选择高分子,并进行适当的分析。

4. 能测定高分子的各种特征温度。

5. 能测定高分子的拉伸性能和冲击性能。

情感目标

1. 通过创设问题、情景,激发学生的好奇心和求知欲。

2. 通过对高分子材料性能的了解,提高理论联系实际的能力,增强学生的兴趣,为后续工艺产品学习奠定基础。

任务一　高分子的链结构

任务介绍 ▶▶▶▶▶

　　夏日炎炎,我们在制作凉粉时会发现,最初凉粉粉末是可以溶解在热水中的,为什么当它充分冷却之后会变的软软弹弹,这时即使我们再加热凉粉也不会再融化?

📖 **知识链接**

▶ 知识点一　高分子结构概述 ◀

　　通常高分子的结构层次可以分为链结构(一次结构)、高分子的形态(二次结构)、聚集态结构(三次结构)三个层次,如图 3-1 所示。三次结构以上的结构又称为高次结构。高分子的结构主要包括高分子的链结构和聚集态结构,前者由原子在分子内的排列及运动所决定,后者则由分子间的相互排列及运动所决定。聚集态结构根据分子排列情况的不同,又可以分为晶态结构与非晶态结构。晶态结构包括折叠链片晶、单晶、球晶等;非晶态结构包括无规线团、链结、链球等;同时聚集态结构还要研究取向态结构与织态结构。

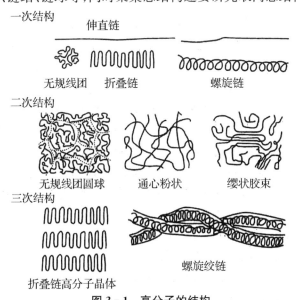

图 3-1　高分子的结构

高分子链结构对高分子基本性质起决定性作用。例如,聚乙烯柔软能结晶;无规立构聚苯乙烯硬而脆,不能结晶;全同立构聚丙烯常温下是结晶固体,而无规立构聚丙烯常温下却为黏稠性液体。

高分子聚集态结构是决定高分子制品使用性能的主要因素,其主要取决于成型加工的过程。即使是具有同样链结构的同一种高分子,由于成型加工的条件不同,其制品的使用性能也会有很大的差别。例如,结晶取向的程度不同,直接影响纤维和薄膜的力学强度;晶粒的大小和形态会影响塑料制品的冲击强度、开裂性能和薄膜的透明度。

结构是分子运动的基础,分子运动是分子内和分子间相互作用力的表现。研究高分子结构的目的在于了解高分子内和高分子间相互作用力的本质,从而了解高分子运动,并建立高分子结构与性能的联系。这对于合成具有指定性能的高分子与高分子的成型加工具有重要的意义。

▶ 知识点二　高分子链的化学结构及构型 ◀

高分子链的化学结构及构型与化学组成、重复结构单元的连接方式、链的几何形状、旋光异构、几何异构等有关。

一、化学组成

主链由碳原子组成的高分子称为碳链高分子。由于取代基的不同,高分子链的化学结构不同,它们性能相差很大,如聚乙烯、聚丙烯、聚苯乙烯、聚氯乙烯、聚丙烯腈等。

主链上不但有碳原子,还引入了 O、N、Si、P、S、B 等元素的高分子称为杂链高分子或元素有机高分子,它们与碳链高分子的结构及性能明显不同,如聚酰胺、聚酯、聚砜等。

二、重复结构单元的连接方式

对于均聚物而言,重复结构单元的连接方式有头-头、头-尾、尾-尾三种。由于能量与位阻的原因,主要的连接方式是头-尾连接。例如:

$$\sim CH_2-CH-CH_2-CH-CH_2-CH-CH_2\sim$$
$$\qquad\quad | \qquad\qquad | \qquad\qquad |$$
$$\qquad\quad X \qquad\qquad X \qquad\qquad X$$

对于双组分共聚物而言,由于两种单体链节的连接方式不同,相应产生了四种性能不同的共聚物,即无规共聚物、交替共聚物、嵌段共聚物、接枝共聚物。无规共聚物的分子链中,两种单体无规则排列,造成分子链的不均匀性;交替共聚物的分子链节是均匀的,而嵌段共聚物和接枝共聚物,则是由聚合物 A 包围聚合物 B,或由聚合物 B 包围聚合物 A,造成聚集态的不均一性。如乙烯、丙烯的交替共聚物呈橡胶性质,而乙烯、丙烯的嵌段共聚物由于还保留各段的结晶能力,呈塑料性质。

无规共聚物:~AABABBBABBBAAABAABBB~

交替共聚物:~ABABABABABABABABABABA~

嵌段共聚物:~AAAAAAAAABBBBBBBBBB~(两段)

~SSSSSSSBBBBBBBBAAAAAAA~(三段)

接枝共聚物：

三、链的几何形状

高分子链的几何形状可以分为线型、支链型、网型、梯型、体型等，其中支链型还包括梳型、篦型和星型，如图 3-2 所示。

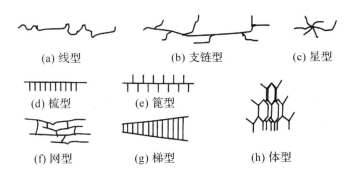

(a) 线型　　　　　(b) 支链型　　　(c) 星型

(d) 梳型　　　　　(e) 篦型

(f) 网型　　　　(g) 梯型　　　　(h) 体型

图 3-2　高分子链的几何形状

四、旋光异构与几何异构

旋光异构是由不对称碳原子存在于分子中而引起的异构现象。由于不对称碳原子的存在，构成的互为镜影的左旋和右旋两种异构体称为旋光异构体，它们的化学性质相同而旋光性不同。例如，乙烯基类聚合物的高分子中，由于不对称碳原子两端链节数不完全相等，在一个链节中若有一个不对称碳原子就有两种旋光异构单元存在。它们在高分子链中有三种立构排列方式，即全同立构、间同立构、无规立构。对于 $RHC=CHR'$ 型单体聚合而成的高分子链则形成双等规立构体。

几何异构是由双键不能内旋转而引起的异构现象。如顺式聚 1,4-丁二烯和反式聚 1,4-丁二烯即属于几何异构。

▷ 知识点三　高分子链的构象与柔性 ◁

柔性是指高分子有改变分子链形态的能力，其产生的原因是存在单键（σ 键）的内旋转。而构象就是因碳-碳单键内旋而产生的异构现象。

一、分子链的内旋转

以小分子的内旋转为例，二氯乙烷碳-碳单键内旋转产生的结果是构象不断发生反式→旁式→重式→顺式→……的变化，势能也不断变化，如图 3-3 所示。内旋转的难易取决于旋转的位能 U 大小，U 越低越易进行。一般取代基的电负性大、数量多，位能就大。

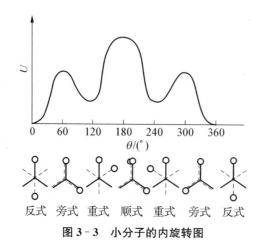

图 3-3　小分子的内旋转图　　　　　图 3-4　高分子的内旋转

高分子链内旋转的本质与小分子是一样的。只不过高分子链中碳-碳单键多,内旋转复杂,构象多而已,如图 3-4 所示。若高分子链中相邻化学键的键角不变,且每个键都能绕前一个键旋转,就会使高分子链呈现易卷曲、具有柔软性的特点,微观上为一无规线团。

根据高分子链内旋转难易程度的不同,可以将高分子链分为绝对柔性链、绝对刚性链和实际高分子链三种形式。第一种是指单个高分子链上没有任何取代基的阻碍,构象间势能差很小,内旋转完全自由(θ 角为任意值),一个链节就是一个运动单元,最后形成无规的线团。第二种是指高分子链伸直成锯齿状,保持一定键角,内旋转不能表现出来,整个高分子链为一个运动单元。前两种是极限情况下的高分子链。而实际高分子链是指高分子链上因取代基、非键合原子或原子团接近时有阻碍作用,所以具有一定的柔性而呈一定的卷曲性,其运动单元是由若干个链节组成的链段,即链节分组运动。

链段是由于分子内旋转受阻而在高分子链中能够自由转动的单元长度。链段的长短与高分子的结构有直接关系,是描述高分子链柔性的尺度。对于不同的高分子而言,在相同的温度下链段越短(即组成链段的链节数越少),则高分子链的柔性越大;链段越长(即组成链段的链节数越多),则高分子链的柔性越小。例如,聚异丁烯的链段由 20～25 个链节组成,而聚氯乙烯的链段由 75～125 个链节组成,所以前者的柔性比后者大得多。

二、影响高分子链柔性的主要因素

1. 主链结构的影响

主链结构对高分子链的柔性起决定性作用。如果主链全部由单键组成,由于链上每个键都能够内旋转,所以链的柔性很大。但单键的内旋转又与键角、键长有关,不同的单键因键长、键角不同,使得旋转时的内阻不同,会造成柔性不同。一般规律是键角越大,键长越长,旋转时的内阻就越小,柔性就越大。

2. 取代基的影响

取代基的极性、数量、体积和位置等对高分子链的柔性均有影响。

（1）取代基的极性

取代基的极性大小决定着分子内的吸引力和势垒,也决定着分子间力的大小,从而影响高分子链的柔性。取代基极性越大,作用力越大,内旋转阻力也越大,难以内旋转,因此高分子链柔性越差,如聚氯乙烯、聚丙烯腈等。反之,取代基极性越小,作用力也越小,势垒越小,分子容易内旋转,因此高分子链柔性好,如聚丙烯、聚异丁烯等。表 3 - 1 所示是聚乙烯、聚氯乙烯和聚丙烯腈的比较。

表 3 - 1　聚乙烯、聚氯乙烯和聚丙烯腈的比较

	取代基	极性	分子间力	柔性	刚性系数	T_g/K
聚乙烯(PE)	—H	小	小	大	1.63	160
聚氯乙烯(PVC)	—Cl	↓	↓	↓	2.32	355
聚丙烯腈(PAN)	—CN	大	大	小	2.37	369

（2）取代基的数量

取代基的数量少时,其在链上的间隔距离较远,取代基的作用力及空间位阻的影响也降低,链内旋转比较容易,柔性较好,如聚氯乙烯的柔性大于聚二氯乙烯的柔性。反之,当取代基的数量多时则结果相反。

（3）取代基的体积

取代基的体积大小决定着位阻的大小,如聚苯乙烯分子中苯基的极性虽小,但因其体积大,位阻大,所以内旋转势垒大,不容易内旋转,故聚苯乙烯高分子链的刚性较大。

但当取代基为长链脂肪烃时,由于支链本身也能内旋转,同时支链的存在增大了分子间的距离,使分子间的吸引力减小,从而使高分子柔性增加。如聚甲基丙烯酸丁酯的柔性大于聚甲基丙烯酸甲酯的柔性。

（4）取代基的位置

取代基的位置不同对分子链柔性的影响不同。同一碳原子上连有两个不相同的取代基时,因对称性不好,难以内旋转,分子链的柔性降低。同一碳原子上连有两个相同的取代基时,因对称性好,易于内旋转,分子链的柔性增加。如聚偏二氯乙烯的柔性大于聚氯乙烯的柔性。

3. 交联的影响

交联对柔性的影响取决于交联度的高低。交联度低时,交联点的距离大于链段的长度,则保持柔性。交联度高时,交联点的距离小于链段的长度,则无柔性。如橡胶硫化时,当交联度达到 30% 以上,因为交联点之间不能有内旋转从而变成了硬橡胶。

主链结构、取代基和交联等因素是决定高分子链柔性的内因。环境温度则是使高分子内旋转而表现出柔性的外因。对同一高分子链而言,柔性大小随外界温度而变。高温时,热运动能量大,内旋转自由,链段短,构象多,柔性大。低温时,热运动能量小,内旋转较难,链段长,构象少,柔性小。如塑料冬天硬,而夏天软就是这个原因。

► **知识点四　高分子的热运动** ◄

高分子热运动的形式与小分子一样,有位移、转动和振动三种。在热运动能量不足以破坏次价键时,原子间的共价键和次价键只能在平衡距离附近振动,不足以影响分子结构的稳定。类似小分子发生的转动及位移等形式的热运动,在高分子中比较复杂。因高分子链很长以及运动单元相互牵制等原因,使这些运动较难发生。尽管如此,高分子链仍有以下几种特殊运动形式。

一、曲柄运动

如图 3-5 所示,在碳链中当第一键与第七键共线时,在中间的碳键会像曲柄那样绕此线转动。一般来说,牵动运动的共有 8 个碳原子,所以称为 C8 链节曲柄运动。这种运动的范围小,能保持正常的键长和键角,需要的能量低,可以在较低温度下观察到。现已证明这种运动对材料的低温力学性能影响较大。

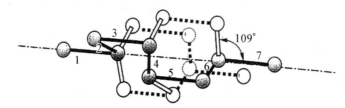

图 3-5　聚乙烯 CB 链节曲柄运动模型

二、链段运动

高分子链的一部分绕链轴的转动,称为链段运动,如图 3-6 所示。

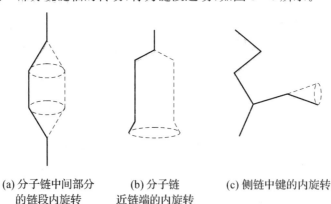

(a) 分子链中间部分　　(b) 分子链　　(c) 侧链中键的内旋转
的链段内旋转　　近链端的内旋转

图 3-6　链段运动

上述运动中分子质量重心均未发生移动,所以不能称之为分子位移。所谓的分子位移是指分子质量重心的位移。要使分子产生位移,需要整个分子链运动。但因为分子链很长,而且在聚集态中还有分子链间的相互干扰、纠缠等(图 3-7),所以产生移动的困难很大。高分子的位移运动,一般在溶液中(图 3-8)或在熔融状态下才能实现,而且需要链段向同一方向运动,互相协调,否则就会由于相互干扰和抵消而不能实现。

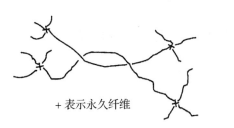

+ 表示永久纤维

图 3-7　高分子链间的相互干扰、纠缠图

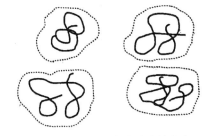

图 3-8　分子链在溶液中的状态

任务实施

1. 简述高分子化学结构的分类。
2. 简述高分子构象与柔性的关系。
3. 查阅资料,简述高分子的热运动形式。
4. 查阅文献资料,学习聚合物分子间的相互作用有哪些。

任务评价

1. 知识目标的完成

是否掌握高分子链的结构与形态、构象与柔性、热运动形式。

2. 能力目标的完成

(1) 是否能够通过查阅文献调研高分子结构知识。

(2) 是否能够解释身边聚合材料结构与应用的实例。

自测练习

1. 说明聚合物的结构层次。
2. 为什么高分子只有固态和液态而没有气态?

任务二　高分子的物理状态

任务介绍 ▶▶▶▶

　　在日常生活中,高分子制品被分为塑料、橡胶、纤维等,那么它们的分类标准是什么? 与高分子的结构有什么关系呢?

📖 知识链接

　　高分子的物理状态不仅取决于高分子的化学结构及聚集态结构,还与温度有直接关系。因此,我们将通过热-机械曲线对高分子的物理状态进行讨论,了解高分子物理状态与结构的关系,掌握一般的实验方法,并学习通过改变结构进行改性的方法。

　　热-机械曲线又称形变-温度曲线,是表示高分子材料在一定负荷下,形变大小与温度关系的曲线。按高分子的结构可以分为:线型非晶态高分子形变-温度曲线、结晶态高分子形变-温度曲线和其他类型的形变温度曲线,这里重点介绍第一种曲线。

▶ 知识点一　非晶态高分子的形变-温度曲线 ◀

　　一般热-机械曲线是在均速升温($1℃/min$)的条件下,每 $5℃$ 用给定负荷压试样 $10\,s$,以试样的相对形变对温度作图而得到。典型的非晶态高分子的形变-温度曲线如图 3-9 所示。随着温度的升高,在一定的作用力下,整个热-机械曲线可以分为五个区。各区的特点如下。

　　A 区:当施加负荷时,高分子马上产生相应的形变,$10\,s$ 内看不到形变的增大,形变值较小。这是一般固体的共有性质,此时高分子内部结构类似玻璃,故称为玻璃态。在除去外力后,形变马上消失而恢复原状。这种可逆形变称为普弹性形变。

　　C 区:当施加负荷时,发生部分形变后,随负荷时间增加,形变缓慢增大,形变值明显较 A 区大,但 $10\,s$ 后的形变值在一定的温度范围内基本相同。此时材料呈现出类似橡胶的弹性,称为高弹态或橡胶态。形变的发生,除了普弹性形变外,主要发生了高分子链段的位移(取向)运动。但高分子间并未发生相对位移,因此在除去外力后,经过一段时间,形变也可以消除,所以是可逆的弹性形变。这种弹性形变,称为高弹性形变,此时材料为高弹态。高弹性形变是对普弹性形变而言的,指在同样的作用力下形变比较大,而且松弛性质较普弹性形变明显。

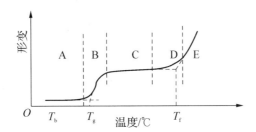

A—玻璃态;B—过渡区;C—高弹态;D—过渡区;E—黏流态;
T_b—脆化温度;T_g—玻璃化转变温度;T_f—黏流温度。

图3-9　高分子在一定负荷下的形变-温度曲线(定作用速率)

E区:当施加负荷时,高分子像黏性液体一样,发生分子黏性流动,呈现出随时间的增加而不断增大的形变值。由于发生了高分子间质量重心相对位移,此时不但形变数值大,而且负荷除去后,形变不能自动全部消除,这种不可逆特性,称为可塑性。此时,高分子所处的状态,称为黏流态或塑化态。

A区、C区、E区相应为玻璃态、高弹态、黏流态,是一般非晶态高分子所共有的,统称为物理力学三态。

B区和D区:这两区为过渡区。其性质介于前后两种状态之间。

从A区向C区转变的温度(通常以切线法求出),称为玻璃化转变温度,用T_g表示。从C区向E区转变的温度,称为黏流温度,用T_f表示。一般过渡区超过20℃,而确定转折点又有各种不同的方法,所以不同的文献中同一高分子往往有不同的T_g和T_f值。

▶ 知识点二　线型非晶态高分子的物理状态 ◀

线型非晶态高分子的物理力学状态与相对分子质量的大小有关。如图3-10所示的不同相对分子质量的聚苯乙烯的形变-温度曲线,图中前七条曲线说明当平均相对分子质量较低时,链段与整个分子链的运动是相同的,T_g与T_f重合(即无高弹态)。这种聚合物称为低聚物。随着平均相对分子质量的增大,高分子开始出现高弹态,而且T_g基本不随平均相对分子质量的增大而增高,但T_f却随平均相对分子质量的增大而增高,因此,高弹区随平均相对分子质量的增大而变宽。

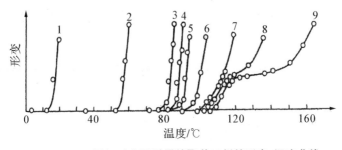

图3-10　不同相对分子质量的聚苯乙烯的形变-温度曲线

　　非晶态聚合物的物理力学状态与相对分子质量及温度的关系,如图 3 - 11 所示。高弹态与黏流态之间的过渡区随平均相对分子质量的增大而变宽,这主要是与相对分子质量的分布有关。线型非晶态高分子物理力学三态的特性与材料应用的关系如下。

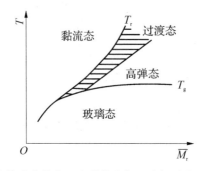

图 3 - 11　非晶态聚合物的物理力学状态与平均相对分子质量、温度的关系

1. 玻璃态

　　在受外力作用时,玻璃态高分子一般只发生键长、键角或基团的运动,不发生链段及高分子链的运动,具有一般固体的普弹性能。但从结构上说,它是液态-过冷液体,具有相当稳定的近程有序。玻璃态高分子有一定的机械性能,如刚性、硬度、抗张强度等;弹性模量比其他区大,在强力作用下,可以发生强迫高弹性形变或断裂。不能发生强迫高弹性形变的温度上限,称为脆化温度 T_b。在常温下处于玻璃态的高分子材料一般用作塑料,其使用范围一般在 T_b 和 T_g 之间。取向较好的高分子可作纤维使用。

2. 高弹态

　　高弹态高分子除具有普弹性能外,还具有高弹性能。在受力作用下,高分子可以发生链段运动,具有较大的形变,但因整个分子不能发生位移,所以在外力除去后,这种形变可以全部恢复,因此可以作高弹性材料使用。其弹性模量比塑料小两个数量级,所以比塑料软。高弹性材料的使用温度范围在 T_g 和 T_f 之间。由此可见,高分子在常温下处于高弹态的一般都可以作弹性体使用,如各种橡胶及橡皮。

3. 黏流态

　　黏流态高分子在受外力作用时,可以通过链段的协同运动实现整个高分子的位移,这时的高分子虽有一定的体积,但无固定的形状,属黏性液体,机械强度极差,稍一受力即可变形,因而有可塑性。常温下处于黏流态的高分子材料可作黏合剂、油漆等使用。黏流态在高分子材料的加工成型中处于非常重要的地位,其使用温度范围在 T_f 和 T_d(热分解温度)之间。

任务实施

　　1. 简述玻璃态、高弹态及黏流态的区别。

　　2. 画出非晶态高分子定负荷下的形变-温度曲线,并做适当分析。

　　3. 查阅文献资料,了解晶态高分子的物理形态。

任务评价

1. 知识目标的完成

是否掌握不同情况下的高分子物理状态。

2. 能力目标的完成

是否能够通过查阅文献,学习高分子的物理形态。

自测练习

描述高分子的物理状态与温度及相对分子量的关系。

任务三　特征温度

任务介绍 ▶▶▶▶▶

　　在日常生活中,塑料制品在受热后,有的可以继续使用,有的却无法继续维持原有性能和形状,那么这些聚合物在加热过程中究竟经历了哪些变化呢?

知识链接

　　常见的高分子特征温度有玻璃化转变温度(T_g)、熔点(T_m)、黏流温度(T_f)、软化温度(T_s)、热分解温度(T_d)、脆化温度(T_b)等。下面将分别介绍它们的概念、实际意义和测定方法。

知识点一　玻璃化转变温度

一、玻璃化转变温度的定义及应用

　　玻璃化转变温度是高分子链段运动开始发生(或被冻结)的温度,用 T_g 表示。它是非晶态高分子作为塑料使用时的耐热温度(或最高使用温度)和作为橡胶使用的耐寒温度(或最低使用温度)。

二、影响玻璃化转变温度的因素

　　1. 高分子主链柔性的影响

　　凡是对高分子主链柔性有影响的因素,对玻璃化转变温度都有影响。柔性越大,玻璃化转变温度越小。刚性系数越大(柔性越差),则玻璃化转变温度越高。

　　2. 分子间作用力的影响

　　分子间作用力越大,则玻璃化转变温度越高。能够在分子间形成氢键的聚酰胺、聚乙烯醇、聚丙烯酸、聚丙烯腈等的玻璃化转变温度都较高。

　　3. 相对分子质量的影响

　　玻璃化转变温度随高分子平均相对分子质量的增加而增大,当高分子平均相对分子质量增加到一定数值后,玻璃化转变温度变化不大,并趋于某一定值。

4. 共聚的影响

通过共聚的方法,可以对高分子的玻璃化转变温度进行调整。共聚物的玻璃化转变温度总是介于组成该共聚物的两个或若干个不同单体的均聚物玻璃化转变温度之间。

接枝共聚物、嵌段共聚物和两种均聚物的共混物,一般都有两个或两个以上玻璃化转变温度值。

5. 交联的影响

当分子间化学键的交联度不大时,玻璃化转变温度变化不大;当交联度增大时,玻璃化转变温度随之增大。

6. 增塑剂的影响

为改进高分子的某些物理力学性能或便于其成型加工,常常在高分子中加入某些低分子物质,以降低高分子的玻璃化转变温度和增加其流动,这就是增塑作用。通常加入的低分子物质是沸点高,能与高分子混溶的低分子液体物质,称为增塑剂。

增塑剂的加入一般分两种情况:一是极性增塑剂加入极性高分子之中。加入后,玻璃化转变温度的降低值与增塑剂的物质的量成正比。二是非极性增塑剂加入非极性高分子之中。加入后,玻璃化转变温度的降低值与增塑剂的体积分数成正比。

7. 外界条件的影响

外力大小对玻璃化转变温度有较大的影响(图3-12)。施加的外力越大,玻璃化转变温度降低得越多,即施加外力有利于链段的运动。另外,外力作用的时间、升温的速率对玻璃化转变温度都有影响。

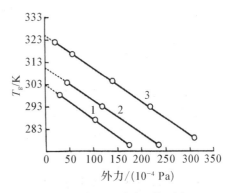

1—聚醋酸乙烯酯;2—聚苯乙烯(增塑);
3—聚乙烯醇缩丁醛。

图3-12 外力大小对玻璃化转变温度的影响

三、玻璃化转变温度的测定方法

玻璃化转变温度测定的主要依据:高分子在发生玻璃化转变的同时,高分子的密度、比体积、热膨胀系数、比热容、折光指数等物理性质参数发生变化,因此,通过相应的实验对高分子试样进行测试,就可以测出玻璃化转变温度值。最常用的测定方法有热-机械曲线法、膨胀计法、电性能测试法、差热分析法和动态力学法等。

▶ 知识点二 熔点 ◀

一、熔点的定义与应用

晶态高分子的熔点是在平衡状态下晶体完全消失的温度,一般用 T_m 表示。对于晶态高分子的塑料和纤维来说,T_m 是它们的最高使用温度,又是它们的耐热温度,还是这类高分子成型加工的最低温度。

二、影响熔点的因素

因为熔点是结晶性高分子的最高使用温度,所以熔点越高,对使用越有利。因此,可通过对影响熔点因素的分析,找到提高熔点的途径,以利于高分子的使用。

柔性越好,晶体熔化后分子链的混乱程度就越大,其熔点就越低。因此,当主链引入苯环时,柔性下降,刚性增加,可使熔点升高。

另外一种工业上常用提高高分子熔点的方法是对结晶性高分子进行高度拉伸,以使结晶完全,进而提高熔点。

三、熔点的测定方法

熔点的测定方法基本与玻璃化转变温度的测定方法相同。

▶ 知识点三　黏流温度 ◀

一、黏流温度的定义与应用

黏流温度是非晶态高分子熔化后发生黏性流动的温度,用 T_f 表示。黏流温度又是非晶态高分子从高弹态向黏流态的转变温度,是这类高分子成型加工的最低温度。这类高分子材料只有发生黏性流动时,才可能随意改变其形状。因此,黏流温度的高低,对高分子材料的成型加工有很重要的意义。黏流温度越高,越不易加工。

二、影响黏流温度的因素

影响黏流温度的因素主要是高分子链的柔性(或刚性)。柔性越大,黏流温度越低;反之,刚性越大,黏流温度越高。黏流温度的次要影响因素是高分子的平均相对分子质量,高分子的平均相对分子质量越大,分子间内摩擦越大,高分子的相对位移越难,黏流温度越高。

三、黏流温度的测定方法

黏流温度可以用热-机械曲线、差热分析等方法进行测定。但要注意,黏流温度作为加工温度的参考温度时,测定时的压力与加工时的压力越接近越好。

▶ 知识点四　软化温度 ◀

软化温度是在某一指定的应力及条件下(如试样的大小、升温速度、施加外力的方式等),高分子试样达到一定形变数值时的温度,一般用 T_s 表示。它是生产部门进行产品质量控制、塑料成型加工和应用的一个参数。常见软化温度的表示方法有如下几种:马丁耐热温度、维卡耐热温度、弯曲负荷热变形温度(简称热变形温度)。

▶ 知识点五　热分解温度 ◀

热分解温度是高分子材料开始发生交联、降解等化学变化的温度,用 T_d 表示。它是高分子材料成型加工时的最高温度,因此,黏流态的加工区间是在黏流温度与热分解温度之间。有些高分子的黏流温度与热分解温度很接近,如聚三氟氯乙烯及聚氯乙烯等,在成型时必须注意。用纯聚氯乙烯树脂成型时,难免发生部分分解或降解,导致树脂变色、解聚或降解。因此,常在聚氯乙烯树脂中加入增塑剂以降低塑化温度,并加入稳定剂以阻止分解,使加工成型得以顺利进行。对绝大部分树脂来说,加入适当的稳定剂,是保证加工质量的一个重要条件。

热分解温度的测定,可采用差热分析、热失重、热-机械曲线等方法。

▶ 知识点六　脆化温度 ◀

脆化温度是指材料在受强力作用时,从韧性断裂转为脆性断裂时的温度,用 T_b 表示。

任务实施

1. 解释玻璃化转变温度的定义,并指出其影响因素和使用价值。
2. 查阅文献资料,了解各种特征温度的测定方法。
3. 实验室动手测定玻璃化转变温度。

任务评价

1. 知识目标的完成
是否掌握高分子各种特征温度。
2. 能力目标的完成
(1) 是否能够通过查阅文献调研特征温度。
(2) 是否能够在实验室完成特征温度的测定。

自测练习

1. 什么是高分子材料的玻璃化转变温度?影响玻璃化转变温度的因素有哪些?
2. 玻璃化转变温度的测定方法是什么?
3. 什么是高分子材料的熔点?影响熔点的因素有哪些?
4. 如何认识高分子材料的老化和降解?降解的难点是什么?

任务四　力学性能

任务介绍 »»»»»

　　聚酰胺在工业上既可以做纤维(三大合成纤维之一)使用,又能做工程树脂使用,那么这两种制品之间性能上的区别在哪里?

知识链接

　　各类高分子如塑料、橡胶和纤维等,作为一种材料使用,要求具有一定形状,并在承受一定的质量或力的情况下基本不变形,即需要具备一定的力学强度。是否能满足这样的要求,主要取决于它们的力学性能。所谓力学性能是指物体受力作用与形变的关系。通过学习相关的知识,可为高分子材料的成型加工打下良好的基础。

▶ 知识点一　材料的力学概念 ◀

一、外力

　　外力是指对材料所施加的、使材料发生形变的力,一般又称为负荷,如拉力、压力等。

二、内力

　　内力是指材料为反抗外力、使材料保持原状所具有的力。在外力消除后,内力使物体恢复原状,并自行逐步消除,如弹簧、硫化橡胶的回缩力。内力也可以通过发生分子链的移动而自行消除,如未硫化的天然橡胶在定伸长维持一段时间后的情况。内力产生的本质可以从能和熵的变化来理解。外力使分子发生运动而离开势能较低或熵较大的平衡状态,到达势能较高或熵值较小的状态,因而产生自动恢复原来平衡状态的倾向。当材料的变形维持一定值时,内力与外力达到平衡,数值上大小相等、方向相反。

▶ 知识点二　材料的力学性能 ◀

　　对于大多数高分子材料,力学性能是其最重要的性能。聚合物的力学特性是由其结构特性所决定的。

一、拉伸性能

在规定的试验温度、湿度与施力速度下,沿试样轴向方向施加拉伸载荷,直至试样破坏,试样断裂时所受的最大拉伸应力,称为拉伸强度,又可称为抗张强度。拉伸强度(σ_b,单位 Pa)按式(3-1)计算:

$$\sigma_b = \frac{F}{bd} \tag{3-1}$$

式中,F 为最大破坏载荷,单位为 N;b 为试样初始宽度,单位为 m;d 为试样初始厚度,单位为 m。

试样断裂时,其增加的长度与原始长度的百分率,称为断裂伸长率(elongation at break)。断裂伸长率(ε_t)按式(3-2)计算:

$$\varepsilon_t = \frac{L - L_0}{L_0} \times 100\% \tag{3-2}$$

式中,L_0 为试样原始有效长度,单位为 mm;L 为试样断裂时的有效长度,单位为 mm。

在材料的比例极限内,由均匀分布的纵向应力所引起的横向应变与相应的纵向应变之比的绝对值叫作泊松比(Poisson's ration)。泊松比(ν)可由式(3-3)计算:

$$\nu = \frac{\varepsilon_x}{\varepsilon_y} \tag{3-3}$$

式中,ε_x 为横向应变;ε_y 为纵向应变。

在比例极限内,材料所受的拉伸应力与其所产生的相应应变之比叫作拉伸弹性模量,亦称为杨氏模量。拉伸弹性模量(E_t,单位 Pa)根据试验结果按式(3-4)计算:

$$E_t = \frac{\sigma_t}{\varepsilon_t} \tag{3-4}$$

式中,σ_t 为拉伸应力,单位为 Pa;ε_t 为断裂伸长率。

拉伸性能的测试标准参考 GB/T 1040.1—2018《塑料　拉伸性能的测定　第 1 部分:总则》、GB/T 1040.2—2022《塑料　拉伸性能的测定　第 2 部分:模塑和挤塑塑料的试验条件》、GB/T 1040.3—2006《塑料　拉伸性能的测定　第 3 部分:薄膜和薄片的试验条件》。

二、压缩性能

在试样两端施加压缩载荷直至试样破裂(脆性材料)或产生屈服(韧性材料)时所承受的最大压缩应力,称为压缩强度。压缩强度(σ_c,单位 Pa)按式(3-5)计算:

$$\sigma_c = \frac{F}{A} \tag{3-5}$$

式中，F 为破坏或屈服载荷，单位为 N；A 为试样原始横截面积，单位为 m²。

在比例极限内，压缩强度与其相应应变之比叫压缩弹性模量，简称压缩模量（E_c，单位 Pa）。压缩模量由式（3-6）计算：

$$E_c = \frac{\sigma_c}{\varepsilon_c} \tag{3-6}$$

式中，σ_c 为压缩应力，单位为 Pa；ε_c 为压缩应变。

压缩性能的测试标准参考 GB/T 1041—2008《塑料　压缩性能的测定》。

三、弯曲性能

材料在承受弯曲负荷下被破坏或达规定挠度（指材料承受荷载时会产生弯曲，当弯曲达到一定限额时被认定为破坏，这种弯曲程度便称为挠度）时所产生的最大应力，叫弯曲强度，也可称为抗弯强度或挠曲强度。弯曲强度（σ_f，单位 Pa）按式（3-7）计算：

$$\sigma_f = \frac{3PL}{2bd^2} \tag{3-7}$$

式中，P 为试样所承受的弯曲负荷，单位为 N；L 为试样跨度，单位为 m；b 为试样初始宽度，单位为 m；d 为试样初始厚度，单位为 m。

塑料在比例极限内，弯曲应力与其相应的应变之比叫作弯曲弹性模量，或简称弯曲模量。弯曲模量（E_f，单位 Pa）由式（3-8）计算：

$$E_f = \frac{\sigma_f}{\varepsilon_f} \tag{3-8}$$

式中，σ_f 为弯曲应力，单位为 Pa；ε_f 为弯曲应变。

弯曲性能的测试标准参考 GB/T 9341—2008《塑料　弯曲性能的测定》。

四、冲击性能

冲击强度，亦称抗冲强度，表示材料承受冲击负荷的最大能力，也即韧性。即在冲击负荷下，材料破坏时所消耗的功与试样的横截面积之比。材料冲击强度的测试方法很多，如摆锤法、落重法、高速拉伸法等，不同方法常测出不同的冲击强度。最常用的冲击试验方法是摆锤法，按试样的安放方式又可分为两种：简支梁冲击试验和悬臂梁冲击试验。

对于简支梁冲击试验方法，无缺口冲击强度（α_n，单位 J/m²）和缺口冲击强度（α_k，单位 J/m²）分别按式（3-9）和式（3-10）计算：

$$\alpha_n = \frac{A_n}{bd} \tag{3-9}$$

和

$$\alpha_k = \frac{A_k}{bd_k} \tag{3-10}$$

式中,A_n 为无缺口试样所消耗的功,单位为 J;A_k 为带缺口试样所消耗的功,单位为 J;b 为试样宽度,单位为 m;d 为无缺口试样厚度,单位为 m;d_k 为带缺口试样缺口处剩余厚度,单位为 m。

对于悬臂梁冲击试验方法,使用带缺口试样,其冲击强度(α_k,单位 J/m^2)按式(3-11)计算:

$$\alpha_k = \frac{A_k - \Delta E}{bd} \tag{3-11}$$

式中,A_k 为试样断裂时消耗的功,单位为 J;ΔE 为抛弃断裂试样自由端所消耗的功,单位为 J;b 为缺口处试样宽度,单位为 m;d 为无缺口试样厚度,单位为 m。

冲击性能的测试标准参考 GB/T 1043.1—2008《塑料　简支梁冲击性能的测定　第 1 部分:非仪器化冲击试验》;GB/T 1043.2—2018《塑料　简支梁冲击性能的测应　第 2 部分:仪器化冲击试验》;GB/T 1843—2008《塑料　悬臂梁冲击强度的测定》。

五、剪切性能

材料试样在剪切力作用下断裂时,单位面积所承受的最大应力,称为剪切强度。剪切强度(σ_s,单位 Pa)按式(3-12)计算:

$$\sigma_s = \frac{F}{nbl} \tag{3-12}$$

式中,F 为试样破坏时的最大剪切载荷,单位为 N;b 为试样剪切宽度,单位为 m;l 为试样剪切长度,单位为 m;对于单面剪切强度,$n=1$;双面剪切强度,$n=2$。

剪切性能的测试标准参考 HG/T 3839—2006《塑料剪切强度试验方法　穿孔法》。

六、硬度

硬度是指聚合物材料对压印、刮痕的抵抗能力。硬度的大小与材料的拉伸强度和弹性模量有关,所以有时用硬度作为拉伸强度和弹性模量的一种近似估计。根据测试方法,硬度有以下四种常用表示值。

1. 布氏硬度

布氏硬度(HB)是把一定直径的钢球,在规定的负荷作用下,压入试样并保持一定时间后,以试样上压痕深度或压痕直径来计算单位面积上承受的力,从而用作硬度值的量度。其表达式分别为式(3-13)和式(3-14):

$$HB = \frac{P}{\pi Dh} \tag{3-13}$$

或

$$HB = \frac{2}{\pi D[D - (D^2 - d^2)^{1/2}]} \tag{3-14}$$

式中,HB 为布氏硬度,单位为 Pa;P 为所施加的负荷,单位为 N;D 为钢球直径,单位为 m;d 为压痕直径,单位为 m;h 为压痕深度,单位为 m。测定布氏硬度较准确可靠,但一般适用于较软的金属材料。

2. 邵氏硬度

邵氏硬度是在施加规定负荷的标准压痕器作用下,经规定时间,用压痕器的压针压入试样的深度,作为邵氏硬度值的量度。邵氏硬度分为邵氏 A(HA)和邵氏 D(HD),前者适用于较软材料,后者适用于较硬的材料。

3. 洛氏硬度

当材料 $HB>450$ Pa 或者试样过小时,不能采用布氏硬度测试,但可用洛氏硬度测试。洛氏硬度的测试过程与布氏硬度相似,是以一定直径的钢球,在规定的负荷作用下压入试样,其深度为硬度值的量度,以 H 表示。区别在于洛氏硬度是用一个顶角为 120°的金刚石圆锥体或小尺寸钢球(1.59 mm)作为测试头,在一定载荷下压入被测材料表面,由压痕的深度求出材料的硬度。由于锥形或小尺寸的球形测试头与样品的接触面积较小且易于压入,适用于小尺寸或硬度较高的样品。此外,由于洛氏硬度压痕小,对工件损伤小,归于无损检测一类,可对成品直接进行测量;测量范围广,可测量各种软硬不同、厚薄不同的材料。但洛氏硬度的测量结果有局部性,对每一个工件测量点数一般应不少于 3 个点。而布氏硬度试验压痕面积大,数据稳定,精度高;但若被测金属表面有明显凹痕或突起等,会影响压痕直径的测量,造成测量结果的不准确;此外,布氏硬度的测试头体积较大,可压入样品的深度大且会大面积破坏样品,不适用于厚度较薄的样品或成品检测。

4. 巴氏硬度

巴氏硬度,又称巴柯尔硬度,是以特定压头在标准弹簧的压力作用下压入试样,以其压痕深度来表征该试样材料的硬度。本方法适用于测定纤维增强塑料及其制品的硬度,也适用于测量其他硬塑料的硬度。

硬度的测试标准参考 GB/T 3398.1—2008《塑料　硬度测定　第 1 部分:球压痕法》、GB/T 3398.2—2008《塑料　硬度测定　第 2 部分:洛氏硬度》;GB/T 2411—2008《塑料和硬橡胶　使用硬度计测定压痕硬度(邵氏硬度)》;GB/T 3854—2017《增强塑料巴柯尔硬度试验方法》。

七、耐蠕变性

蠕变是指在低于材料屈服强度的应力长时间作用下,材料发生永久性的变形。在恒定温度、湿度条件下,材料在恒定外力持续作用下,形变随时间延长而增加;在外力除去后形变也不会恢复。因外力性质不同,蠕变常可分为拉伸蠕变、压缩蠕变、剪切蠕变和弯曲蠕变。

耐蠕变性的测试标准参考 GB/T 11546.1—2008《塑料　蠕变性能的测定　第 1 部分:拉伸蠕变》。

八、持久强度

材料长时间经受静载荷的能力,称为持久强度。它是随外力作用时间的延长及温度升高而降低的函数,因此也称为蠕变断裂强度。它们之间的关系可以描述为:

$$\tau = \tau_0 \exp\left(\frac{U_0 - r\sigma}{kT}\right) \tag{3-15}$$

式中,τ 为持久时间,单位为 h;σ 为应力,单位为 Pa;k 为玻尔兹曼常数,1.4×10^{-23} J/k;T 为热力学温度,单位为 K;τ_0、U_0、r 为与聚合物有关的常数(τ_0表示应力引起聚合物流动变形时材料的持久时间,单位为 h;U_0表示聚合物的流动活化能,单位为 kJ/mol;r 为聚合物的应力集中系数)。

九、疲劳强度

疲劳是材料承受交变循环应力或应变时所引起的局部结构变化和内部缺陷发展的过程。它使材料力学性能显著下降,并最终导致龟裂或完全断裂。材料的疲劳强度 σ_a 可按式(3-16)计算:

$$\sigma_a = \sigma_u - k \lg N \tag{3-16}$$

式中,σ_u 为材料的初始静态抗拉强度;N 为反复应力的次数。实验表明,对于许多聚合物,存在疲劳极限 σ_e,当 $\sigma_a < \sigma_e$ 时,材料的疲劳寿命为无限大,即 $N \rightarrow \infty$ 而不破裂。对于热塑性材料,疲劳极限约为静强度的 1/4;对增强聚合物材料,此比值稍大一些;而对于某些聚合物,该比值可达 0.4~0.5。一般而言,疲劳极限与静强度的比值随分子量的增大及温度的提高而有所增加。

十、摩擦与磨损

两个相互接触的物体之间有相对位移或有相对位移趋势时,相互间产生阻碍位移的机械作用力,统称摩擦力。表示材料摩擦特性的有摩擦系数和磨损。

1. 摩擦系数

摩擦系数 μ 可根据阿蒙东(Amontons)定律,按式(3-17)计算:

$$\mu = \frac{f}{F} \tag{3-17}$$

式中,F 为正压力,单位为 N;f 为摩擦力,单位为 N。μ 与接触面积无关。

Amontons 定律对金属材料近似成立,而对高分子材料是不适用的。因为实际上看来是平滑的高分子材料表面,在微观上并不平滑,是凹凸不平的。因此两个表面之间的实际接触面积远小于表观面积,整个负荷产生的法向力由表面上凹凸不平的顶端承受。在这些接触点上,局部应力很大,致使产生很大的变形,每个顶端都被压成一个小平面。在这个小范围内,两个表面之间存在紧密的原子接触,产生黏合力。若使两个表面间产生滑动必须破坏这种黏合力,在靠近界面处发生剪切形变,这就是摩擦黏合机理的基本思想。

据此可得出修正后的摩擦力(F,单位 N):

$$F = A\sigma_s \qquad\qquad (3-18)$$

式中,A 为接触面的实际面积,单位为 m^2;σ_s 为材料的剪切强度,单位为 Pa。

2. 磨损

两种硬度差别很大的材料相对滑动时,如聚合物在金属表面的情况,较硬材料的凹凸不平处嵌入软质的表面,形成凹槽。当嵌入的尖端移动时,凹处或者复原或者软质材料被刮下来。材料在规定的试验条件下,经一定时间或历程摩擦后,材料损失量称为磨损(abrasion)。耐磨损性越好的材料,其磨损量越小。

磨损的测试标准参考 GB/T 5478—2008《塑料 滚动磨损试验方法》。

任务实施

1. 简述常用的高分子材料力学性能概念。

2. 如何在实验室测定高分子材料的拉伸性能和冲击性能?

任务评价

1. 知识目标的完成

是否掌握高分子材料的力学性能。

2. 能力目标的完成

(1) 是否能够通过查阅文献调研高分子的力学性能。

(2) 是否能够列举生活中高分子力学性能的应用实例。

自测练习

1. 如何增加高分子的强度?

2. 说明材料形变的类型,并简述影响因素。

3. 高分子材料的力学性能有哪些? 有哪些应用案例?

4. 高分子材料的硬度有哪些测试方法? 原理是什么?

任务五　物理性能

任务介绍 ▶▶▶▶▶

　　相较于传统的显示器面板材料,高分子液晶材料的导电性和透光性,它的优势在哪里。

 知识链接

▶ 知识点一　热学性能 ◀

　　热导率是衡量热量扩散快慢的一种量度,指在稳定传热条件下,垂直于导热方向单位面积、单位时间的热传导速度,也称导热系数。其可理解为垂直于导热方向取两个相距 1 m、面积为 1 m² 的平行平面,若两个平面的温度相差 1 K,则在 1 s 内从一个平面传导至另一个平面的热量就规定为该物质的热导率。

　　聚合物材料由于主要靠分子间力结合,所以热导率一般较差,固体聚合物的热导率一般在 0.22 W/(m·K) 左右;结晶聚合物的热导率稍高一些。非晶态聚合物的热导率随分子量增大而增大,这是因为热传递沿分子链进行比在分子间进行得要容易。加入低分子量的增塑剂会使热导率下降。分子的取向会引起热导率的各向异性:沿取向方向热导率增大,而横向减小。温度的变化也会影响聚合物热导率。微孔聚合物的热导率非常低,一般为0.03 W/(m·K)左右,且随密度的下降而减小。常见材料的热导率见表 3-2;常见高分子材料的热性能见表 3-3。

表 3-2　常见材料的热导率

材料	热导率/[W·(m·K)⁻¹]	材料	热导率/[W·(m·K)⁻¹]
软木	0.04~0.07	不锈钢	16.3
木材	0.18	铁	34.6~80.4
空气	0.024~0.045	石墨	129
玻璃	0.8~1.4	铝	237
石英玻璃	1.46	铜	401

材料	热导率/[W·(m·K)$^{-1}$]	材料	热导率/[W·(m·K)$^{-1}$]
—	—	银	429
—	—	金刚石	1 300～2 400

表 3-3　常见高分子材料的热性能

聚合物	线性热膨胀系数/(10^{-5} K^{-1})	比热容/[kJ·(kg·K)$^{-1}$]	热导率/[W·(m·K)$^{-1}$]	聚合物	线性热膨胀系数/(10^{-5} K^{-1})	比热容/[kJ·(kg·K)$^{-1}$]	热导率/[W·(m·K)$^{-1}$]
聚甲基丙烯酸甲酯	4.5	1.39	0.19	尼龙 6	6	1.6	0.31
聚苯乙烯	6～8	1.20	0.16	尼龙 66	9	1.7	0.25
聚氨基甲酸酯	10～20	1.76	0.3	聚对苯二甲酸乙二醇酯	6～9	1.01	0.14
聚氯乙烯（未增塑）	5～18.5	1.05	0.16	聚四氟乙烯	10	1.06	0.27
聚氯乙烯（35％增塑剂）	7～25	—	0.15	环氧树脂	8	1.05	0.17
低密度聚乙烯	13～20	1.90	0.35	氯丁橡胶	24	1.7	0.21
高密度聚乙烯	11～13	2.31	0.44	天然橡胶	—	1.92	0.18
聚丙烯	6～10	1.93	0.24	聚异丁烯	—	1.95	—
聚甲醛	10	1.47	0.23	聚醚砜	5.5	1.12	0.18

一般来说,泡沫塑料的性能强烈地依赖于生产的工艺过程及组分,其绝热效果是密度、闭孔率以及平均孔径等一些彼此并不独立的参数的复杂函数。用于绝热的泡沫塑料本质上都是闭孔的、硬质的。这类材料是由固体树脂孔壁和充满气体的孔组成,所谓闭孔是指这些孔彼此之间不相通,更不与外界相通。其中,聚苯乙烯泡沫、聚氨酯泡沫是最常用的保温材料。这类材料具有良好绝热性能的主要原因如下。

1. 聚合物树脂结晶不完善,无法实现长程有序。这种不完善的结构会阻碍热量的传递。有些无序性高的非聚合物分子组分甚至会导致其热导率随着温度降低几乎线性地下降,在低温下仅有很低的声子传导。

2. 当聚合物树脂发泡成低密度材料后,横向膨胀造成了单位面积内固体传导面积的锐减,从而使固体热传导大幅度下降。

3. 发泡还造成一种进一步减少固体热传导的"空间排布因素"。如闭孔聚氨酯泡沫塑料的孔呈多面体结构,这会导致沿聚合物孔壁传热途径的曲折。在大幅度降低固体热传导和绝热层重量的同时,发泡也导致了气体传导和辐射传热的降低。

▷ 知识点二　电学性能 ◁

聚合物的电学性能主要由其化学结构所决定,受显微结构影响较小。

绝缘材料电阻是将被测材料置于标准电极中,在给定时间后,电极两端所加电压值与电极间总电流的比值,单位为 Ω。

体积电阻率是平行于通过材料中电流方向的电位梯度与电流密度的比值,简称体积电阻率,单位为 $\Omega\cdot m$。聚合物的体积电阻率常随充电时间的延长而增加,因此常规定采用 $1\ min$ 的体积电阻率数值。通常的聚合物是电阻很高的绝缘体,体积电阻率在 $108\sim 1\ 016\ \Omega\cdot m$。常见材料的体积电阻率见表 3-4 和图 3-13。

表 3-4　常见材料的体积电阻率

材料	体积电阻率 $\rho/(\Omega\cdot m)$	材料	体积电阻率 $\rho/(\Omega\cdot m)$
铜	1.7×10^{-8}	硅	$10^{-5}\sim 10^{3}$
铁	1.0×10^{-7}	玻璃	$10^{11}\sim 10^{15}$
钛	4.2×10^{-7}	金刚石	10^{12}
石墨	$(8\sim 13)\times 10^{-6}$	陶瓷	10^{13}
锗	4.6×10^{-1}		

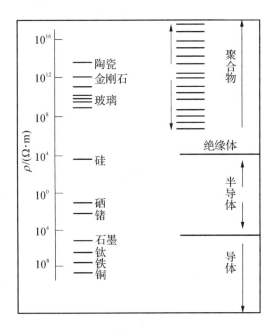

图 3-13　常见材料的体积电阻率

表面电阻率则是平行于通过材料表面电流方向的电位梯度与表面单位宽度上的电流的比值,简称表面电阻,单位为Ω。表面电阻与两电极间距(表面长度)成正比,与表面宽度成反比。如果电流是稳定的,表面电阻率在数值上即等于正方形材料两边的两个电极间的表面电阻,与该正方形大小无关。

▶ 知识点三 光学性能 ◀

一、折射率

光线从一个介质进入另外一个介质(除垂直入射外)时,任一入射角的正弦和折射角的正弦之比,称为折射率。同一介质对不同波长的光具有不同的折射率。通常所说塑料的折射率数值是对钠黄光(589.3 nm)而言。聚合物的折射率通常在1.34~2.2;常见的有机玻璃的折射率为1.5、聚苯乙烯的折射率为1.59~1.60、聚碳酸酯的折射率为1.58左右。折射率可以用阿贝折射仪或V型棱镜折射仪来测定。

二、双折射

双折射是指一条入射光线产生两条折射光线的现象。双折射是光束入射到各向异性的晶体,分解为两束光而沿不同方向折射的现象,两条光线的折射率之差,称为双折射率。具有较低对称性的高分子液晶材料,光学上通常称其为各向异性体。当自然光照射液晶材料时,除了反射光线以外,一般还存在两条折射光线,一条折射光线始终在入射面内,且满足折射定律,这条光线称为寻常光线;另一条折射光线,除了入射面与主截面相重合的情况以外,不位于入射面内,不满足折射定律,这条光线为非寻常光线。当光经过液晶时,若非寻常光的折射率大于寻常光的折射率,也就是说寻常光的传播速度大,则这种液晶材料在光学上称为正光性材料。液晶是一种各向异性的物质,光学上类似单轴晶体,所以光在液晶中传播时会发生双折射。当存在外部电场时,由于液晶介电常数和电导率的各向异性,使液晶分子受到一种使分子轴取向改变的作用力,这种电场引起的转矩会使分子轴发生旋转。因此在这种状态下,液晶的光学性质与加电场前不同,双折射率也会受到电场的影响,这就是液晶的电控双折射特性。这种电信号控制的双折射变化原理,已成为液晶显示器件的设计依据。

三、透光性

聚合物的透光性可用透光率或雾度表示。透光率是指通过透明或半透明聚合物的光通量和入射光光通量之比的百分率。透光率用以表征材料的透明性。有结晶、杂质和疵痕、裂纹、填料时,聚合物的透明性下降或不透明。

雾度是指透明或半透明聚合物的内部或表面,由于光散射所造成的云雾状或浑浊的外观。其常用向前散射的光通量与透过光通量之比的百分率表示,可用积分球式雾度计测量。

四、反射

反射是指光射到两种介质的分界面上时,有一部分光改变传播方向,回到原介质内继续传播,这种现象叫作光的反射。单位时间内从界面单位面积上反射的光所带走的能量与入射光的能量之比,称为反射率。

当白光照射胆甾型液晶时会看到液晶表面呈现非常鲜艳的色彩。从不同角度观察,它的色彩不同;温度改变,色彩也随之改变。这是胆甾型液晶的重要性质之一,即光的选择反射。胆甾型液晶螺旋结构的螺距,随温度变化而改变,产生特殊的色彩变化。当温度固定时,胆甾型液晶只能选择反射一定波长范围的光。透射光和反射光之间的颜色存在着互补的关系,叠加可成为白光。

五、光泽度

光泽度指材料表面反射光的能力。越平滑的表面,越光泽。通常说的光泽指的是"镜向光泽",也就是反射光占入射光的比例。可以采用光泽度仪测量光泽度。

▶ 知识点四　其他物理性能 ◀

一、渗透性和透气性

液体分子或气体分子从聚合物膜的一侧扩散到浓度较低的另外一侧,这种现象称为渗透或渗析。其过程包括物质溶解于聚合物膜中,在膜中扩散和在另外一侧逸出。扩散过程遵从 Fick 第一定律。

透气性通常用透气量或透气系数表示。透气量是指一定厚度的塑料薄膜,在0.1 MPa 下(标准状态下),在 24 h 内气体透过 1 m^2 面积的体积量,单位为 m^3。透气系数则是在标准状况下,单位时间内、单位压差下,气体透过单位面积和单位厚度的塑料薄膜的体积量。

透湿性则是特指当测试透过气体为水蒸气时的透气性能。

二、吸水性

吸水性是指将规定尺寸的试样浸入一定温度的蒸馏水中,经过 24 h 后所吸收的水量。

三、收缩率

模塑收缩率常以成型收缩量或成型收缩率表示。

成型收缩量是指塑件制品尺寸小于相应模腔尺寸的程度,通常以 mm/mm 表示。

成型收缩率也称计量收缩率,指制件尺寸与相应模腔之比的百分率,常以％为单位。

任务实施

1. 简述高分子材料的热、电、光、气等性能。
2. 列举高分子材料中优良物理性能在实际生活中的应用。
3. 查阅文献资料，了解高分子材料的其他物理性能。

任务评价

1. 知识目标的完成
是否了解高分子的光、电、热等物理性能。
2. 能力目标的完成
是否能够通过查阅资料，解释高分子材料使用场景与物理性能关系。

自测练习

1. 高分子的电性能体现在哪些方面？有何应用？
2. 树脂材料的光学性能包括哪些参数？有何应用场景？

教学目标

知识目标

1. 掌握聚乙烯的概念、分类及应用。

2. 掌握聚乙烯的聚合反应原理。

3. 掌握聚乙烯的生产工艺。

4. 掌握聚乙烯的生产岗位任务。

能力目标

1. 能够利用图书馆资料和互联网查阅专业文献资料。

2. 能够识读聚乙烯生产工艺流程图。

情感目标

1. 通过创设问题、情景，激发学生的好奇心和求知欲。

2. 通过对聚乙烯知识的学习和了解，增进学生对聚乙烯工业的认识，提高学生的基本理论知识，增强学生的自信心，为后续学习奠定基础。

3. 养成良好的职业素养。

任务一 认识聚乙烯

任务提出 »»»»

聚乙烯是一种热塑性塑料,因其良好的耐腐蚀性、绝缘性和可塑性而广泛应用于包装、建筑、农业等领域,是日常生活中不可或缺的材料之一。聚乙烯在日常生活中有着哪些具体应用? 聚乙烯材料依据其物理和化学特性的不同,被划分为哪些主要类型?

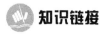 知识链接

▶ 知识点一 聚乙烯 ◀

聚乙烯(polyethylene,PE)是一种由乙烯聚合而成的热塑性树脂。在工业上,还包括乙烯与少量 α-烯烃的共聚物。聚乙烯无臭、无毒,手感类似蜡,具备出色的耐低温性能(最低使用温度可达到 −100℃～−70℃),化学稳定性良好,能够抵御大多数酸碱的侵蚀(不过对于具有氧化性质的酸较为敏感)。在常温下,它不溶于一般的溶剂,吸水性较低,同时具有良好的电绝缘性能。

聚乙烯对环境应力(包括化学和机械作用)非常敏感,其耐热老化性能较聚合物的化学结构和加工方法稍逊。聚乙烯可以使用通常用于热塑性塑料的成型方法进行加工。聚乙烯的应用非常广泛,主要用于制造薄膜、包装材料、容器、管道、单丝、电线电缆、日用品等,还可以作为高频绝缘材料,可用于电视、雷达等。随着石油化工行业的发展,聚乙烯的产量迅猛增长,其产量约占整个塑料制品产量的四分之一。

1933 年,英国卜内门化学工业公司发现在高压条件下,乙烯可以聚合生成聚乙烯。这种方法于 1939 年得到工业化应用,被称为高压法。1953 年,德国的 K.齐格勒发现,在 TiCl$_4$ - Al(C$_2$H$_5$)$_3$ 的催化下,乙烯也可以在较低压力下聚合。这种方法由德国的赫斯特公司于 1955 年投入工业化生产,被称为低压法。20 世纪 50 年代初期,美国菲利普斯石油公司发现,在氧化铬-硅铝胶的催化下,乙烯可以在中压条件下聚合生成高密度聚乙烯,并于 1957 年实现了工业化生产。20 世纪 60 年代,加拿大的杜邦公司开始使用乙烯和 α-烯烃制备低密度聚乙烯溶液。1977 年,美国的联合碳化物公司和陶氏化学公司相继采用低压法制备低密度聚乙烯,称为线性低密度聚乙烯,其中以联合碳化物公司的气相法最

为重要。线性低密度聚乙烯具有与低密度聚乙烯类似的性能,同时还具备高密度聚乙烯的一些特性。由于生产过程中的能源消耗较低,这种线性低密度聚乙烯得以快速发展,并成为最引人注目的新型合成树脂之一。

聚乙烯低压法的核心技术在于催化剂的使用。德国的齐格勒首次提出的 $TiCl_4$-$Al(C_2H_5)_3$ 体系被认为是烯烃类聚合物的第一代催化剂,其催化效率较低,每克钛仅能得到数千克的聚乙烯产物。1963 年,比利时的索尔维集团首创了一种以镁化合物为载体的第二代催化剂,其催化效率提高到每克钛制备数万至数十万克的聚乙烯产物。使用第二代催化剂还可以省去去除催化剂残渣的后续处理步骤。此后,气相法高效催化剂也得到了发展。1975 年,意大利的蒙特爱迪生集团公司研制出了一种能够直接生产球状聚乙烯而无需造粒的第三代催化剂,被称为高密度聚乙烯生产的又一次变革。

知识点二　聚乙烯的结构

聚乙烯是一种线型聚合物,属于高分子长链脂肪烃的范畴。其分子结构中含有 —C—C— 链,这种柔性链的线性结构使其成为一种非常灵活的热塑性聚合物。分子的对称性以及存在的非极性基团,使得分子间的吸引力较为微弱。

在聚乙烯分子链的空间排列中,呈现出平面锯齿形状,其键角约为 $109.3°$,而齿距则约为 $2.534×10^{-10}$ m。由于分子链具有出色的柔顺性与规整性,这使得聚乙烯分子链能够反复地折叠并以整齐的方式堆叠在一起,从而形成结晶结构。

这种结晶性结构赋予聚乙烯一些独特的性能和特点。其分子链的排列有序性使得聚乙烯在固态下具备相对较高的强度和刚性。然而,正是由于这种规整的排列,聚乙烯在高温下会变得更为脆化,因为高温会破坏分子链的结晶性结构。

总的来说,聚乙烯因其分子结构的柔性、规整性和结晶特性而具备了多种适用性,它的性能在不同的温度和应力条件下表现出多样性。

知识点三　聚乙烯的分类及用途

一、聚乙烯的分类

聚乙烯的分类方法很多,常用的分类方法有:按分子量的大小分类;按生产方法分类;按密度大小分类。

按照密度大小,聚乙烯可以分为:(1) 低密度聚乙烯(LDPE),密度大小为 $0.910\sim0.925$ g/cm³,因为其最初是采用高压法聚合所得,所以也称为高压聚乙烯。线性低密度聚乙烯(LLDPE)是在使用高效催化剂的聚合条件下,将乙烯和少量 α-烯烃(如 1-丁烯、1-己烯等)共聚生成,密度大小为 $0.910\sim0.940$ g/cm³。与 LDPE 相比,LLDPE 的分子链更加线性,支链较少。(2) 高密度聚乙烯(HDPE),密度为 $0.941\sim0.970$ g/cm³,因其为低压聚合所得,也称为低压聚乙烯,其也可以采用中压法(菲利浦法)制备;(3) 中密度聚乙烯(MDPE),密度范围在 0.926～0.940 g/cm³,很多情况下,MDPE 是以 HDPE 或 LLDPE(取决于树脂的密度大小)的名义被使用的;(4)极低密度聚乙烯(VLDPE),密度范围在0.900～0.915 g/cm³;(5)超低密度聚乙烯(ULDPE),密度范围在 0.870～0.900 g/cm³,VLDPE 和 ULDPE 属于乙烯基线型共聚物,由于采用了高于常规用量的高级 α-烯烃共聚单体(包括丙烯、丁烯、己烯、辛烯等),使 PE 的密度降低很多。

二、聚乙烯的用途

进行各种 PE 树脂牌号开发与生产的目的在于将其加工成不同用途的制品。从应用角度来看,选用 PE 树脂的关键在于它的性能和加工条件。与其他聚合物和非聚合物材料相比,PE 树脂以其优良的性价比而具有强劲的市场竞争力,经过半个多世纪的开发,已发展成为产量大、用途广的一类最重要的通用合成树脂。下面就一些大宗常用的聚乙烯的用途进行简要介绍。

1. 高密度聚乙烯

高密度聚乙烯(HDPE)是一种白色的粉末或颗粒状固体,无味、无臭、无毒,其熔点约为 131℃。HDPE 分子结构主要呈线型,每 1 000 个碳原子中平均含有不超过 5 个支链,导致其结晶度高达 80%～90%。

在各种聚乙烯中,HDPE 具有最高的模量和最小的渗透性,这使其非常适合制成各种型号的中空容器,这些中空制品占据其总消费量的 40%～65%。这些中空制品包括用于医药和化学工业的液体物质储存的瓶、桶和大型工业储槽。食品工业中的瓶和包装桶,如酱油、牛奶、黄油和果汁的容器,也是 HDPE 的常见用途。生活日用品和中空玩具也广泛采用 HDPE。一些种类的 HDPE 的玻璃化温度甚至低于-60℃,适用于制作冰激凌盒、冷藏容器等低温使用的产品。

为了克服高结晶度带来的不透明性,可以对 HDPE 中空或模塑制品进行着色,以使其更具美观。HDPE 出色的拉伸强度使其非常适合制作各种包装膜,如购物袋、垃圾袋衬里、重型包装袋等。最近,HDPE 在制备食品、农副产品和纺织品等包装材料的高强度超薄薄膜方面取得了快速发展。

HDPE 管材具有耐腐蚀、低渗透率、表面光滑、适度的刚韧性、低成本、便于施工以及低维护成本等特点,因此在油气田、矿山、城市、建筑、农业灌溉、电信等领域得到广泛应用,成为 HDPE 的重要用途之一。HDPE 管材玻璃化温度低,热挠曲温度高,刚性适中,同时韧性良好,使其可以制成户外用品,如草坪、运动场设施、家具以及废物桶等。在制作大型产品时,如游艇、垃圾桶、大型储罐盖等,常常选用强度较高的 HDPE 树脂,以确保产品在受力较大时仍能保持形状,同时具备优异的耐磨性。

通过发泡挤出法和发泡注射法制造的低发泡 HDPE 产品,可以用于制作合成木材和合成纸。合成木材具有轻质、高强度、不透湿、耐化学药品、耐霉菌和细菌、良好的电性能、隔热性能、便于加工以及尺寸稳定等特点,适用于火车、汽车的座椅、挡板,船舶的床板、舱盖,建筑材料以及家具等。合成纸具有高强度、耐水、耐油和高化学稳定性等特点,可以用于书写和印刷,适用于地图、重要文件、彩色纸、商品包装纸、广告纸等特殊用途。此外,

HDPE还在设备衬里、电线电缆保护和金属制件涂层等方面具有广泛的应用。

2. 低密度聚乙烯

低密度聚乙烯(LDPE)呈乳白色,无味、无臭、无毒,表面呈现无光泽的粉末或蜡状颗粒。其分子结构包含许多长支链和短支链,其中每1 000个主链碳原子约含有15～35个短支链。这些短支链的存在有效地抑制了聚乙烯分子的结晶过程,使得其结晶度远低于高密度聚乙烯(HDPE)。LDPE的质地柔软,长支链的存在赋予其高熔体强度,因此非常适合吹膜工艺。它具有挤出时的低能耗、高产量以及工艺的稳定性等特点。

吹塑薄膜是LDPE的主要应用之一,占据了其消耗量的一半以上。由LDPE制备的薄膜具有高透明度、柔软的触感以及适度的韧性。然而,由于其易于变形,容易产生蠕变现象,所以不适合在高负荷下使用,也不宜在低负荷下长时间使用。LDPE常用于制作商品袋、零售包装袋、干洗店袋、报纸杂志袋等。特别是在需要透明度和清晰度的包装场合,如烘焙食品、新鲜蔬菜、家禽、肉类和水产等的包装,LDPE具有特殊的优势,使消费者能够轻松了解包装内物品的质量。在农业领域,它广泛用作地膜和大棚膜。

LDPE也常用于挤出涂层,典型应用包括包装牛奶、果汁等液体的纸盒涂层、铝箔涂层,以及多层膜结构的热封层,提供阻湿功能的纸质无纺布涂层等。此外,LDPE可用于金属部件的粉末涂层,以发挥防腐作用。注塑是LDPE的另一个主要应用领域,典型应用包括玩具、家具用品以及容器盖等。在电线电缆行业,LDPE常被用作绝缘层和护套,主要应用于电力传输、远距离通信、工商业仪器仪表等领域。

LDPE还可以用于改善其他树脂的性能。例如,与聚酰胺共混可以改善聚酰胺的吸湿性能,并降低生产成本;与聚碳酸酯共混可改善其环境应力开裂性能;与聚丙烯共混改性,可以改善其环境应力开裂和耐寒性;与HDPE共混,可用于纺丝制作编织袋和覆盖布,同时也适用于注塑和中空成型制品等领域。

3. 线型低密度聚乙烯

线型低密度聚乙烯(LLDPE)的外观与常规低密度聚乙烯(LDPE)相似,其分子结构接近高密度聚乙烯(HDPE)。LLDPE主链呈线性结构,并带有短支链,不过支链的数量远多于HDPE。不同种类和含量的共聚单体会影响LLDPE的结晶度、密度和模量。一般来说,LLDPE的结晶度约在50%～55%,稍高于LDPE的40%～50%,但明显低于高密度聚乙烯(HDPE)。此外,相较于LDPE和HDPE,LLDPE的分子量分布较窄,这导致其加工过程相对复杂。

在力学性能方面,由于LLDPE主链骨架类似于HDPE,因此LLDPE具有较大的刚性,在撕裂强度、拉伸强度、耐冲击性、抗刺穿性、耐环境应力开裂性和耐蠕变性能等方面均优于常规LDPE。尽管LLDPE与LDPE市场有重叠,但其最大市场仍然是薄膜领域,约占总消耗量的70%。由于LLDPE具有出色的韧性、抗撕裂强度、抗冲击性和抗刺穿性,因此有助于薄膜的薄化。通过减少薄膜的厚度,相同强度的薄膜重量减少,展现出显著的经济效益。LLDPE薄膜的用途广泛,除了在日常包装、冷冻包装和重型包装方面发挥作用外,还在地膜、棚膜等领域发挥着重要作用。

LLDPE滚塑制品包括各种大小的容器,如化学品容器、农药容器、储槽、垃圾箱、邮箱、邮筒、深海浮标、海水养殖用塑料船和玩具等。85%的滚塑制品由聚乙烯树脂制成,而

LLDPE 在其中的份额高达 80%。这充分说明了 LLDPE 在滚塑制品领域的重要地位。与 LDPE 相比,LLDPE 注塑制品具有较好的刚性和韧性,优异的耐环境应力开裂性和拉伸强度,以及均匀的纵横向收缩性。LLDPE 注塑制品也具有良好的耐热性、着色性能和表面规则性,广泛应用于生产气密性容器盖、罩、瓶塞、桶、家居器皿、工业容器、汽车零部件、玩具等,是仅次于薄膜产品的 LLDPE 的第二大市场。

通过中空成型,LLDPE 表现出优异的韧性、耐环境应力开裂性和低气体渗透性,非常适合作为油类、洗涤剂等物品的包装。采用 LLDPE 制备的管材在农业灌溉领域中得到广泛应用,这些管材具备高强度和良好的韧性,可有效应对各种环境和压力条件。此外,LLDPE 的优越抗紫外线老化性能使其更适用于户外环境。

在制造方面,由于 LLDPE 的特性,其在生产扁丝方面表现出色,尤其适用于编织大孔的网眼编织袋。LLDPE 不仅具有出色的机械性能,还在抵御紫外线和恶劣气候条件方面表现优异,因此更适合户外使用,可用于制造户外家具、装饰、园艺用品等。

总而言之,线型低密度聚乙烯(LLDPE)在广泛的应用领域中显示出其独特的优势。无论是在薄膜领域、滚塑制品领域还是注塑领域,LLDPE 都凭借其多样的机械性能、耐环境性能和耐候性能成为不可或缺的材料。随着技术的不断发展,LLDPE 的应用前景将持续拓展,为各种领域带来更多创新和便利。

▶ 知识点四 聚乙烯的一般性质 ◀

聚乙烯树脂作为一种无毒且无味的材料,呈现出白色粉末或颗粒的外观特征。其颜色略显乳白,质感近似蜡质,且吸水性非常低,仅为 0.01% 以下。聚乙烯构成的膜材料具备透明特性,然而透明度会随着结晶度的提高而逐渐降低。有趣的是,尽管聚乙烯膜的透水率较低,但其透气性却相对较强,因此适用于防潮包装,但并不符合保鲜包装的需要。值得注意的是,聚乙烯易燃,其氧指数为 17.4,燃烧时产生的烟雾较少,火焰呈现"黄上蓝下"的特点,并伴有石蜡气味。此外,聚乙烯的耐水性表现较好。然而,在制造过程中,其产品表面通常缺乏极性,因此难以进行黏合和印刷。通过表面处理,这一问题可以得到改善。须知,由于聚乙烯分子中的支链较多,其耐光降解和耐氧化能力相对较弱。

聚乙烯树脂的分子量通常在 1 万到 10 万之间。而当分子量超过 10 万时,便被称为超高分子量聚乙烯。分子量的增加使其物理力学性能得以增强,逐渐接近工程材料所需的水平。然而,也必须考虑到,分子量的增加也会使加工变得更加困难。聚乙烯的熔点介于 100℃到 130℃之间,这赋予了它优异的耐低温性能。在极低的 -60℃ 条件下,它仍能保持出色的力学性能,而其使用温度范围则一般在 80℃到 110℃之间。

值得一提的是,聚乙烯在常温下不会溶解于已知的任何溶剂。然而,一旦温度升至 70℃ 以上,它则会在甲苯、乙酸戊酯、三氯乙烯等溶剂中略微溶解。

▶ 知识点五　聚乙烯树脂的改性 ◀

聚乙烯产量巨大,价格低廉,容易加工,具有耐酸碱腐蚀、化学稳定性高的特点,但其耐有机溶剂、抗静电性以及阻燃等性能不好。生产不同制品的时候,由于对制品的性能要求千差万别,单纯的聚乙烯常常无法满足需要。为了提高聚乙烯的抗静电性、阻燃性、抗冲击性能、抗应力开裂性能以及耐热性和其他性能,可以对聚乙烯进行改性。聚乙烯的改性,按聚乙烯分子发生反应与否可分为化学改性和物理改性。

一、化学改性

聚乙烯的化学改性是通过化学方法使聚乙烯分子发生变化,以提升其特定性能的途径。这种改性过程通常涉及改性剂与聚乙烯分子之间的化学反应,从而导致聚乙烯分子结构的变化,可能包括引入某些基团(如极性基团)、增加特定有序结构或发生交联等现象。从方法上看,化学改性可以进一步细分为共聚改性、接枝改性以及交联改性等几个不同的技术分支。

1. 共聚改性

根据聚乙烯的密度不同,可以将其分为不同的种类。这些聚乙烯是通过在不同设备和工艺参数下进行聚合制备而得。当只使用乙烯单体进行聚合,而没有其他单体参与时,所得到的聚乙烯树脂称为均聚聚乙烯。均聚聚乙烯的分子链排列较为规整,容易形成结晶,但其冲击性能相对较低。为了增强聚乙烯的韧性,常采用共聚的方法进行改性。

2. 接枝改性

聚乙烯属于非极性聚合物,与极性聚合物相容性较差,导致其涂装和印刷性能较差。为了赋予聚乙烯一定的极性,可以在其分子上引入极性基团,以提高其与极性聚合物的相容性,从而改善粘接性、涂装性和油墨印刷性能。此外,这种改性还可以使聚乙烯作为乙烯与其他极性聚合物的相容剂。接枝改性是一种简便的改性方法,它并不改变聚乙烯分子的主链结构,而是通过引入极性基团或反应性官能团为聚乙烯赋予新的功能。接枝改性的方法有多种,包括溶液接枝法、熔融接枝法、光引发接枝法和辐照引发接枝法等。常用于接枝聚乙烯的极性或反应性官能团单体有许多,如马来酸酐(MAH)、丙烯酸(AA)、丙烯酸酯类的甲基丙烯酸甲酯(MMA)、甲基丙烯酸缩水甘油酯(GMA)等。这些方法可以在保持聚乙烯整体结构不变的情况下,赋予其新的性能。

在不断推进聚乙烯改性技术的过程中,共聚、接枝以及交联改性等方法为我们创造了多种可能性,以满足不同应用领域对聚乙烯材料性能的多样化需求。

二、物理改性

聚乙烯的物理改性是指在不改变聚乙烯分子的化学结构的前提下,通过物理手段对其进行改良。这种改良方式不涉及聚乙烯分子的化学反应,而是通过控制其物理性质来实现。物理改性的方法涵盖了填充改性、增强改性和共混改性等多种策略。

1. 填充改性

填充改性旨在通过向聚乙烯中添加无机或有机颗粒,降低成本或增加材料重量,从而改变塑料制品的性能。通过添加填充材料,可以显著改变聚乙烯的某些性能,但也可能降低其他方面的性能。填充材料可以是无机颗粒,如碳酸钙、滑石粉、陶土、氢氧化铝、氢氧化镁、炭黑和石墨等;也可以是有机颗粒,如煤粉、木粉和淀粉等。

2. 共混改性

聚乙烯的共混改性可以采用几种方法:首先是不同密度的聚乙烯之间的共混改性;其次是不同分子量的高密度聚乙烯之间的共混改性;最后是聚乙烯与其他种类塑料的共混改性。

(1) 不同密度的聚乙烯共混:这种方法是将高密度、中密度和低密度的聚乙烯按照一定比例混合,以满足制品性能需求。例如,在生产中空制品时,根据制品的体积、强度和硬度要求,可以调整高密度和低密度聚乙烯的比例。这种方法既可以降低成本,又可以提高制品的性能。

(2) 不同分子量的高密度聚乙烯共混:不同分子量的高密度聚乙烯适用于不同类型的产品。通过混合不同分子量的聚乙烯,可以改善分子量分布,优化制品生产和加工。

(3) 聚乙烯与其他种类塑料的共混:例如在聚乙烯中混合一定比例的聚丙烯,可提高制品的刚性,同时对冲击强度影响较小。

通过物理改性方法,可以在不改变聚乙烯的化学结构的情况下,通过控制填充材料、分子量、密度等因素,从而实现对聚乙烯性能的优化和定制。这种灵活性使得聚乙烯适应了各种不同领域的需求,如包装、工程塑料、建筑和制造等。

任务实施

1. 简述聚乙烯有哪些种类。
2. 简述聚乙烯有哪些改性方法。

任务评价

1. 知识目标的完成

是否掌握了聚乙烯的种类及改性方法。

2. 能力目标的完成

是否能够辨识生活中常见的聚乙烯制品。

自测练习

1. 什么是聚乙烯? 简述其基本概念。
2. 聚乙烯在包装行业中主要有哪些应用?
3. 列举聚乙烯在建筑领域的几个主要用途。
4. 聚乙烯材料分为哪几大类,并简述其特点。
5. 聚乙烯的哪种特性使其成为农用地膜的理想选择?
6. 简述聚乙烯改性的一种常见方法及其目的。

任务二　聚乙烯的聚合机理

任务提出 >>>>>

聚乙烯，依据其物理性质的差异，特别是密度的不同，被明确区分为高密度聚乙烯（HDPE）和低密度聚乙烯（LDPE）。这两种聚乙烯材料在现代工业与日常生活中均占据着举足轻重的地位。然而，它们各自的形成并非偶然，而是依赖于特定的聚合反应机理。那么，这些聚合反应机理究竟是如何运作的？它们又是如何导致聚乙烯材料在密度和性能上产生显著差异的呢？

 **知识链接**

知识点一　自由基聚合

一、自由基的概念

自由基，也被称为游离基，是化学领域中一个极为活泼且重要的分子或原子团。它们具有一个或多个不成对的电子，这使得它们具有高度的反应活性，倾向于与其他分子或原子结合，以达到电子的稳定配对状态。简而言之，自由基就是那些"渴望"电子以达到稳定的分子或原子片段。

自由基在自然界和工业生产中都广泛存在。例如，在燃烧过程中，燃料分子在高温下裂解产生自由基，这些自由基进一步与氧气反应，释放出能量和二氧化碳等产物。在生物体内，自由基也扮演着重要角色，如参与细胞信号传导和免疫防御等过程。然而，过量的自由基也会对人体造成损害，如导致氧化应激和一系列疾病的发生。

二、自由基聚合原理简介

自由基聚合是一种重要的高分子合成方法，其原理是基于自由基的高反应活性。在自由基聚合中，单体分子通过自由基引发剂的作用，形成自由基活性种。这些自由基活性种随后与单体分子发生链增长反应，形成高分子链。链增长过程可以持续进行，直到自由基被终止剂消耗或发生链转移反应为止。

自由基聚合通常分为链引发、链增长和链终止三个阶段。在链引发阶段，引发剂分子吸收能量(如热能、光能或辐射能)后分解,产生自由基。这些自由基随即与单体分子发生加成反应,形成单体自由基。在链增长阶段,单体自由基继续与单体分子反应,形成更长的自由基链。这一过程可以重复进行多次,直到形成高分子链。最后,在链终止阶段,两个自由基链相互结合或被一个终止剂分子捕获,导致链增长反应终止。

自由基聚合具有许多独特的优点,如反应条件温和、单体选择范围广、聚合速率快等。然而,它也存在一些缺点,如聚合过程中易产生支链和交联结构,导致聚合物的分子量分布较宽。此外,自由基聚合对氧和杂质敏感,容易引发副反应和链转移反应,影响聚合物的性能和结构。

三、自由基聚合的引发剂

自由基聚合的引发剂是链引发反应的关键物质。它们通常具有较低的分解温度和较高的反应活性,能够在聚合条件下迅速分解产生自由基。引发剂的选择对聚合物的分子量、分子量分布、聚合速率和聚合物结构等具有重要影响。

常见的自由基聚合引发剂包括偶氮类引发剂和过氧化物类引发剂。偶氮类引发剂如偶氮二异丁腈(AIBN)等,具有分解温度适中、稳定性好、易于储存和运输等优点。它们通常用于制备高分子量、窄分子量分布的聚合物。过氧化物类引发剂如过氧化苯甲酰(BPO)等,具有较高的分解温度和较强的氧化性。它们常用于需要较高聚合温度和较高反应活性的聚合体系。

除了偶氮类和过氧化物类引发剂外,还有一些其他类型的引发剂也被广泛用于自由基聚合中。例如,氧化还原引发剂体系通过氧化剂和还原剂的组合使用,可以显著降低聚合温度并提高聚合速率。光引发剂则利用光能来激发引发剂分子,使其分解产生自由基。这些光引发剂通常具有较高的反应速率和较好的空间控制能力,适用于制备具有特殊结构和性能的聚合物。过硫酸盐类化合物,如过硫酸铵和过硫酸钾,能够通过热或紫外线诱导分解来生成自由基;亚硝酸盐可产生亚硝酰自由基;热引发剂,如叔丁基过氧化物,是一种在升温时分解产生自由基的化合物;而金属引发剂、离子引发剂等也在特定反应条件下发挥作用。

在选择引发剂时,需要考虑聚合体系的特性、单体的反应活性、聚合条件以及所需的聚合物性能等因素。通过合理选择和搭配引发剂,可以实现对聚合过程的精确控制,从而制备出具有优良性能的聚合物材料。

四、自由基聚合的常见单体

自由基聚合是一种广泛应用于高分子材料合成的方法,其单体种类繁多,涵盖了从简单烯烃到复杂芳香族化合物的广泛范围。这些单体在自由基聚合过程中通过自由基链式反应连接成高分子链,形成各种具有不同性能和用途的聚合物。

乙烯基类单体是自由基聚合中最常见的单体之一。它们包括乙烯、丙烯、氯乙烯等,具有简单的双键结构和较高的反应活性。通过自由基聚合,这些单体可以形成聚乙烯、聚丙烯、聚氯乙烯等重要的塑料材料。这些塑料具有优良的机械性能、耐化学腐蚀性和加工性能,广泛应用于包装、建筑、汽车等领域。

除了乙烯基类单体外，还有一些含有其他官能团的单体也可以进行自由基聚合。例如，丙烯酸酯类单体如甲基丙烯酸甲酯等，具有优良的透明性、耐候性和加工性能，常用于制备涂料、黏合剂和光学材料等。苯乙烯类单体如苯乙烯等，则具有较高的刚性和耐热性，是制备聚苯乙烯、ABS 树脂等聚合物的重要原料。

此外，还有一些特殊的单体也可以进行自由基聚合。例如，氟碳单体可以形成具有优异耐候性、耐化学腐蚀性和低摩擦系数的氟碳聚合物。生物基单体如乳酸、淀粉等，则可以通过自由基聚合制备出可降解的生物塑料，具有广阔的应用前景。

这些单体在自由基聚合过程中，通过自由基链式反应不断连接成高分子链。在聚合过程中，可以通过调整单体种类、聚合条件以及引发剂等因素，控制聚合物的分子量、分子量分布、结晶度等性能，从而制备出具有不同用途和性能的聚合物材料。

五、自由基聚合的反应条件

自由基聚合是一种重要的高分子合成方法，其反应条件对聚合物的结构和性能具有重要影响。下面将从温度、压力、溶剂和引发剂等方面介绍自由基聚合的反应条件。

温度是影响自由基聚合速率和聚合物分子量的关键因素之一。一般来说，随着温度的升高，引发剂的分解速率加快，自由基浓度增加，从而加速了聚合反应。然而，过高的温度也可能导致链转移和链终止反应的增加，使聚合物分子量降低。因此，在选择聚合温度时，需要综合考虑引发剂的分解温度、单体的反应活性以及所需的聚合物性能等因素。

压力对自由基聚合的影响相对较小，但在某些情况下也需要注意。例如，在高压下，单体分子的浓度增加，有利于聚合反应的进行。但是，过高的压力也可能导致聚合物的热降解和交联等副反应的发生。因此，在选择聚合压力时，需要根据具体的聚合体系和所需的聚合物性能来确定。

溶剂的选择对自由基聚合也有重要影响。溶剂不仅可以影响单体的溶解度和聚合速率，还可以影响聚合物的结构和性能。例如，在某些溶剂中，聚合物可能形成更紧密的链结构，导致更高的结晶度和更硬的材料性质。因此，在选择溶剂时，需要考虑单体和聚合物的溶解性、溶剂的挥发性以及所需的聚合物性能等因素。

引发剂的选择和用量也是影响自由基聚合的重要因素之一。不同的引发剂具有不同的分解温度和反应活性，可以影响聚合速率和聚合物分子量。此外，引发剂的用量也会影响聚合物的性能。过多的引发剂可能导致聚合物分子量降低和副反应的增加，而过少的引发剂则可能导致聚合速率过慢和聚合物分子量过高。因此，在选择引发剂和确定其用量时，需要综合考虑聚合体系的特性和所需的聚合物性能。

六、自由基聚合的实施方法

自由基聚合的实施方法多种多样，每种方法都有其独特的优点和适用范围。下面将介绍几种常见的自由基聚合实施方法。

本体聚合是一种直接以单体为原料进行聚合的方法。在聚合过程中，单体分子在反应体系中不断转化为高分子链，形成聚合物。本体聚合具有工艺简单、成本低廉等优点，但也存在反应温度高、不易控制等缺点。为了解决这些问题，可以采用分批加入单体、加入链转移剂等方法来调节聚合过程。

溶液聚合是将单体溶解在溶剂中进行聚合的方法。溶剂可以降低体系的黏度,有利于热传递和混合均匀,从而提高聚合速率和聚合物质量。此外,溶液聚合还可以通过选择不同的溶剂来控制聚合物的结构和性能。然而,溶剂的使用也增加了生产成本和环境污染的风险。因此,在选择溶剂时,需要综合考虑其溶解性、挥发性以及对聚合物性能的影响。

悬浮聚合是将单体分散在含有分散剂的水或其他液体介质中进行聚合的方法。在聚合过程中,单体液滴作为聚合场所,形成聚合物颗粒。悬浮聚合具有易于散热、易于控制聚合过程等优点,适用于制备高黏度、不易流动的聚合物。然而,悬浮聚合也存在聚合物颗粒大小分布不均、需要后续处理等问题。

乳液聚合是将单体分散在水中,并加入乳化剂和引发剂进行聚合的方法。在聚合过程中,单体分子被乳化成小液滴,并在乳化剂的作用下稳定分散在水中。乳化剂可以降低水的表面张力,使单体液滴更容易分散。同时,引发剂在液滴内部分解产生自由基,引发聚合反应。乳液聚合具有聚合速率快、聚合物分子量高、易于制备高浓度聚合物溶液等优点。然而,乳液聚合也存在乳化剂残留、需要破乳处理等缺点。

除了以上几种常见的自由基聚合实施方法外,还有一些其他方法如气相聚合、固相聚合等也被广泛应用于高分子材料的合成中。这些方法各有优缺点,可以根据具体的聚合体系和所需的聚合物性能来选择。

知识点二 乙烯的性质、来源

乙烯(ethylene),化学式为 C_2H_4,分子量为 28.054,是由两个碳原子和四个氢原子组成的有机化合物。两个碳原子之间以碳碳双键连接。乙烯是合成纤维、合成橡胶、合成塑料(聚乙烯及聚氯乙烯)、合成乙醇(酒精)的基本化工原料,也用于制造氯乙烯、苯乙烯、环氧乙烷、醋酸、乙醛和炸药等。乙烯是世界上产量最大的化学产品之一,乙烯工业是石油化工产业的核心,乙烯产品占石化产品的 75% 以上,在国民经济中占有重要的地位。世界上已将乙烯产量作为衡量一个国家石油化工发展水平的重要标志之一。

乙烯的历史也非常久远,可以追溯到 18 世纪末。1779 年荷兰化学家卡斯贝特森采用乙醇与硫酸共热的方法首先制备出乙烯。在这个过程中他还发现乙烯具有易燃性,密度与空气接近,同时如果与氯气接触还能生成油状液体。当时人们只能简单测定乙烯的化学组成,对其结构并不了解,因此一度将它命名为二碳化氢。

虽然焦炉煤气中含有少量乙烯,但焦炉煤气是混合物难以分离。因此早期制备乙烯还是要采用乙醇脱水的工艺,而乙醇的来源则是粮食发酵。在最初的生产工艺中,人们沿用硫酸作为脱水剂,随着催化科学的发展,后续发现将乙醇蒸气通过氧化铝床层也能生成乙烯。乙醇脱氢法原料成本高,在经济上并不合理。这实际上和今天的生产流程恰恰相反,当今由于乙烯容易获得,我们通常用乙烯水化来生产乙醇。20 世纪 30 年代以前,乙烯的用量不大,因此这样落后的生产技术也可以满足当时的需求。

到了 20 世纪初,随着炼油工业的进步。全球绝大多数的乙烯生产是通过裂解而成。

蒸汽裂解乙烯是最重要的乙烯生成路径。其原料包括天然气、液化石油气、轻油、轻柴油、重油、原油、乙烷和丙烷等。这一生产方式使得乙烯的生产更加高效，也推动了乙烯工业的长足发展。

▶ 知识点三　乙烯的合成方法 ◀

乙烯蒸汽裂解是一种重要的工业生产过程，其基本原理是在多个平行的裂解炉中，将原料加热至接近850℃（或1 550°F）的高温，从而促使其中的化学反应发生。这一过程涉及数千种反应，主要通过碳碳键的热分解以及碳氢键的断裂来实现。乙烯蒸汽裂解过程的核心在于将原料中的有机物分解为更简单的分子，从而产生裂解气体，其中主要成分包括乙烯和丙烯等。这种裂解气体随后被提供给其他乙烯生产装置，最终加工为乙烯、丙烯以及多种副产品。

乙烯裂解炉作为乙烯生产装置的关键设备，扮演着重要角色。它的主要任务是将多种原材料，如天然气、炼厂气、原油和石脑油等，通过高温裂解过程，转化为裂解气体。这些裂解气体随后被输送至其他乙烯装置进行进一步加工。因此，乙烯裂解炉的生产能力和技术水平直接影响了整套乙烯生产装置的产能、产量和产品质量。可以说，乙烯裂解炉在整个乙烯生产流程以及更广泛的石油化工生产中都具有至关重要的地位，是推动产业发展的重要引擎。

这一技术不仅仅在乙烯工业中扮演着核心角色，同时也在化工领域具有重要的应用。通过蒸汽裂解，原料分子中的碳碳键和碳氢键经历断裂和重组，从而产生一系列有机化合物，为众多化学产品的生产提供了基础材料。这也进一步突显了乙烯蒸汽裂解技术的广泛应用及其对现代化工产业的不可或缺的贡献。

▶ 知识点四　聚乙烯的聚合反应机理 ◀

一、低密度聚乙烯自由基聚合反应机理

低密度聚乙烯（LDPE）是一种通过乙烯在高温高压条件下进行自由基聚合反应而合成的聚合物。在这个过程中，由于高温环境的影响，分子链可能会发生向更大分子链的转移反应，这导致产物分子链中存在着丰富的长支链和短支链。这种分子结构进一步导致了产物的密度以及结晶度相对较低。

LDPE独特的化学结构使材料表现出出色的柔软性和可塑性。同时，由于其低密度和相对较低的结晶度，LDPE具有较高的透明度。因此，低密度聚乙烯在塑料工业中具有广泛的应用，尤其在制造薄膜、包装材料等领域具有显著地位。

1. 自由基聚合原理

自由基聚合是一种重要的聚合化学过程。在这个过程中，单体分子通过自由基反应，将它们的重复单元依次连接起来，形成高分子链。以下是以LDPE的自由基聚合为例的

详细介绍。

（1）引发剂分解成自由基

引发剂通常是过氧化物，如过氧化二苯甲酰（BPO）。在受热条件下，BPO会发生均裂反应，分解产生两个苯甲酰自由基。其分解反应式可以表示为：

$$(C_6H_5COO)_2 \longrightarrow 2C_6H_5COO\cdot$$

这里，"·"表示自由基，即具有不成对电子的原子或分子。分解产生的苯甲酰自由基具有较高的活性，能够引发乙烯单体的聚合反应。

（2）链引发

链引发是聚合反应的起始步骤，它涉及引发剂分解产生的自由基与单体分子的反应。在乙烯聚合中，苯甲酰自由基会与乙烯分子发生加成反应，形成乙烯自由基。这个步骤可以表示为：

$$C_6H_5COO\cdot + H_2C\!=\!CH_2 \longrightarrow C_6H_5COOCH_2CH_2\cdot$$

这样，就形成了聚合链的起始自由基。

（3）链增长

链增长是聚合反应的主要步骤，它涉及自由基与单体分子的连续加成反应。在乙烯聚合中，起始自由基会继续与乙烯分子加成，形成更长的聚合链。这个步骤可以表示为：

$$C_6H_5COOCH_2CH_2\cdot + nH_2C\!=\!CH_2 \longrightarrow C_6H_5COO(CH_2CH_2)_n\cdot$$

这里，"n"表示聚合度，即聚合链中乙烯单体的数量。随着链增长的进行，聚合链的长度逐渐增加，形成高分子量的聚乙烯。

（4）链终止

链终止是聚合反应的结束步骤，它涉及自由基之间的反应，导致聚合链的生长停止。在乙烯聚合中，链终止的主要方式是自由基之间的偶合反应和歧化反应。偶合反应是两个自由基结合形成共价键，生成高分子量的聚乙烯；歧化反应是两个自由基之间发生电子转移，生成两个稳定的分子。

（5）链转移

链转移是聚合反应中的一个重要步骤，它涉及自由基与体系中的其他分子（如溶剂、单体、聚合物链等）的反应，导致自由基从一个分子转移到另一个分子上。在乙烯聚合中，链转移可能导致聚合链的支化或交联。然而，在低密度聚乙烯的生产中，链转移通常不是主要反应步骤，因为乙烯单体和聚合链对自由基的捕捉能力较弱。尽管如此，链转移仍然可能对聚合产物的结构和性能产生一定影响。

2. 影响自由基聚合反应的因素

自由基聚合反应的效率和聚合物性质受到多种因素的影响，主要包括以下几个因素。

（1）引发剂的选择

引发剂的种类和浓度对自由基聚合反应至关重要。不同的引发剂产生不同类型的自由基，可以影响聚合速率和聚合物的性质。引发剂浓度的调整也可以控制聚合速率。

（2）温度

温度在自由基聚合反应中扮演着至关重要的角色，对于反应速率、产物分布以及聚合物性质有显著影响。一般而言，升高温度通常会使自由基聚合反应速率加快，因为分子在较高温度下更活跃，有助于提高自由基生成和反应发生的频率。因此在较高温度下，聚合物形成的速度更快。此外，温度升高通常还会导致生成更高平均分子量的聚合物，因为高温下反应时间相对较短，自由基多次添加到聚合链上的机会较少，从而可形成更长的聚合链。然而，需要注意的是，高温也会增加副反应和分解的可能性，可能导致不需要的产物生成或聚合物的质量下降。因此，在自由基聚合反应中，温度的选择需要综合考虑反应速率、产物性质和副反应，以实现所需的聚合物合成目标。

（3）反应时间

反应时间影响聚合的程度。较长的反应时间通常会产生更高分子量的聚合物，但也可能导致过聚合。反应时间需要根据所需的聚合物性质进行调整。

（4）单体浓度

单体浓度的增加通常会导致更快的聚合速率，但也可能影响聚合物的分子量和分布。单体浓度的控制可以用来调整聚合物的性质。

（5）溶剂选择

溶剂的选择可以影响反应的速率和聚合物的溶解性。合适的溶剂可以改善反应的效率，并影响最终聚合物的性质。

（6）气氛

自由基聚合过程容易受到氧气的影响，因此需要在反应中采取措施来保护自由基，以防止氧化反应干扰。

总之，自由基聚合反应的成功实施需要仔细调控这些因素，以获得所需的聚合物性质，并确保高产率和高质量的产品。不同的自由基聚合体系可能对这些因素有不同的要求，因此需要根据具体反应条件来进行优化。

二、线性低密度聚乙烯配位聚合反应机理

线性低密度聚乙烯（LLDPE）是乙烯和少量 α-烯烃作为共聚单体在低压、高效齐格勒-纳塔引发剂作用下，按配位聚合反应机理进行聚合而得。这类聚乙烯分子的支链是由 α-烯烃共聚单体在与乙烯共聚时引入主链上的，支链的数目及长短取决于共聚单体的链长及加入量。线性低密度聚乙烯的配位聚合反应机理主要包括链引发、链增长和链终止三个阶段。

1. 链引发

链引发阶段，催化剂与乙烯单体相互作用，形成活性中心。这个活性中心具有引发聚合反应的能力。具体来说，催化剂中的金属原子与乙烯单体中的 π 键配位，形成金属—碳键，从而引发聚合反应。

2. 链增长

链增长阶段，乙烯单体不断插入活性中心的金属—碳键中，形成新的金属—碳键，并使

聚合物链逐渐增长。这个过程是连续的,直到聚合反应达到所需的分子量或转化率为止。

在链增长过程中,催化剂的活性中心对乙烯单体的立体结构有一定的敏感性。因此,通过调整催化剂的结构和反应条件,可以控制聚合产物的立构规整性和分子量分布。

3. 链终止

链终止阶段,活性中心的金属—碳键发生断裂,导致聚合链的增长停止。链终止的方式有多种,包括向单体转移、向催化剂转移、向氢转移以及自发的链断裂等。这些终止方式的具体机制和比例取决于催化剂的类型、反应条件以及聚合产物的结构。

三、高密度聚乙烯配位聚合反应机理

高密度聚乙烯(HDPE)是乙烯在低压下,按配位聚合反应机理进行聚合而得。得到的产物由于主链上支链少而短,密度较高,结晶度高。相对 LDPE 而言,由于反应压力低,又称低压聚乙烯。在生产中可采用不同类型的引发剂,如铬、齐格勒-纳塔引发剂(Z-N引发剂)等,由于引发剂类型不同,聚合反应机理也稍有所不同。

由 Z-N 催化剂引发的聚合机理概述如下:

(1)链引发阶段

在链引发阶段,Z-N 引发剂中的主引发剂(如钛氯化物)与共引发剂(如烷基铝)发生相互作用,形成活性中心。这个活性中心具有空位的钛原子,能够接纳乙烯单体进行配位。乙烯单体在钛原子的空位上配位后,形成 π-络合物,进而引发聚合反应。

(2)链增长阶段

在链增长阶段,乙烯单体不断插入活性中心中的金属—碳键中,使聚合链逐渐增长。这个过程中每个乙烯单体都以特定的方式排列在聚合链上,形成结构规整的高密度聚乙烯分子。由于 Z-N 引发剂具有强配位能力,使得单体在进行链增长反应时立体选择性更强,因此能够得到高立体规整度的聚合产物。

(3)链终止阶段

在 Z-N 引发剂体系中,链终止阶段通常会导致活性中心的失活,从而结束聚合反应。

任务实施

简述不同种类聚乙烯的聚合机理。

任务评价

1. 知识目标的完成

(1)是否掌握自由基聚合原理。

(2)是否掌握乙烯的性质、来源和合成方法。

(3)是否掌握聚乙烯的聚合机理。

2. 能力目标的完成

是否能够辨识不同种类聚乙烯所采用的聚合机理。

自测练习

1. 什么是自由基聚合？请简述其基本原理。
2. 自由基聚合过程中,哪些因素会影响聚合速率？
3. 自由基聚合有哪几个关键步骤？请简述它们的作用。
4. 什么是链转移反应？在自由基聚合中,它通常会导致什么结果？
5. 自由基聚合中常见的链引发剂有哪些？它们的作用机制是什么？
6. 请概括乙烯的合成方法。

任务三　聚乙烯的生产工艺

任务提出 >>>>>

　　如何高效地生产出聚乙烯,以满足不同行业和应用领域的多样化需求?这是一个涉及复杂化学工艺与精细控制的问题,要求深入了解并阐述聚乙烯的生产方法。同时,为了更直观地展示整个生产过程,还需要绘制出相应的工艺流程简图。这一简图应清晰地描绘出从原料准备、聚合反应条件设定、聚合过程监控到最终产品分离与纯化的每一步骤,以便全面把握聚乙烯树脂生产工艺。

 知识链接

▶ 知识点一　低密度聚乙烯的生产工艺 ◀

一、低密度聚乙烯的生产方法

　　低密度聚乙烯生产采用气相本体聚合法,按所用的聚合设备不同,可分为高压管式法和高压釜式法两种。

　　1. 高压管式法

　　管式法生产低密度聚乙烯采用长径比大于 12 000∶1 的管式反应器,其内径为 2.5～8.2 cm,长为 0.5～2 km,用氧或过氧化物为引发剂,聚合压力为 260 MPa～330 MPa,聚合温度为 270℃～320℃,聚合反应时间短,一般为 1～5 min,单程转化率可达到 24%～35%。管式反应器结构简单,传热面大,物料在管内呈柱塞状流动,无返混现象,反应温度沿管长度变化,存在温度的最高值,所得 LDPE 树脂分子量分布较宽,长支链较少,光学性能好,适宜制作透明的包装薄膜。管式法的主要缺点是易出现聚合物黏管壁而导致堵塞的现象。本书主要介绍 Lupotech T 高压管式工艺。

　　2. 高压釜式法

　　釜式法生产低密度聚乙烯大都采用有机过氧化物为引发剂,反应压力及温度均较管式法低,聚合压力为 110 MPa～250 MPa,聚合温度为 110℃～280℃,聚合反应时间短,一般为 15 s～2 min,单程转化率较低。釜式反应器内物料混合均匀,借连续高速搅拌和夹套冷却移出部分反应热量,同时靠连续通入冷乙烯和连续排出热物料的方法加以调节,保证反应温度均匀。高压釜式法生产流程简短,工艺较易控制。主要缺点是反应器结构较复杂,搅拌器的设计与安装较困难,而且容易发生机械损坏,聚合物易黏釜。釜式法生产的LDPE树脂长支链支化程度较高,由于长支链影响聚合物的分子量分布和改善流变性能(如溶液黏度、黏弹性能等),使得树脂易于加工,常用作挤压涂层和高强度的工业用重包装膜。

由于超高压设备无论是制造能力和安装技术都受到一定限制,生产能力大的装置采用高压管式法,生产专用牌号装置多选择高压釜式法。

二、低密度聚乙烯生产的主要原料

1. 单体

聚合级乙烯单体的纯度要求在99.9%以上,若杂质含量多,聚合速度缓慢,产物分子量低,应主要控制对产品影响大的乙炔和CO的含量。因乙烯高压聚合时的单程转化率较低,在20%～35%,大量的乙烯单体需要回收后循环使用,循环乙烯中存在的杂质主要是不易参加反应的惰性气体(如氮、甲烷、乙烷等),需要返回乙烯精制岗位进行精制。

2. 共聚单体

乙烯高压聚合常采用醋酸乙烯作为共聚单体,得到的共聚产物醋酸乙烯含量在10%左右,产物长支链少,耐环境应力开裂性、柔软性、热稳定性、透明性能优异,透气性低、印刷性好,对人体无害。

3. 分子量调节剂

工业生产中,为了控制聚合产物的熔融指数,必须加入适量的分子量调节剂。生产中常用的分子量调节剂主要有烷烃(丙烷、丁烷、己烷等)、烯烃(丙烯、异丁烯)、氢、丙酮和丙醛等。其中用于乙烯高压聚合链转移能力较大的是氢、丙醛、丙酮和丙烯,但氢气在反应温度高于170℃时很不稳定,因而应用较广的是丙醛、丙酮和丙烯,但对它们的纯度也有一定的要求。分子量调节剂的种类和用量要根据聚乙烯牌号的不同而不同。

4. 引发剂

乙烯高压聚合需要加入一定量的自由基引发剂。20世纪70年代前大多采用氧作引发剂,70年代后期随着装置的大型化及生产能力的提高,逐渐采用有机过氧化物引发剂及高效引发剂(低温、高温引发剂混合),提高了单体乙烯的转化率及产物的分子量。目前,只有少数高压管式法采用氧作引发剂,釜式反应器已全部用有机过氧化物作引发剂。近年来,茂金属引发剂也在高压管式法工艺上进行了商业化生产。氧在高温下作为乙烯聚合用引发剂,但低温下(低于200℃)它是乙烯聚合的阻聚剂,可利用非常少量的氧气作为乙烯在压缩系统或回收系统的抑制剂。工业上常见的过氧化物引发剂是过氧化二叔丁基、过氧化十二烷酰、过氧化苯甲酸叔丁酯等。

5. 添加剂

为了使树脂在贮存运输及后加工过程中，减少或延缓由于受到机械力、热、氧、光等作用而造成原有性能的破坏，树脂在造粒过程中必须按工艺要求加入一定比例的不同品种的助剂（塑料成型加工中称为添加剂），如抗氧剂、防紫外线剂、润滑剂、抗静电剂等。常见的工业用聚乙烯添加剂主要有：4-甲基-2,6-二叔丁基苯酚（抗氧剂，可用于食品包装薄膜生产），油酸酰胺或硬脂酸胺（润滑剂），硅胶或铝胶（开口剂），环氧乙烷与长链脂肪族胺（抗静电剂）等。工业上，添加剂的种类与用量要根据聚乙烯产品牌号和用途来定。

三、低密度聚乙烯生产工艺的特点

1. 聚合反应热大

乙烯聚合的反应热非常高，大约为 94.1 kJ/mol。每 1% 的乙烯转变为聚合物，温升就可达 12℃～13℃。如果聚合反应产生的热量不被及时移出，当温度超过 350℃ 时，乙烯就会发生爆炸分解。

2. 单体转化率低

乙烯高压聚合时单体的转化率通常在 20%～35%，大量的乙烯必须回收循环使用。管式反应器单体的转化率高于釜式反应器。

3. 产物分子量小、分布宽

乙烯高压聚合单体的转化率低，链终止反应很容易发生，因此，得到聚合产物的分子量小。提高压力，可以使链增长反应速率高于链终止反应速率。但在高温高压条件下，容易发生链转移反应，乙烯的转化率越高及停留时间越长，则长链支化越多，分子量分布宽度变大，产品的加工性能较差。

4. 多点注入引发剂，提高转化率

目前，生产中实施多点（四点）将引发剂注入管式反应器的方法，可以提高单程转化率。

5. 产品牌号多，应用广

Lupotech T 高压管式工艺可获得熔融指数和密度较宽范围的系列产品，也可生产改性共聚物，产品应用范围广，如薄膜制品、注塑制品、吹塑制品、电线电缆与钢管的包覆层、板材与型材等。

四、低密度聚乙烯生产工艺流程(图4-1)

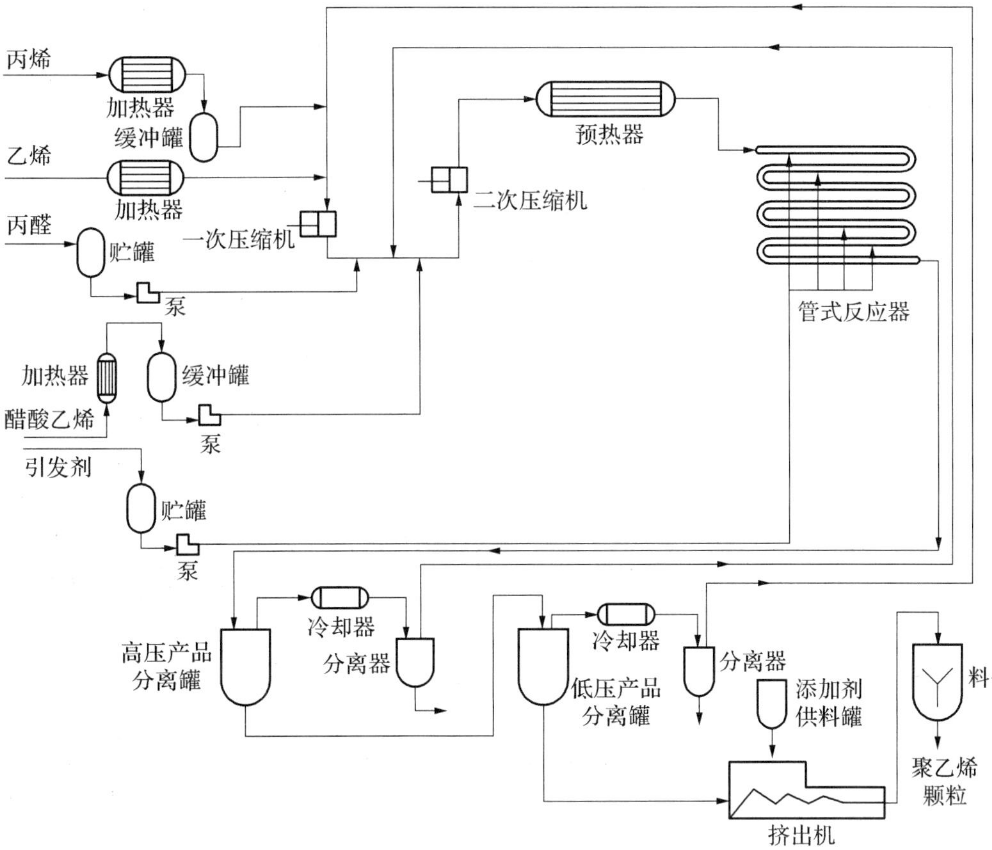

图4-1　低密度聚乙烯生产工艺流程

界区来的聚合级乙烯经新鲜乙烯加热器后进入一次压缩机第四段吸入口,低压循环乙烯进入一次压缩机的增压段(一次压缩机的一段、二段和三段)进行压缩,升压到3 MPa左右后,与新鲜乙烯共同进入第四段入口,经一次压缩机,升压至25 MPa~30 MPa。分子量调节剂——丙醛经缓冲罐用泵送到一次压缩机的一段出口;分子量调节剂丙烯先经加热器汽化,然后经缓冲罐进入一次压缩机的一段入口。

经一次压缩的乙烯与丙醛(或丙烯)的混合气与高压循环系统的循环乙烯一起通过二次压缩机被进一步压缩至260 MPa~300 MPa,送入预热器使排出的乙烯混合气进一步加热到反应温度,送到高压管式反应器。管式反应器共有四个反应区,将有机过氧化物引发剂四点注入,引发聚合反应。

从反应器后冷却系统出来的物料进入高压产品分离器(操作压力约30 MPa),分离出聚合物和未反应的乙烯。未反应的乙烯通过高压循环系统一系列的冷却器、分离器冷却分离后,循环返回二次压缩机入口。熔融聚合物和剩余未转化的乙烯,一同进入低压产品分离器(操作压力为0.03 MPa~0.08 MPa)再次降压和分离,分离出来的未反应乙烯经低压循环冷却分离后进入一次压缩机的增压段入口,熔融的聚乙烯从低压产品分离器进入挤出机。

从低压产品分离器得到的熔融聚乙烯树脂(温度 220℃～240℃),加入一定量添加剂,经挤出机被送到水下切粒机造粒,颗粒被水冷却后输送到颗粒干燥器中,干燥后的聚乙烯树脂颗粒由气力输送系统输送到脱气仓。在脱气仓内,颗粒中单体的含量被降低到安全值,脱气后的 LDPE 粒料产品输送到产品料仓中,送去包装。

▶ 知识点二　线型低密度聚乙烯的生产工艺 ◀

一、生产工艺概述

线型低密度聚乙烯(LLDPE)的生产工艺有气相法、溶液法、淤浆法和高压法。

气相法指乙烯与共聚单体气体在流化床反应器或搅拌床反应器中直接聚合生产固体聚乙烯。气相法中 Unipol 工艺是最早生产 LLDPE 的技术,由于此法不用溶剂,工艺流程简单,生产成本低,操作条件温和,并可在较宽的范围内调节产品品种,因此发展比较迅速,目前已成为世界上应用最广泛的生产 LLDPE 的工艺技术。该工艺可以交替生产 HDPE 和 LLDPE,这类装置国外称为可转换型装置,国内称为全密度聚乙烯(HDPE/LLDPE)装置。SGPE 工艺是中国石油化工集团公司具有自主知识产权的低压气相法全密度聚乙烯工艺技术,使用国产钛系或铬系专利引发剂,在气相流化床反应器中进行聚合反应,可生产高、中、低密度的聚乙烯树脂。

溶液法生产工艺对原料纯度要求较低,因采用溶剂,反应稳定,反应器不易结垢,且反应器停留时间短,聚合反应速率快,产品切换时间短,乙烯单程转化率高,也可生产全密度聚乙烯。但由于存在溶剂,工艺流程长,能耗大,设备多,生产成本高。

淤浆法工艺生产的聚合物悬浮于稀释剂中,生产中压力和温度较低。淤浆法分为环管法和釜式法两种,其中环管法可生产 HDPE 和 LLDPE,釜式法只能生产 HDPE。

高压法工艺建设投资和能耗高,工业上很少应用。

Unipol、Innovene 及 SGPE 工艺流程相似,均采用气相流化床反应器。这里仅以比较典型的联合碳化物(UCC)公司 Unipol 工艺为例,介绍线型低密度聚乙烯生产工艺。

二、线型低密度聚乙烯生产的主要原料

1. 单体

聚合级乙烯单体的纯度要求在 99.9% 以上,杂质存在会降低引发剂的活性,也会影响产品质量。单体含有的主要杂质有乙炔、一氧化碳、二氧化碳、氧、水等。

2. 共聚单体

线型低密度聚乙烯生产常采用 1-丁烯和 1-己烯为共聚单体,共聚单体的加入量主要影响产品 LLDPE 树脂的短支链的长度。

3. 分子量调节剂

乙烯低压聚合反应温度较低,可采用氢气作为分子量调节剂(也称链转移剂),用于调节树脂的熔融指数。

4. 催化剂

根据需要选择使用齐格勒-纳塔(钛系)、铬系和茂金属体系的固体或淤浆两种状态的引发剂(工业上常称为催化剂),催化剂品种多,可生产全密度聚乙烯树脂。

5. 冷凝助剂

异戊烷常温、常压下是一种无色带有特殊气味的易燃液体,沸点低($27.8℃$),主要用作发泡剂、制冷剂及低压聚乙烯气相工艺中的冷凝剂。其应用在乙烯低压聚合生产工艺中,使冷凝液夹带在气流中进入反应器,冷凝液进入反应器后迅速蒸发,不扰乱流化床的温度,极大提高了反应器的散热能力。利用异戊烷的相变吸收反应器中大量的反应热,从而在同样负荷的情况下减轻循环水的用量。

三、Unipol 工艺生产线型低密度聚乙烯的主要特点

1. 工艺简单,投资少

采用气相法聚合工艺流程短,占地面积小,可降低操作、维修和建设等费用。

2. 原料少,安全性高

Unipol 工艺原料毒性小,气相单体直接转化为干燥流动的粉状聚合产物、无需提纯和回收反应溶剂和稀释剂,产生的废气、废液少,对环境影响很小,符合环保、健康、安全要求。

3. 工艺成熟,技术先进

Unipol 工艺反应器操作弹性大,可实现冷凝态工艺,提高产能;自动化控制水平高,可提升生产操作稳定性,精确控制树脂质量,调整产率;可自动进行产品牌号切换,保证产品质量。

4. 产品牌号多

只用单一的反应器,利用改变反应器温度、原料组成及催化剂即可生产出多种密度、熔融指数及分子量分布的产品。

四、线型低密度聚乙烯装置生产工艺流程(图 4 - 2)

来自界区外的共聚单体 1-丁烯(1-己烯),先送入丁烯贮罐,经输送泵送入共聚单体脱气塔中,脱除微量的 O_2、CO 和 CO_2,用冷却器冷却到 $40℃$,用泵升压后,经分子筛干燥器(可用热氮气再生)脱除水分和甲醇等杂质后,送去反应系统。从界区外输送到装置的氮气(N_2),分两路进入系统,一部分直接送到各单元,主要用于反吹、氮封、置换、压料等。另一部分经预热器预热后进到氮气脱氧器脱除微量氧,冷却到常温后进入氮气干燥器脱除水分,进入氮气增压机升压、冷却器冷却到 $40℃$ 进入氮气缓冲罐,主要供反应系统使

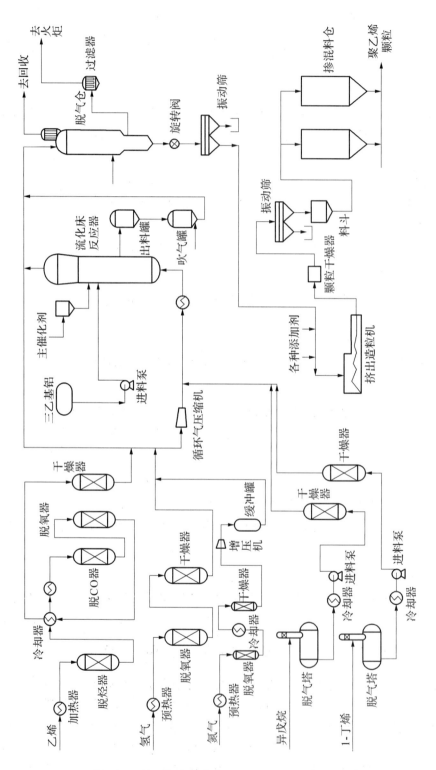

图 4 - 2　线型低密度聚乙烯装置生产工艺流程图

用,部分用于催化剂床层再生。界区来的氢气经脱氧预热器预热后,再进入氢气脱氧器脱除微量氧,经干燥器脱除微量水分后,送到反应系统和乙烯脱炔以及脱氧床用于再生。来自界区外的异戊烷,进入异戊烷贮罐,经干燥器脱除异戊烷中的水分后送至异戊烷脱气塔,脱除 O_2、CO、CO_2 等轻组分后,经冷却器冷却到 40℃,再由进料泵升压,经干燥后作为冷凝剂主要供反应器使用,部分用于催化剂配制。

来自界区外的乙烯,经乙烯加热器加热,保证乙烯为气态。进入乙烯脱炔器通过加氢反应脱除微量的乙炔,再经脱一氧化碳、脱氧器脱除乙烯中的 CO 和 O_2 后,冷却至 40℃进到分子筛干燥器除微量水分、甲醇、丙酮等杂质,净化后的乙烯送反应系统。

助催化剂三乙基铝由氮气压入加料罐,经隔膜式计量泵送入反应系统。

主催化剂(按照产品牌号选择不同类型的催化剂),经制备后用氮气送到催化剂贮罐,由催化剂加料器连续定量地用高压氮气加到反应器。

聚合反应在流化床反应器中进行,反应气由反应器底部进入,通过分布板使反应器内的树脂床成为流化状态。催化剂连续加入反应器内的分布板上部,在反应器内乙烯与共聚单体发生聚合反应,生成粉状聚乙烯树脂。未反应的反应气,在反应器上部扩大段与树脂细粉分离从反应器顶部流出,与新鲜的乙烯、H_2、N_2 混合后一起进入循环气压缩机增压,经循环气冷却器后,与新加入的共聚单体、三乙基铝混合后从反应器底部进入反应器,构成反应循环,循环气在循环冷却器是走管程,用冷却水冷却。

粉状的聚乙烯在反应器中积累到一定床层高度,由产品排出系统自动排料,进入产品脱气仓,用净化氮气将树脂中的轻烃(主要是乙烯、共聚单体 1-丁烯或 1-己烯和冷凝剂异戊烷)脱除,并回收其中的丁烯(或 1-己烯)和异戊烷送回反应。

脱气后的粉料树脂由旋转加料器下料,加入各种添加剂后一同进入连续挤压机中熔融、混合,送往熔融泵,经熔融筛脱除杂质后,从模板成束状出料,在水下切粒机中被高速旋转的切刀切成粒状,合格的粒料进入离心式干燥器除去粒料中的水分,干燥后的树脂送到分级筛分筛,除去不合格颗粒,合格的粒料送到掺混仓进行均化,合格产品送入产品料仓,经计量后包装、贮存。

知识点三　高密度聚乙烯的生产工艺

高密度聚乙烯(HDPE)的生产工艺与 LLDPE 相似,主要有淤浆法、气相法和溶液法三种。此三种方法也可用来生产超高分子量聚乙烯(UHMWPE)。气相法生产 HDPE 的流程与 LLDPE 的生产流程基本相同,主要区别是专利来源不同,采用的催化剂和反应条件略有差异。

这里以英力士集团(Ineos)公司 Innovene S 低压淤浆环管聚合工艺为例,该工艺使用两台环管反应器串联,既可生产单峰也可生产双峰高密度聚乙烯(HDPE)产品。

一、低压高密度聚乙烯生产的主要原料

1. 单体

低压高密度聚乙烯生产选用聚合级的乙烯,需去除乙烯中的杂质,如水分、氧气、一氧

化碳等,以保证聚合反应的顺利进行。

2.分子量调节剂

以齐格勒-纳塔催化剂为催化剂的生产过程中,氢气主要用来调节产品树脂的熔融指数;以铬系催化剂为催化剂时,加入少量的氢气到第二反应器,主要用于提高树脂的力学性能。

3.共聚单体

LLDPE生产以1-丁烯或1-己烯作为共聚单体,主要用来控制树脂的密度。共聚单体也需精制、增压以满足工艺要求,精制方法与前述生产LLDPE中相同。

4.催化剂

根据产品牌号选择使用齐格勒-纳塔或铬系催化剂。

5.溶剂

此工艺采用轻组分异丁烷为溶剂,溶剂需精制,经分子筛干燥器脱除少量水分。

6.添加剂

与线型低密度聚乙烯制备相似,依据产品牌号和用途来选用添加剂的种类与用量。

二、聚合反应设备

Innovene工艺采用液相环管反应器,反应器结构简单,对材质要求低,体积小,投资少;反应器容积小,物料停留时间短,产品切换快,过渡料少;采用冷却夹套移出反应热,单位体积传热面积大,传热系数大;环管反应器内的浆液采用轴流泵高速循环,可使聚合物淤浆搅拌均匀,使催化剂分布均匀,聚合反应条件易控制,产品质量均一,不容易产生黏壁现象。同时,采用双环管操作可生产双峰产品,增加了操作灵活性及效率。

三、高密度聚乙烯生产工艺的特点

1.反应条件温和

采用异丁烷作为溶剂,聚合反应比较平稳,脱气简单,不需离心分离;产物粉末树脂力学性能好,质量均一。

2.催化剂活性高

采用齐格勒-纳塔和铬两种高活性催化剂,反应器不黏壁,不需要定期清洗;催化剂对原料杂质的要求相对较低。

3.产品牌号切换快

生产中,需改变催化剂类型来改变产品的牌号时,不需要清洗和特殊的操作,只需将原催化剂倒空就可装载新型的催化剂,且过渡产品少;产品覆盖面较广,质量好。

4.工艺流程简单

采用立式双环管反应器,大型运转设备少,工艺流程相对简单。

5. 单程转化率高

反应器设置中间提浓设备,提高了浆液浓度,溶剂回收循环量小,无需脱灰、脱蜡处理,装置能耗较低。

四、环管式高密度聚乙烯装置生产工艺流程

Innovene工艺生产高密度聚乙烯装置生产流程如图4-3所示。来自界区外的乙烯经过乙烯干燥器,脱除乙烯中的水及极性杂质后,经往复式乙烯增压机增压,再经乙烯冷却器冷却,压缩、冷却后的乙烯直接送入环管反应器,供聚合反应使用。来自界区的异丁烷经干燥器脱除含硫化合物和水,送至低压溶剂回收系统中进行溶剂循环。自界区外的氢气由管道输送至界区,按照不同的催化剂产品需要,经氢气增压机增压后进入反应器。来自界区的1-丁烯通过丁烯处理器,脱除水、过氧化合物后,送往缓冲罐,再由泵送至反应器。来自界区的1-己烯通过己烯处理器,脱除水后,送往缓冲罐,再由泵送至反应器。齐格勒-纳塔催化剂的助催化剂三乙基铝用氮气从运输容器中压送至加料罐,然后从加料罐用进料泵送至反应器。齐格勒-纳塔催化剂的主催化剂先在滚筒器混合均匀装入催化剂贮罐,然后送入带有搅拌装置的催化剂配制罐,用低压溶剂稀释到一定的浓度,用隔膜式计量泵送到反应器中。精制后的乙烯溶解于溶剂中与共聚单体1-丁烯(或1-己烯)以及催化剂以液相形式进入环管反应器中,单体在溶剂中与催化剂接触聚合,在80℃～110℃、2.8 MPa～4.0 MPa下生成聚乙烯粉末。反应器通过轴流泵使淤浆高速循环,聚合反应产生的热量由夹套中的冷却水带走。生产单峰产品时,两台反应器的反应条件维持基本相同,不需要中间处理单元。生产双峰产品时,两台反应器的反应条件有很大差别,需要中间处理单元。生产双峰产品时,第一反应器生成批量的一定质量的产品,进入中间处理系统,脱除影响第二反应器产品质量的组分,经过中间处理后的淤浆送入第二反应器,在不同于第一反应器的条件下继续反应。聚合后粉状产物和溶剂经旋液分离器浓缩后得到高浓度淤浆,提浓后的浆料通过底部的出口阀进入淤浆加热器,加热成过热粉料,送往高压闪蒸器进行脱气。脱气后的粉料经高压闪蒸缓冲罐,进入低压闪蒸罐进一步脱气,气体在顶部经过顶部过滤器进入溶剂回收系统。粉料进一步脱气,脱气后的粉料在底部,输送到挤压造粒系统。脱气后的粉料树脂由旋转加料器下料,加入各种添加剂后一同进入连续挤压机中熔融、混合,送往熔融泵的两相向旋转的咬合齿轮进一步剪切熔融,经熔融筛脱除杂质后,从模板成束状出料,在水下切粒机中被高速旋转的切刀切成粒状。合格的粒料进入离心式干燥器除去粒料中的水分,干燥后的树脂送到分级筛分筛,除去不合格颗粒,合格的粒料送到掺混仓进行均化,合格产品送入产品料仓,经计量后包装、贮存。

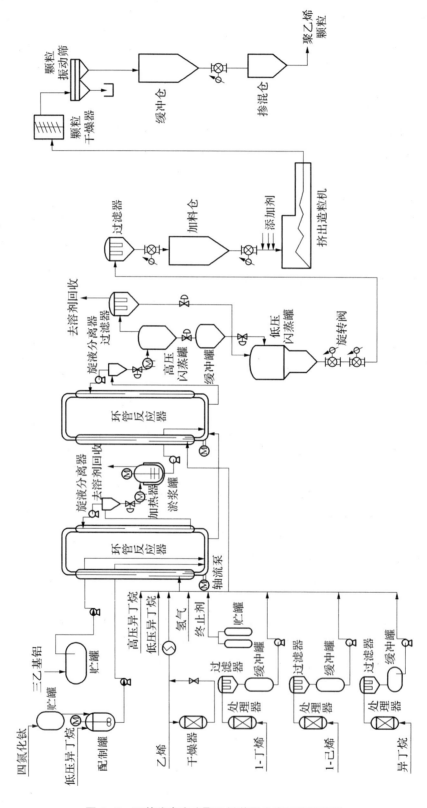

图 4-3 环管式高密度聚乙烯装置生产工艺流程图

任务实施

能辨识不同种类聚乙烯的生产工艺流程。

任务评价

1. 知识目标的完成

是否掌握了不同种类聚乙烯的生产工艺流程。

2. 能力目标的完成

是否能够辨识不同种类聚乙烯的生产工艺流程。

自测练习

1. 低密度聚乙烯(LDPE)的主要生产工艺是什么？请简述其特点。

2. 高密度聚乙烯(HDPE)的生产过程中,原料的预处理包括哪些步骤？

3. 在低密度聚乙烯的生产中,高压条件对聚合反应有何影响？

4. 高密度聚乙烯的聚合反应通常采用哪种聚合机理？为什么？

5. 简述低密度聚乙烯生产过程中,温度对聚合产物性能的具体影响。

6. 高密度聚乙烯生产中的催化剂选择原则是什么？

7. 低密度聚乙烯与高密度聚乙烯在生产工艺上的主要区别是什么？

8. 在高密度聚乙烯的生产中,如何控制聚合物的分子量及其分布？

9. 低密度聚乙烯生产过程中,如何防止链转移反应以提高产物质量？

10. 高密度聚乙烯生产流程中,后处理步骤包括哪些内容？它们对最终产品性能有何影响？

任务四　聚乙烯的生产岗位

任务提出 >>>>>

在化学材料制造领域,识别高密度聚乙烯(HDPE)生产岗位的任务是一项至关重要的工作,它要求相关人员不仅需要对 HDPE 的生产工艺有深入的理解,还需熟悉原料的预处理、聚合反应的控制、产品的后处理及质量控制等多个环节。从原料的筛选与配比,到聚合反应条件的精确调控,再到最终产品的分离、纯化与性能测试,每一步都需严格遵循操作规程,以确保生产出高质量的高密度聚乙烯产品。因此,识别并明确岗位任务,对于提升生产效率与产品质量具有重要意义。

 知识链接

Innowene 工艺生产高密度聚乙烯的主要生产岗位有原料精制、进料、引发剂配置、反应器操作、反应质量控制、反应终止系统控制、粉料脱气、溶剂回收、挤压造粒、粒料脱气、包装等岗位。

▶ 知识点一　原料精制和引发剂配置岗位任务 ◀

一、乙烯精制岗位

1. 职责

(1) 负责乙烯的接收、精制和储存工作,确保乙烯的纯度和质量。

(2) 监控乙烯精制设备的运行状态,及时发现并处理故障。

2. 安全生产常识

(1) 乙烯为易燃易爆物质,操作时应远离火源,并保持良好的通风。

(2) 定期检查精制设备的安全阀、压力表等附件,确保其正常运行。

(3) 在处理乙烯时,需佩戴防静电服和防爆眼镜等防护用品。

二、共聚单体精制岗位

1. 职责

(1) 负责共聚单体的接收、精制和储存工作,确保共聚单体的质量。

(2) 根据生产需求,准确地将精制后的共聚单体送入聚合反应釜。

2. 安全生产常识

(1) 共聚单体可能具有毒性或易燃易爆性,操作时应严格遵守操作规程。

(2) 定期检查精制设备的密封性和安全性,防止泄漏或爆炸。

(3) 在处理共聚单体时,需佩戴合适的防护用品。

三、氢气精制岗位

1. 职责

(1) 负责氢气的接收、精制和储存工作,确保氢气的纯度和质量。

(2) 监控氢气精制设备的运行状态,及时发现并处理故障。

2. 安全生产常识

(1) 氢气为易燃易爆气体,操作时应远离火源,并保持良好的通风。

(2) 定期检查精制设备的氢气泄漏报警装置,确保其正常运行。

(3) 在处理氢气时,需佩戴防静电服和防爆眼镜等防护用品。

四、异丁烷精制岗位

1. 职责

(1) 负责异丁烷的接收、精制和储存工作,确保异丁烷的质量。

(2) 根据生产需求,准确地将精制后的异丁烷送入相关设备。

2. 安全生产常识

(1) 异丁烷为易燃易爆物质,操作时应远离火源,并保持良好的通风。

(2) 定期检查精制设备的密封性和安全性,防止泄漏或爆炸。

(3) 在处理异丁烷时,需佩戴合适的防护用品。

五、引发剂配制岗位

1. 职责

负责引发剂的配制和储存工作,确保引发剂的浓度和质量。

2. 安全生产常识

(1) 引发剂可能具有毒性或易燃易爆性,配制和使用时应严格遵守操作规程。

(2) 在处理引发剂时,需佩戴合适的防护用品。

表 4-1　原料精制和引发剂配制岗位任务

岗位名称		岗位任务
原料精制	乙烯精制	负责原料乙烯的精制、增压,以满足工艺要求
	共聚单体精制	负责为聚合反应单元提供共聚单体
	氢气精制	负责为聚合反应提供分子量(熔融指数)调节剂
	异丁烷精制	负责为聚合反应单元提供溶剂
引发剂配制		负责为聚合反应提供催化剂溶液

知识点二　聚合反应岗位任务

一、进料岗位

1. 职责

(1) 负责将精制后的原料、共聚单体等送入聚合反应釜。

(2) 监控进料设备的运行状态,及时发现并处理故障。

2. 安全生产常识

(1) 在进料过程中,需严格控制进料速度和加料量,防止设备超压或泄漏。

(2) 定期检查进料设备的密封性和安全性,确保其正常运行。

二、反应器操作岗位

1. 职责

(1) 负责聚合反应釜的操作和监控工作,确保反应条件稳定。

(2) 根据生产需求,调整反应温度、压力等参数。

2. 安全生产常识

(1) 聚合反应釜为高压设备,需定期检查其安全阀、压力表等附件。

(2) 在操作过程中,需密切关注反应釜的运行状态,及时发现并处理异常情况。

三、反应质量控制岗位

1. 职责

(1) 负责对聚合反应过程进行质量监控,确保产品质量符合标准。

(2) 定期检测反应产物的性能指标,提供质量数据支持。

2. 安全生产常识

(1) 在取样和检测过程中,需严格遵守操作规程,防止样品污染或损坏。

(2) 定期对检测设备进行校准和维护,确保其准确性。

四、反应终止系统岗位

1. 职责

（1）负责监控聚合反应的进程，及时启动反应终止系统，防止暴聚或爆炸。

（2）定期对反应终止系统进行维护和检查，确保其正常运行。

2. 安全生产常识

（1）在启动反应终止系统时，需严格按照操作规程进行，防止误操作。

（2）定期对反应终止系统的药剂进行更换和检查，确保其有效性。

表 4 - 2　聚合反应岗位任务

岗位名称		岗位任务
聚合反应	进料	负责各种原料按产品配方加入反应器
	反应器操作	负责乙烯在串联的双环管反应器内完成聚合反应
	反应质量控制	负责将反应温度、压力自动控制在恒定的条件下进行
	反应终止系统	负责使聚合反应部分或完全停止

▶ 知识点三　其他岗位任务 ◀

一、粉料脱气岗位

1. 职责

（1）负责将聚合反应后的粉料进行脱气处理，去除其中的残留气体。

（2）监控脱气设备的运行状态，及时发现并处理故障。

2. 安全生产常识

（1）在脱气过程中，需严格控制脱气温度和压力，防止设备超压或泄漏。

（2）定期检查脱气设备的密封性和安全性，确保其正常运行。

二、溶剂回收岗位

1. 职责

（1）负责将聚合反应中使用的溶剂进行回收和处理，减少环境污染。

（2）监控溶剂回收设备的运行状态，及时发现并处理故障。

2. 安全生产常识

（1）在回收溶剂时，需严格遵守操作规程，防止溶剂泄漏或污染环境。

（2）定期对溶剂回收设备进行维护和检查，确保其正常运行。

三、挤压造粒岗位

1. 职责

(1) 负责将聚合反应后的物料进行挤压造粒,制成聚乙烯颗粒。
(2) 监控造粒设备的运行状态,及时发现并处理故障。

2. 安全生产常识

(1) 在挤压造粒过程中,需严格控制造粒温度和压力,防止设备超压或泄漏。
(2) 定期检查造粒设备的密封性和安全性,确保其正常运行。
(3) 在操作过程中,需佩戴合适的防护用品,防止烫伤或划伤。

四、粒料脱气岗位

1. 职责

(1) 负责将挤压造粒后的粒料进行脱气处理,去除其中的残留气体。
(2) 监控脱气设备的运行状态,及时发现并处理故障。

2. 安全生产常识

(1) 在脱气过程中,需严格控制脱气温度和压力,防止设备超压或泄漏。
(2) 定期检查脱气设备的密封性和安全性,确保其正常运行。

五、包装岗位

1. 职责

(1) 负责将脱气后的聚乙烯颗粒进行包装和储存工作。
(2) 确保包装材料的质量和数量符合生产要求。

2. 安全生产常识

(1) 在包装过程中,需严格遵守操作规程,防止颗粒污染或损坏。
(2) 定期检查包装设备的运行状态和包装材料的质量。
(3) 在操作过程中,需佩戴合适的防护用品,防止划伤或烫伤。

表 4-3 其他岗位任务

岗位名称	岗位任务
粉料脱气	负责脱出浆料中的溶剂异丁烷
溶剂回收	负责将异丁烷溶剂进行精制,循环使用
挤压造粒	负责将粉料树脂熔融后制成粒料树脂
粒料脱气,包装	负责进一步脱出粒状树脂中的乙烯

任务实施

简述高密度聚乙烯生产岗位的工作任务。

任务评价

1. 知识目标的完成

是否掌握了高密度聚乙烯生产岗位的工作任务。

2. 能力目标的完成

能够结合高密度聚乙烯生产工艺流程识别生产岗位。

自测练习

1. 在原料精制过程中,如何确保处理易燃易爆物料时的安全?

2. 异丁烷精制岗位在物料转移时,如何避免泄漏和火灾事故?

3. 在聚合反应中,如何安全地处理和使用引发剂,以防止意外发生?

4. 反应器操作岗位在应对聚合反应异常时,有哪些紧急停车和事故处理的常识?

5. 粉料脱气过程中,如何确保物料处理过程中的粉尘爆炸预防措施得当?

项目五
聚丙烯的生产

教学目标

知识目标

1. 掌握聚丙烯的结构。
2. 掌握丙烯聚合的反应原理。
3. 掌握生产聚丙烯的主要原料及作用。
4. 掌握聚丙烯装置的生产工艺流程及生产特点。
5. 掌握聚丙烯生产主要岗位设置及各岗位的工作任务。

能力目标

1. 能正确辨识聚丙烯产品的性能、用途。
2. 理解配位聚合反应的机理。
3. 掌握聚丙烯高分子立体异构体。
4. 能识读聚丙烯生产工艺流程图。
5. 能正确分析聚丙烯生产岗位的工作任务。

情感目标

1. 具有忠诚事业、产业报国的家国情怀。
2. 具有吃苦耐劳、团结合作、严谨细致的工作态度。
3. 养成良好的职业素养,具有较强的集体意识和团队合作精神。
4. 养成较强的质量意识、环保意识、安全意识,具有锐意精进、创新进取、追求"安、稳、长、满、优"的石化工匠精神。

任务一　认识聚丙烯

任务提出 >>>>>

　　2020年初,突如其来的"新冠肺炎"迅速传播,针对新型冠状病毒依靠呼吸道飞沫传播的方式,"戴口罩"作为最便捷有效的防护措施,成为首选。而N95口罩便是用聚丙烯生产的,除此之外,同学们还能举出哪些日常生活中所使用的聚丙烯材料呢?

 知识链接

▶ 知识点一　聚丙烯化合物 ◀

　　聚丙烯(polypropylene,缩写PP)是由丙烯单体遵循配位聚合机理而制得的一种热塑性树脂,目前是通用合成树脂中产量及用量较大的品种之一。其分子结构有一定的规整性,化学稳定性强,生产原料丰富,加工适应性好,具有广泛的应用。聚丙烯生产原料及产品如图5-1所示。

主要原料:丙烯　　　　　　　　　　产品:聚丙烯树脂

图5-1　聚丙烯原料及产品示意图

▶ 知识点二　聚丙烯的结构及分类 ◀

　　聚丙烯(PP)为线型结构,一般有全同、间同和无规三种构型,全同构型占95%。

　　全同立构聚丙烯(IPP)分子链高度规则,结晶度高,熔点高,硬度和拉伸强度高,密度低,具有优良的化学性能。其结构如下:

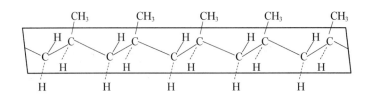

间同立构聚丙烯(SPP)为结晶性均聚物,刚性和硬度适中,冲击强度高。其结构为:

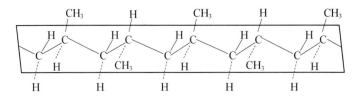

无规立构聚丙烯(APP)为全同立构聚丙烯的副产物,非结晶性,性能用途较低。其结构为:

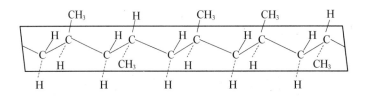

▶ 知识点三　聚丙烯的性能 ◀

一、聚丙烯的一般性能

聚丙烯树脂是无味、无毒、白色蜡状颗粒,透明度高,质量轻,相对密度仅为0.90~0.91,是最轻的通用塑料。由于结构规整而高度结晶化,其熔点可高达167℃。聚丙烯不溶于水,在121℃~160℃可连续耐热不变形。耐热、耐腐蚀、制品可用蒸汽消毒是其突出的优点。此外,聚丙烯还具有较高的机械强度、拉伸强度及硬度;具有良好的化学稳定性、热稳定性;介电性能优良。其主要缺点是耐低温冲击性差,但可以通过共聚或共混改性改善耐低温冲击性能;耐候性差,这是由于聚丙烯结构中存在叔碳原子,易被氧化,尤其对紫外线很敏感,在氧气和紫外线作用下易发生老化降解,但可通过添加抗氧剂、紫外线吸收剂或防老剂等来减缓。

二、聚丙烯主要质量指标

聚丙烯树脂的质量指标项目很多,比较重要且一般能检测和实用的主要有等规度、熔融指数、拉伸屈服强度等,还有用灰分含量、氯离子含量、挥发分含量等表示聚丙烯树脂中的杂质含量的指标,它们对聚丙烯加工和应用有重要影响。

1. 熔融指数

熔融指数是衡量聚丙烯树脂在熔融状态下流动性能好坏的指标。熔融指数越大,聚丙烯树脂的熔融流动性能越好,反之,熔融指数越小,聚丙烯树脂熔融流动性能就越差。由于聚丙烯是热塑性树脂,是在熔融状态下加工成各种制品的,所以熔融指数是影响聚丙烯加工性能的重要指标,也是衡量聚丙烯产品质量的主要指标之一。

2. 等规度

聚丙烯按结构中甲基排列位置不同分为全同聚丙烯、间同聚丙烯和无规聚丙烯三种。甲基排列在大分子主链的同一侧称为全同聚丙烯;甲基交替排列在大分子主链的两侧称为间同聚丙烯;若甲基无秩序地排列在大分子主链的两侧称为无规聚丙烯。聚丙烯等规度是指等规(全同和间同)结构的聚丙烯在整个聚合物中的含量,用质量分数表示。

等规度影响聚丙烯的结晶度,等规度越高,结晶度也越高。在一定范围内,结晶度高,树脂拉伸屈服强度高,硬度大,耐冲击强度尤其是低温冲击性能好。同时等规度还影响树脂的加工性能。等规度低,产品发黏,流动性差,包装储存时易板结成块、团,加工时加料困难,甚至无法加工。

3. 灰分含量、氯离子含量

灰分含量是指聚丙烯中不能挥发而残留下来的杂质(如主催化剂、助催化剂及生产中混入的各种杂质)在整个样品中的含量。如果灰分含量高,表示加工时不熔物质多,易引起设备的堵塞,也会影响制品的强度等性能。但灰分对挤塑、注塑成型加工影响不大。

氯离子含量是指聚丙烯产品中残留的催化剂中氯离子在整个样品中的含量,通常用重量百分率 ppm 表示。聚丙烯树脂含有氯离子,会对后续加工设备有腐蚀作用。目前,高效载体催化剂的使用产品中氯离子含量已经很低。

例如,某企业聚丙烯粉料主要质量指标见表 5-1。

表 5-1　聚丙烯粉料质量指标

项目	单位	指标	备注
外观	—	白色,无结块	目测法
熔融指数	g/10 min	0.5~50	熔融指数测定仪(进口)
等规度	%	≥94	等规度测定仪
灰分	mg/kg	≤350	灰分测定仪
氯含量	mg/kg	≤100	氯含量测定仪
表观密度	g/cm	≥0.38	表观密度测定仪
拉伸屈服强度	MPa	≥31.5	—

▶ 知识点四　聚丙烯的应用 ◀

聚丙烯树脂具有优良的特性和加工性能,可采用注塑成型、挤出成型、吹塑成型、热成型等方法进行成型加工,聚丙烯制品还可进行涂饰、黏合、印刷、焊接、电镀、剪切、切削、挖刻等二次加工,并易于通过共聚、共混、填充、增强等工艺进行改性,增加其韧性及耐热性。因此,聚丙烯树脂被广泛应用于各个领域,其主要用途见表5-2。常见的聚丙烯产品如图5-2所示。

表5-2　聚丙烯树脂的主要用途

应用领域	应用实例
化学工业	聚丙烯树脂具有良好的力学性能,可用来制造各种机器设备的零部件,改性后可制造工业管道、水管、电机风扇等
纺织工业	聚丙烯树脂是重要的合成纤维-丙纶的原料,可制作工业用无纺布、地毯、绳索、带子、蚊帐,可用于生产服装、香烟丝束、人造草坪等,也可用于医疗卫生方面制作医用衣帽、手术口罩、婴儿尿不湿、妇女卫生巾等
建筑业	聚丙烯用玻璃纤维增强改性或用橡胶改性可制作建筑用模板,发泡后可作装饰材料,喷涂材料可替代家用镀铬的水管等金属制品
汽车制造业	改性聚丙烯可以制造汽车上的许多部件,如汽车方向盘、仪表盘、保险杠等
包装行业	聚丙烯树脂可拉制扁丝制成编织袋,广泛用于各种固体物料的包装;或制作成各种薄膜用于食品外包装、糖果外包装、药品包装(输液袋)、服装外包装;还可制作全透明玻璃纸等
电器用品	改性聚丙烯可用于制造电视机外壳、洗衣机内胆、电线、电缆等绝缘材料
日常用品	聚丙烯可以制作家具如桌椅、板凳等,家用卫生设备如盆、桶、浴盆等

(a) 塑料筐　　　(b) 塑料膜　　　(c) 水龙头　　　(d) 编织袋

图5-2　聚丙烯产品展示

▶ 知识点五　聚丙烯的发展 ◀

一、聚丙烯生产与发展历程

1954年意大利化学家纳塔(G. Natta)在德国化学家齐格勒(K. Ziegler)采用金属卤化物($TiCl_4$)和金属烷基化合物作为烯烃聚合催化剂的基础上,将催化剂中的 $TiCl_4$ 改为

$TiCl_3$,与一氯二乙基铝[$Al(C_2H_5)_2Cl$]组成络合催化剂,并用其成功地合成了高结晶性、高立体规整性的等规聚丙烯,开创了等规聚丙烯的先河,并创立了定向聚合理论。

1955年,纳塔与意大利蒙特卡蒂尼(Montecatini)公司发表了共同研究的关于等规聚合物的制法、结构及其物理性能的论文,并在1956年公开了聚丙烯的制备方法。1957年,意大利蒙特卡蒂尼公司利用纳塔的成果率先实现了聚丙烯树脂的工业化生产,在意大利费拉拉(Ferrara)建立了世界上首套生产能力为6 kt/a的间歇式聚丙烯工业装置。

1963年底,美国菲利普斯公司首先在阿科聚合物(Arco Polymers)公司实现了本体法工业化。1969年,德国巴斯夫公司采用立式搅拌床气相聚合Novolen工艺,首先实现了气相聚丙烯的工业化生产,在德国韦斯灵(Wessling)建立了一套24 kt/a的气相法聚丙烯工业生产装置。1979年,美国阿莫科(Amoco)公司采用自己研制的高效催化剂及卧式搅拌床反应器,开发了新的卧式气相聚合工艺,并建立了135 kt/a的气相聚丙烯生产装置。1983年年初,意大利蒙特爱迪生(Montedison)公司在自己研发的高效催化剂的基础上,成功地开发了环管液相本体聚合新工艺(Spheripol工艺),在意大利的布林迪西(Brindisi)建成了80 kt/a的生产装置。20世纪80年代初,日本三井化学公司进行了Hypol工艺的开发,并在1984年春建成了80 kt/a的生产装置;1983年,美国联合碳化物公司(UCC)借鉴聚乙烯流化床生产工艺,与催化剂开发商壳牌公司合作,共同研制开发了Unipol聚丙烯气相流化床聚合工艺。

进入20世纪90年代以后,聚丙烯生产工艺及其催化剂的研究仍取得了持续的进展,1994年实现了茂金属聚丙烯的工业化生产,1997年开发了二醚类给电子体的高效催化剂,1999年利安德巴塞尔工业(lyondell Basell)公司开发了多区循环反应器新工艺(Spherizone),2000年北欧化工公司(Borealis)在其开发的高温催化剂基础上,开发了超临界双峰聚合工艺(tar)。

现今,聚丙烯工艺不仅涉及传统的溶剂法、液相本体法、气相法等工艺,还有用于丙烯基弹性体生产的溶液法工艺。随着催化剂技术的进步、工程建设和设备制造水平的不断提高、工业化装置的规模也日趋大型化。

二、国内聚丙烯生产与发展

我国聚丙烯的工业生产始于20世纪70年代,经过30多年的发展,目前已基本上形成了溶剂法、液相本体-气相法、间歇式液相本体法、气相法等多种生产工艺并举,大、中、小型生产规模共存的生产格局。近几年,随着中国石化海南炼油化工有限公司、中国石化茂名石油化工公司、中国石化青岛炼油化工有限公司、中国石油兰州石油化工公司等多套大型聚丙烯生产装置的建成投产,我国聚丙烯工业发展迅速,已经成为世界上第一大生产国。

任务实施

1. 掌握聚丙烯的结构及种类。
2. 了解聚丙烯的立构规整性。
3. 熟悉聚丙烯产品的质量指标。
4. 简述聚丙烯的应用领域。

任务评价

1. 知识目标的完成

是否掌握聚丙烯的概念、结构及应用。

2. 能力目标的完成

是否能够通过查阅文献调研聚丙烯。

自测练习

一、名词解释

聚丙烯、熔融指数、等规度、灰分。

二、填空题

1. 目前通用合成树脂中产量最大的品种是（　　）。

2. 世界上最轻的通用塑料是（　　）树脂。

3. 聚丙烯是由（　　）聚合而成的。

4. 熔融指数越大，聚丙烯树脂的熔融流动性能（　　）（填"越好""越差""不变"）。

三、填空题

1. 聚丙烯的英文缩写是（　　）。

A. PE　　　　　　　B. PC　　　　　　　C. PP　　　　　　　D. PB

2. 表示聚合物产品流动性能的参数是（　　）。

A. 熔融指数　　　　B. 冲击强度　　　　C. 等规度　　　　D. 黏度

3. 下列选项中能反映出聚丙烯树脂平均分子量的是（　　）。

A. 拉伸强度　　　　B. 等规度　　　　C. 熔融指数　　　　D. 挠曲模量

4. 下列聚丙烯中结晶度最高的是（　　）。

A. 全同聚丙烯　　　B. 间同聚丙烯　　　C. 无规聚丙烯　　　D. 以上全部

5. 产品的熔融指数衡量聚丙烯（　　）。

A. 在高速冲击状态下的韧性或对断裂的抵抗能力

B. 分子结构规整性的指标

C. 在熔融状态下流动性能好坏的指标

D. 耐热性能的重要指标

6. 均聚聚丙烯树脂的熔点是（　　）。

A. 100℃～120℃　　B. 120℃～140℃　　C. 140℃～160℃　　D. 160℃～180℃

7. 通常聚丙烯的熔融流动速率增加，则冲击强度（　　）。

A. 增加　　　　　　B. 降低　　　　　　C. 不变　　　　　　D. 无法判断

四、简答题

1. 简述生活中常用的聚丙烯制品。

2. 简述高分子的立构规整性。

3. 简述聚丙烯的结构及种类。

任务二　聚丙烯的聚合机理

 **知识链接**

▶ 知识点一　单体(丙烯)的性质、来源 ◀

　　丙烯是一种无色易燃的气体,稍带有甜味,化学性质活泼,熔点为−48℃,易发生氧化、加成、聚合等反应,是基本有机化工的重要基本原料。

　　工业上,丙烯主要由烃类裂解所得到的裂解气和石油炼厂的炼厂气分离获得。

▶ 知识点二　聚丙烯的聚合反应机理 ◀

一、配位聚合的概念及发展历史

　　丙烯热力学有聚合倾向,但是很长时间无法聚合得到聚丙烯。1954年,意大利人G. Natta以 $Al(C_2H_5)_2Cl$ 作引发剂,将丙烯聚合成等规聚丙烯。

　　聚丙烯的聚合遵循配位聚合反应机理,所用的催化剂具有特殊的定位作用,形成的活性中心为配位阴离子,单体采用定向吸附、定向插入,经历链引发、链增长和链终止三个反应阶段。

　　配位聚合(又称络合聚合、插入聚合)反应都采用具有配位或络合能力的引发剂,可采用的引发剂是金属有机化合物与过渡金属化合物的络合体系,单体在聚合反应过程中,通过向活性中心进行配位,然后插入活性中心离子与反离子之间,最后完成聚合反应过程。配位聚合可形成立构规整聚合物,也有生成无规聚合物。

二、配位聚合原理简介

　　配位聚合的基本原理涉及单体在过渡金属活性中心的配位和插入过程。具体过程如下:

单体配位：单体首先在过渡金属活性中心的空位配位，形成 $\sigma-\pi$ 配位络合物。这一步骤是单体活化的关键，使得单体能够进一步参与聚合反应。

插入增长：被活化的单体插入过渡金属-碳键中，进行链增长。这一步骤是聚合反应的核心，通过不断重复这一过程，单体分子逐渐连接成高分子链。

链终止：链终止反应可以通过多种方式发生，如醇、羧酸、胺、水等含活泼氢的化合物与活性中心反应，使之失活；或者 O_2、CO_2、CO、酮等也能导致链终止。因此，在聚合过程中，单体和溶剂需要严格纯化，聚合体系需要严格排除空气。

配位聚合反应的本质是阴离子性的聚合，反离子是金属离子。单体富电子双键与亲电的金属配位，可以得到结构规整的聚合物，也可以是无规产物。聚合物的结构与引发剂类型、引发剂的组合与配比、单体种类以及反应条件均有关。

三、丙烯配位聚合机理

丙烯除了发生均聚反应外，还可以与其他单体发生共聚反应，加入量依据产品的不同牌号而定，反应过程需要通入氢气来调节聚合产物的分子量。

聚丙烯是以丙烯为单体聚合而成的聚合物。聚合反应式可表示如下：

$$H_2C=CH-CH_3 \xrightarrow{\text{Z-N引发剂}} \left[CH_2-\underset{\underset{\displaystyle CH_3}{|}}{CH} \right]_n$$

1. 活性中心形成

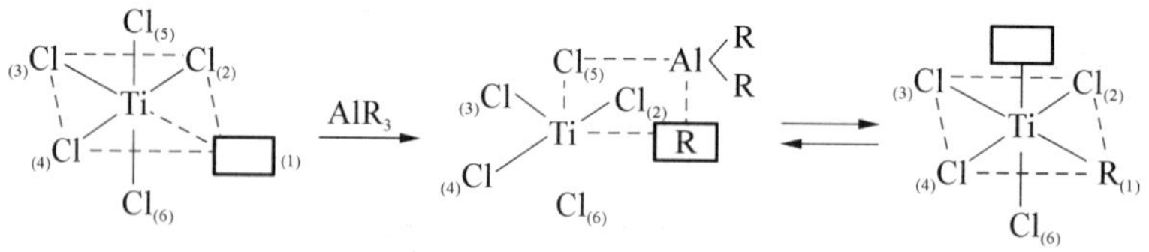

2. 链引发与链增长

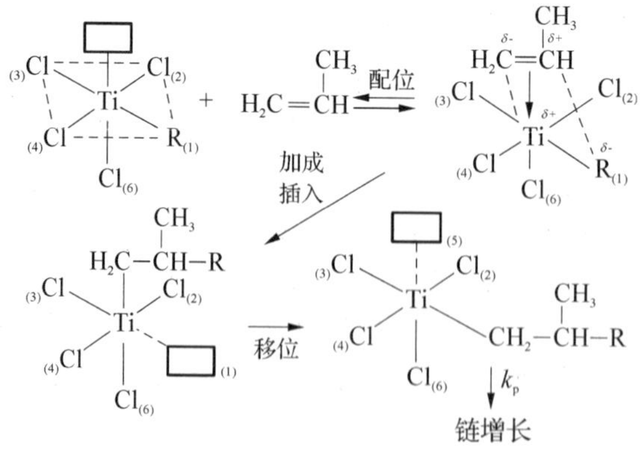

3. 链转移

(1) 向单体转移

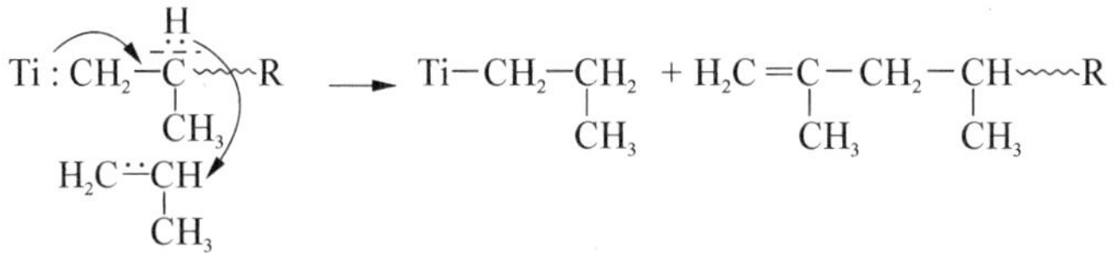

（2）向烷基铝转移

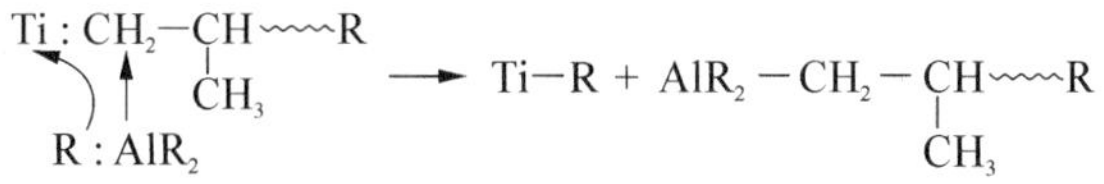

（3）向氢转移

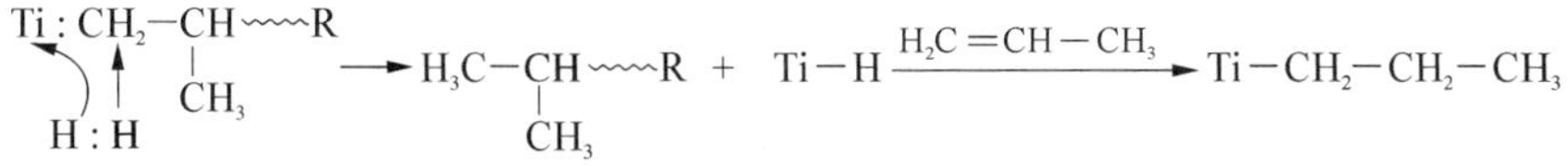

▶ 知识点三　配位聚合反应影响因素 ◀

配位聚合的机理比较复杂，影响因素也比较多，这里仅以采用齐格勒-纳塔引发剂引发丙烯聚合为例，讨论引发剂、聚合反应温度及杂质对聚合速率、产物分子量及等规度的影响。

一、引发剂的影响

齐格勒-纳塔引发剂对聚合反应的影响除了体现在选择不同的主、助引发剂外，其两者的配比关系及是否加入第三组分等均会对聚合反应及产物结构产生很大的影响。

二、聚合反应温度的影响

聚合反应温度对聚合速率、产物分子量和等规度都有很大的影响。对于聚丙烯聚合反应，一般规律是，当聚合温度低于 70℃时，聚合速率和等规度均随温度的升高而增大；当聚合温度超过 70℃时，由于温度升高会降低引发剂形成配合物的稳定性，导致聚合速率和等规度都下降，同时，温度升高有利于链转移反应发生，使聚合产物的分子量也下降。

三、杂质的影响

齐格勒-纳塔引发剂的活性很高，聚合体系中微量的 O_2、CO、H_2、H_2O、乙炔等都将会使引发剂失去活性。因此，在生产上对聚合级的原料（单体、溶剂及助剂等）纯度的要求特别高，要严格控制杂质的含量。

▶ 知识点四　配位聚合反应的引发剂及引发作用 ◀

配位聚合的引发剂主要有四种类型。

一、齐格勒-纳塔引发剂

1. 齐格勒引发剂与纳塔引发剂

齐格勒-纳塔引发剂主要用于 α-烯烃、二烯烃、环烯烃的配位聚合。

典型的齐格勒引发剂由 $Al(C_2H_5)_3$［或 $Al(i-C_4H_9)_3$］与 $TiCl_4$ 组成，$TiCl_4$ 是液体，当 $TiCl_4$ 于 $-78℃$ 下在庚烷中与等摩尔 $Al(i-C_4H_9)_3$ 反应时，得到暗红色的可溶性配合物溶液，该溶液于 $-78℃$ 就可以使乙烯很快聚合，但对丙烯的聚合活性极低。

典型的纳塔引发剂由 $Al(C_2H_5)_3$ 与 $TiCl_3$ 组成，$TiCl_3$ 是结晶状固体，在庚烷中加入 $Al(C_2H_5)_3$ 反应，在通入丙烯聚合时为非均相，这种非均相引发剂对丙烯聚合具有高活性，对丁二烯聚合也有活性。但所得聚合物的立构规整性随 $TiCl_3$ 的晶型而变化。$TiCl_3$ 有 α、β、γ、δ 四种晶型。对于丙烯聚合，若采用 α、γ 或 δ 型 $TiCl_3$ 与 $Al(C_2H_5)_3$ 组合，所得聚丙烯的立构规整度为 $80\%\sim90\%$；若用 β 型 $TiCl_3$ 与 $Al(C_2H_5)_3$ 组合，则所得聚丙烯的立构规整度只有 $40\%\sim50\%$。对于丁二烯聚合，若采用 α、γ、δ 型 $TiCl_3$，所得聚丁二烯的反式含量为 $85\%\sim90\%$；而采用 β 型 $TiCl_3$，则所得聚丁二烯的顺式含量为 50%。

由此可见，典型的齐格勒引发剂和典型的纳塔引发剂的性质是不同的，但组分类型十分相似，后来发展为一大类引发剂，统称为齐格勒-纳塔引发剂（工业上常常称为齐格勒-纳塔催化剂），其种类繁多、组分多变、应用广泛。

2. 齐格勒-纳塔引发剂的组成

齐格勒-纳塔引发剂一般由主引发剂和助引发剂组成。

(1) 主引发剂：主引发剂是第 IVB～VIIB 族过渡金属（Mt）化合物。用于 α-烯烃配位聚合的主引发剂主要有 Ti、V、Mo、W、Cr 等过渡金属的卤化物 MtX_n（X＝Cl、Br、I）及氧卤化物 $MtOX_n$（X＝Cl、Br、I）、乙酰丙酮基化合物 $Mt(acac)_n$、环戊二烯基氯化物 Cp_2TiCl_2 等，其中最常用的是 $TiCl_3$（α、γ、δ 晶型）；$MoCl_5$ 和 WCl_6 专用于环烯烃的开环聚合；Co、Ni、Ru、Rh 等的卤化物或羧酸盐组分主要用于二烯烃的配位聚合。

(2) 助引发剂：助引发剂是第 IA～IIA 族金属烷基化合物，主要有 AlR_3、LiR、MgR_2、ZnR_2 等，式中 R 为 $CH_3\sim C_{11}H_{23}$ 的烷基或环烷基。其中有机铝化合物如 $Al(C_2H_5)_3$、$Al(C_2H_5)_2Cl$、$Al(i-C_4H_9)_3$ 等应用得最多。

齐格勒-纳塔引发剂可以有很多种，只要改变其中的一种组分，就可以得到适用于某一特定单体的专门引发剂，但这种组合需要通过实验来确定。通常，当主引发剂选定为 $TiCl_3$ 后，从制备方便、价格和聚合物质量考虑，多选用 $Al(C_2H_5)_2Cl$ 作为助引发剂。此外，$Al(C_2H_5)_2Cl$ 与 $TiCl_3$ 的比例，简称铝钛比（Al/Ti），对配位聚合反应的转化率和立构规整度都有影响。大量的实践证明，当 Al/Ti（铝钛比）的值为 $1.5\sim2.5$ 时，可以使聚合速率适中，且可得到较高立构规整度的聚丙烯。

(3) 第三组分：单纯的两组分齐格勒-纳塔引发剂被称为第一代引发剂，其活性低，定向能力也不高。到了 20 世纪 60 年代，为了提高齐格勒-纳塔引发剂的定向能力和聚合速率，加入含 N、P、O、S 等带孤对电子的化合物如六甲基磷酰胺、丁醚及叔胺等作为第三组分（给电子体），加入第三组分的引发剂称为第二代引发剂。加入第三组分虽使聚合速率有所下降,但可以改变引发剂的引发活性,提高产物立构规整度和分子量。第三代引发剂除添加第三组分外,还将 $TiCl_4$ 负载在 $MgCl_2$、$Mg(OH)Cl$ 等载体上,使引发剂活性和产物等规度达到更高。这种高效引发剂在乙烯、丙烯聚合中应用更为普遍,但对丁二烯聚合及其他二烯聚合和乙丙橡胶的生产,高效引发剂用得不多。

3. 使用齐格勒-纳塔引发剂时的注意事项

齐格勒-纳塔引发剂的主引发剂是卤化钛,性质非常活泼,在空气中吸湿后发烟、自燃,并可发生水解、醇解反应;助引发剂是烷基金属化合物,危险性最大,如三乙基铝接触空气就会自燃,遇水则会强烈反应而爆炸。因此,齐格勒-纳塔引发剂在贮存和运输过程中必须在无氧且干燥的 N_2 保护下进行,在生产过程中,原料和设备一定要除尽杂质,尤其是氧和水分,聚合完成后,工业上常用醇解法除去残留的引发剂。

在配制齐格勒-纳塔引发剂时,加料的顺序、陈化方式及温度对引发剂的活性也有明显影响。通常该引发剂用量很少,特别是高效引发剂,用量更少,配制时一定要按规定的方法和配方要求进行操作,以保证其活性。

二、π-烯丙基型引发剂

π-烯丙基型引发剂是π-烯丙基直接和过渡金属如 Ti、V、Cr、U、Co 及 Ni 等相连的一类引发剂。这类引发剂的共同特点是制备容易、比较稳定,尤其是如果采用合适的配位体引发,活性会显著提高。但此类引发剂仅限用于共轭二烯烃聚合,不能使α-烯烃聚合。

在π-烯丙基型引发剂中,人们研究最多的是π-烯丙基镍型引发剂,利用其引发丁二烯的聚合,得到的聚丁二烯的结构随配位体的性质不同而改变,如用含 CF_3COO- 的引发剂主要得到顺式 1,4-结构产物;而用含碘引发剂可得到反式 1,4-结构为主的产物。

三、烷基锂引发剂

烷基锂引发剂如 RLi 中只含一种金属,一般为均相体系,它可引发共轭二烯烃和部分极性单体聚合,聚合物的微观结构主要取决于溶剂的极性。

四、茂金属引发剂

茂金属引发剂是由环戊二烯基(简称茂,Cp)、第 IVB 过渡金属(如锆 Zr、钛 Ti 和铪 Hf)及非茂配体(如氯、甲基、苯基等)三部分组成的有机金属配合物的简称。最早的茂金属引发剂出现在 20 世纪 50 年代,只能用于乙烯的聚合,且活性较低,未能引起人们的关注。直到 1980 年,Kaminsky 用茂金属化合物二氯二茂锆(Cp_2ZrCl_2)作主引发剂,甲基铝氧烷(MAO)作助引发剂,可使乙烯、丙烯聚合,且引发活性很高,标志着新型高活性茂金属引发剂的广泛研究与发展。

茂金属引发剂的引发机理与齐格勒-纳塔引发剂相似,也是烯烃分子与过渡金属配位,在增长链端与金属之间插入而使高分子链不断增长。茂金属引发剂的主要特点是为均相体系;高活性,几乎 100% 的金属原子均可形成活性中心;立构规整能力强,可得到较纯的全同立构或间同立构的聚丙烯;可制得高分子量、分子量分布窄、共聚物组成均一的聚合产物;几乎可聚合所有的乙烯基单体,甚至可使烷烃聚合。

任务实施

1. 简述丙烯的合成方法。
2. 简述聚丙烯的聚合机理。

任务评价

1. 知识目标的完成

是否掌握了丙烯及聚丙烯的合成机理。

2. 能力目标的完成

(1) 是否能够通过查阅文献调研聚丙烯的其他聚合方法。

(2) 是否理解配位聚合机理。

自测练习

一、填空题

1. 丙烯的来源有( )和( )。

2. 聚丙烯遵循的聚合机理为( )。

3. 丙烯聚合厂采用齐格勒-纳塔催化剂,其中主催化剂是( ),助催化剂是( ),( )是第三组分。

4. 在丙烯聚合反应中,单体需要经过的三个阶段为( )( )和( )。

5. ( )可用作丙烯聚合中的分子量调节剂。

二、选择题

1. 聚丙烯聚合装置中能用作链转移剂的是( )。

A. 氢气　　　　　　B. 氮气　　　　　　C. 乙烯　　　　　　D. 一氧化碳

2. 丙烯聚合遵循的机理为( )。

A. 自由基聚合　　　B. 配位聚合　　　　C. 缩和聚合　　　　D. 开环聚合

3. 聚合物的熔融指数是由( )来控制的。

A. 氢气的物质的量　　　　　　　　　　B. 氢气与单体的物质的量比

C. 乙烯的物质的量　　　　　　　　　　D. 丙烯的物质的量

4. 新一代丙烯聚合的催化剂是( )。

A. 茂　　　　　　　B. 钛　　　　　　　C. 铝　　　　　　　D. 金

5. 聚丙烯聚合装置中,能使钛系主催化剂中毒的是( )。

A. 一氧化碳　　　　B. 氢气　　　　　　C. 氮气　　　　　　D. 氧气

三、简答题

1. 简述烃类裂解制丙烯的流程。

2. 描述丙烯合成聚丙烯的反应方程式。

3. 齐格勒-纳塔催化剂的主要组成是什么?

4. 丙烯配位聚合时,提高引发剂的活性和等规度的途径有哪些?

任务三　聚丙烯的生产工艺

任务提出 >>>>>

　　"世界膜王"翁声锦,2005 年创立中国软包装集团,建设了全球第一条高效聚丙烯生产线,直至 2023 年,它仍然是世界最快、最先进的双向拉伸聚丙烯薄膜生产线。不同种类的聚丙烯是如何生产出来的呢? 请画出相应的工艺流程简图。

知识链接

▶ 知识点一　聚丙烯聚合生产工艺概述 ◀

　　自 1954 年应用齐格勒-纳塔催化剂进行聚合,得到了高分子量、高结晶的聚丙烯以来,聚丙烯的聚合工艺和催化剂得到飞速的发展。聚合工艺由常规催化剂的溶液法和淤浆法,发展到在液态丙烯中聚合的液相本体法及在气态丙烯中聚合的气相法。目前,聚丙烯的生产工艺主要有溶液法、淤浆法、本体法、气相法和本体-气相组合工艺五种。

　　溶液法是使丙烯、溶剂及催化剂在一定温度、压力下进行聚合反应,所得到的聚丙烯溶解在溶剂中,经连续闪蒸后除去未反应的单体,再经过滤、冷却、离心分离等工序得到聚合产品。此工艺催化剂效率低,生产工艺流程复杂,生产成本极高,产品等规度低,除特殊的用途外,未能广泛应用。

　　淤浆法(又叫溶剂法、浆液法)是将原料丙烯溶解在大量溶剂中,在溶剂中受到催化剂作用发生聚合反应,生成的聚合产物在溶剂中悬浮析出形成浆液,再经洗涤、脱灰(脱残余催化剂)、过滤(脱无规物)、干燥等工序得聚合产品。此工艺催化剂定向能力差,产品等规度低,工艺流程复杂,除了一些特种用途外,原来的淤浆工艺装置已被淘汰。目前,有采用高效催化剂的淤浆法,其简化了工艺流程,也省去了脱灰、脱无规物工序。

　　本体法是反应体系中不加任何其他溶剂,丙烯既作为聚合单体又作为溶剂,在一定温度、压力下进行液相本体聚合反应。反应结束后,将浆液减压闪蒸即可脱除单体得粉状聚丙烯树脂。此工艺流程简单、成本低,采用高效催化剂不需要脱灰和脱无规物工艺,产品等规度高。本体法工艺因采用的反应器不同,分为釜式和管式聚合工艺。

　　气相法是无需任何介质,只有丙烯单体和催化剂在气相反应器中进行聚合反应,用丙烯汽化冷凝移出反应热方式,得到粉状聚丙烯树脂与单体分离。此工艺以其工艺流程简单、单线生产能力大、投资少而备受青睐,气相法工艺按采用的反应器类型的不同,分为气相搅拌工艺和气相流化床工艺,前者又分为立式搅拌床工艺和卧式搅拌床工艺两种。

本体-气相组合工艺是将液相本体与气相本体法组合的一种新的本体法工艺。生产工艺中往往采用几段不同的反应器串联,在前面的反应器中实施液相本体法,后面的反应器中实施气相本体法。

聚丙烯生产典型工艺技术见表5-3。

表5-3 聚丙烯生产典型工艺技术

生产工艺	典型工艺技术	反应器形式	
		均聚物	抗冲共聚物
气相法	UCC公司的Unipol工艺	气相流化床	气相流化床
	BASF公司Novolen工艺	立式气相搅拌釜	立式气相搅拌釜
	Ineos(前BP)公司Innovene工艺	卧式气相搅拌釜	卧式气相搅拌釜
本体-气相法	Lyondell Basell公司的Spheripol工艺	串联双环管反应器	气相流化床
	三井化学公司的Hypol工艺	立式液相搅拌釜+气相流化床	气相流化床
	Borealis公司的Borstar工艺	单环管反应器+气相流化床	气相流化床

知识点二 聚丙烯聚合工艺的主要原料

一、主要原料

1. 单体

聚合级单体中杂质的存在会降低催化剂的活性,也会影响产品的等规度和熔融指数。对产品质量有影响的主要杂质有一氧化碳、二氧化碳、氧、水、含硫化合物等。催化剂效率不同,对丙烯纯度的要求也有所不同,催化剂的效率越高,对丙烯纯度要求越高。

2. 共聚单体

生产抗冲共聚物时,采用乙烯为共聚单体,增进均聚聚丙烯的冲击性能、透明性和成型加工流动性。此时乙烯中的杂质同样会降低催化剂活性,需精制到纯度不低于99.9%。

3. 分子量调节剂

聚丙烯生产采用氢气作为分子量调节剂(也称链转移剂),用于调节树脂的熔融指数。氢气量增加,熔融指数增大,同时氢气也能提高催化剂的活性。

二、催化剂

聚丙烯之所以能在各种聚烯烃材料中成为发展最快的一种,关键在于催化剂技术的飞速发展。丙烯聚合催化剂的进步促使聚丙烯生产工艺不断简化、合理,从而节能、降耗,这不仅大大降低了生产成本,而且提高了产品质量和性能。

聚丙烯的催化剂经历了六代变革,第一代为研磨法生产的含有 1/3 三氯化铝的三氯化钛催化剂;第二代为络合催化剂;第三代催化剂采用研磨法生产,用活性氯化镁作载体的四氯化钛为主催化剂,三乙基铝为助催化剂,添加硅烷作为给电子体化合物来提高聚合产物的等规度;第四代催化剂在第三代基础上,添加邻苯二酸酯为内给电子体,用硅烷为外给电子体,可得到高活性和立构规整度的聚合产物;第五代催化剂在第三代基础上,只添加 1,3 -二醚类化合物为给电子体,可得到高活性和立构规整度的聚合产物;第六代催化剂的主催化剂为茂金属化合物,用甲基铝氧烷(MAO)作助催化剂,可得到高立构规整度的等规或间规聚丙烯。

三、添加剂

由于聚丙烯树脂耐冲击性能一般,耐低温性能差,易脆裂,抗老化性能和染色性也较差,因此,需要添加不同的添加剂,采用物理或化学方法对其进行改性,以提高聚丙烯树脂综合性能。常用的添加剂有增塑剂、抗氧化剂、抗静电剂、热稳定剂等。

知识点三　聚丙烯聚合工艺流程及特点

目前世界上比较先进的聚丙烯生产工艺是气相法工艺和本体-气相组合工艺,可生产均聚物和无规共聚物,也可生产抗冲共聚物。这里仅介绍 BASF 公司 Novolen 气相法工艺及三井化学公司的 Hypol 本体-气相组合工艺。

一、Novolen 气相法工艺

1. 聚丙烯 Novolen 气相法生产工艺流程(图 5 - 3)

自界区外来的液体丙烯经处理器依次除去水、H_2S、COS、CO_2 及 CO 等杂质后,经过滤器除去因处理器和干燥器填充物破碎产生的细粉等固体杂质,处理后的丙烯计量送到聚合反应器和催化剂制备系统。

自界区外来的低压氢气经压缩机压缩到一定压力,再通过处理器脱除水及 CO_2 等杂质后,经过滤器除去细粉后送入聚合反应器。

主催化剂通过卸料罐进入配制罐,通过流量计加入一定量新鲜丙烯配制成一定浓度的浆液。罐中设有搅拌器,保持浆液处于均匀悬浮状态。用高压氮气将配制罐中催化剂浆液压入催化剂计量罐,计量罐连续搅拌保持催化剂处于悬浮状态,用隔膜泵不断地将所需流量的催化剂浆液送入反应器里。助催化剂三乙基铝在氮压力下,从运输罐送至三乙基铝储罐,储罐用白油液封,防止积累到发烟浓度引起自燃;之后经计量泵与新鲜丙烯按一定比例送入反应器。第三组分硅烷经隔膜泵计量送入反应器。

新鲜丙烯、氢气、主催化剂、助催化剂和第三组分由流量控制器控制,按比例一同进入反应器;生产无规共聚物时,乙烯也按比例加入反应系统。聚合反应是在气相反应器系统中进行,停留时间约为 1 h,随着聚合反应的进行,床层里的粉料颗粒直径从 20 μm 增大至

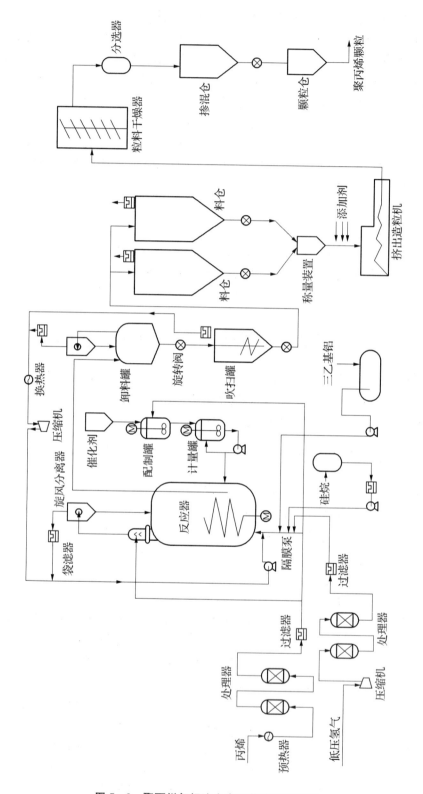

图 5-3 聚丙烯气相法生产工艺流程示意图

$600\ \mu m$ 左右。粉料靠一台螺带式搅拌器搅拌,形成一充分混合的反应床层。由 DCS 控制反应器压力、温度及液位,新鲜丙烯生成聚丙烯的转化率为 $75\%\sim85\%$。聚合反应过程产生的热量通过液态丙烯的汽化、冷却取出。聚合过程产生的气体不断地经过反应器拱顶从反应器顶部夹带粉末排出。气体和粉末需要经过三个阶段分离。首先,脱除大颗粒。先用丙烯液体物料喷向循环气,使颗粒随着小液滴落回反应器,同时喷射的液体部分气化,使气体冷却。其次,气体进入旋风分离器脱除小颗粒。旋风分离器收集的粉料可能含有活性催化剂,通过喷射器返回反应器。采用液态循环丙烯作为推进剂。最后,气体中的微量聚合物粉末在袋式过滤器中过滤下来,用来防止聚丙烯粉末进入冷凝器。

粉料在反应器的压力下从反应器输送到粉料卸料罐,通过旋转阀(旋转阀)进入粉料吹扫罐。未转化的丙烯气体通过旋风分离器、过滤器,输送到压缩机入口冷却器,经压缩及脉冲式过滤器过滤后,返回反应器。粉料吹扫罐中的粉料经过旋转阀输送到粉料料仓。

料仓中物料靠重力通过旋转阀进入一个粉料称重装置然后进入挤出机,挤出机包括双螺杆挤出段和水下造粒机。在挤出机里,聚合物粉料与添加剂通过反转的双螺杆的挤压被均匀化、压缩和熔化,在机筒真空段进行脱气并经过换网器过滤挤出。当熔融聚合物流离开模板孔时,立即用水急冷并用旋转切刀切粒。分别在预分筛中除去带飘带的颗粒和结块,在旋转干燥器除去大部分水,经离心干燥器脱除残留的水。颗粒由干燥器底部输送至顶部,与干燥风逆向接触。用空气作载体将颗粒输送到掺混仓、包装仓,进入包装系统。

2. Novolen 气相法工艺特点

Novolen 工艺采用带双螺带搅拌的立式搅拌床反应器,可生产丙烯均聚物、无规共聚物、三元共聚物和分散橡胶颗粒高达 50% 的抗冲共聚物以及高刚性产品。其工艺主要特点是:

(1) 产品质量好:工艺采用高活性催化剂,产品不需要脱灰、脱无规物、脱氯过程。

(2) 反应温度易控制:工艺采用丙烯蒸发冷凝技术移出反应热。液体丙烯在反应器上部和底部喷入反应器用于控制反应温度,循环气体从反应器下部注入反应器。

(3) 高产率的聚合循环,传热能力强:反应器上部气体进入旋风分离器将聚合反应细小颗粒脱出返回反应器,气体再经过过滤器后进行冷却冷凝。

二、Hypol 本体-气相组合工艺

1. 聚丙烯 Hypol 本体-气相组合法生产工艺流程(图 5-4)

来自界区外的液态丙烯,经净化处理器除去杂质后送入液相反应器。

自界区外的乙烯气体通过管道进入装置,经过调节阀送入反应器。注意:在生产无规共聚物时,所有的反应器全部要加乙烯,而生产抗冲共聚物时只加入第三反应器。

自界区外的氢气经过调节阀加入反应器。按照生产均聚物、无规共聚物、嵌段共聚物,本工艺采用的主催化剂是以 $MgCl_2$ 为载体的钛系固体催化剂;助催化剂是三乙基铝$[Al(C_2H_5)_3]$;第三组分是给电子体硅烷。主催化剂加入乙烷,在预处理罐进行低温下预

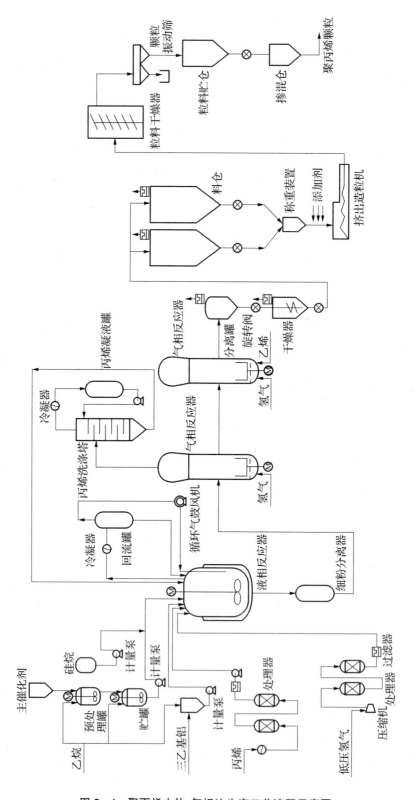

图 5-4　聚丙烯本体-气相法生产工艺流程示意图

聚合,目的是使聚丙烯产品颗粒的堆积密度和等规度得到改善。预聚合后浆液在贮罐中用乙烷稀释到一定浓度后,通过计量泵送入液相搅拌釜反应器中。助催化剂在贮罐中用乙烷稀释到规定的浓度后由计量泵送到液相搅拌釜反应器。第三组分硅烷不用溶剂进行稀释直接加入以氮气密封的贮罐中,经计量泵与主催化剂混合后,送入液相搅拌釜反应器。

精制后的丙烯、氢气和配制好的催化剂在第一反应器(液相搅拌釜反应器)内进行液相本体聚合(温度 65℃~70℃、压力 2.5 MPa~3.5 MPa),所产生的热量通过夹套冷却系统及汽化冷凝回流系统移出。从第一反应器排出的浆液进入细粒分离器中,浆液与新鲜丙烯反向接触以除去浆液中的短路催化剂和细粉末,用泵循环回到第一反应器,而浆液离开进入第二反应器(气相反应器)。第二反应器的液体丙烯在 1.5 MPa~2.0 MPa、70℃~75℃下发生气化,聚合反应热通过丙烯的气化移出。聚合物流态化气体由反应器底部吹入,维持气体流化床的空间速度在 22~30 cm/s(用于生产均聚物、抗冲共聚物及无规共聚物),由循环气冷却水系统控制第二反应器温度。部分循环气由再循环系统引出,进入丙烯洗涤塔以分离循环气中的细粒,同时控制第二反应器的压力。洗涤后的气体物料进入冷凝器,冷凝后下来的液体丙烯由丙烯循环泵返回丙烯洗涤塔,气体经再循环气压缩机升压后通过丙烯再循环泵返回第一反应器。聚合物粉料从第二反应器排出并通过粉料传送鼓风机送往第三反应器。第三反应器的热量排除方式与第二反应器相似。循环气体的流速通过调节循环气鼓风机的转速来控制,使气体在流化床中的空间速度维持在 40~60 cm/s(用于生产均聚共聚物、无规共聚物及抗冲共聚物)。

第三反应器的聚合结束后,聚丙烯粉状树脂通过料位控制阀连续排出,送往再循环气体分离罐,通过旋转阀送往粉料干燥器进行干燥及送往汽蒸罐进行蒸汽干燥,除去粉料中所含的少量乙烷和丙烯。干燥粉料经粉料输送鼓风机用氮气系统输送到粉料仓。

粉料经计量后,加入一定量的固体添加剂在混合器中混合,与液体添加剂连续加入挤出造粒机,在造粒机中混合、熔融进行挤压造粒。得到粒料经粒料干燥器后由颗粒输送鼓风机送到粒料贮仓,经掺混后送包装系统。

2. Hypol 本体-气相组合工艺特点

Hypol 本体-气相组合工艺将本体法丙烯聚合工艺的优点与气相法聚合工艺的优点融为一体,可生产均聚、无规共聚及抗冲全范围的聚丙烯产品,加工性好,制成的薄膜透明度、光洁度高。其工艺主要特点是:

(1)产品质量好:工艺采用先进的高效、高立构定向性催化剂,产品不需要脱除无规物及催化剂残渣。产品质量高、灰分低、氯含量小,均聚物具有良好等规度和刚性,抗冲共聚产品具有良好的抗冲强度、刚性和外观。

(2)采用分段反应器:工艺中均聚物和无规共聚物在釜式液相本体反应器中进行,均聚后在气相流化床反应器中生产抗冲共聚物。

任务实施

1. 简述生产聚丙烯的主要原料及作用。
2. 简述聚丙烯都有哪些生产方法。
3. 简述聚丙烯 Novolen 气相法工艺流程及特点。

任务评价

1. 知识目标的完成

是否掌握了聚丙烯生产工艺。

2. 能力目标的完成

(1) 是否能够通过查阅文献调研聚丙烯其他生产方法。

(2) 是否能够完成聚丙烯半装置的开停车操作。

自测练习

一、填空题

1. 丙烯聚合的主要工艺有(　　)(　　)(　　)(　　)(　　)。

2. 为防止丙烯聚合反应失控,当生产中发生意外时,必须注入(　　)来终止反应。

3. Novolen 工艺生产聚丙烯采用的是(　　)反应器,搅拌器是(　　)形式。

4. Hypol 工艺生产聚丙烯是将(　　)工艺和(　　)工艺相结合。

二、选择题

1. 在聚丙烯装置的流程图符号中,PLC 的含义是(　　)。

A. 紧急停车系统　　　　　　　　　B. 可编程操作器

C. 可编程控制器　　　　　　　　　D. 集散控制系统

2. 下料物料中不属于气相法聚丙烯装置聚合原料的是(　　)。

A. 氢气　　　　B. 乙烯　　　　C. 丙烯　　　　D. 丁烯

3. 气相法聚丙烯装置采用的分子量调节剂是(　　)。

A. 氮氧混合气　　B. 乙烯　　　　C. 丙烯　　　　D. 氢气

4. 聚合反应采用的给电子体是(　　)。

A. TEAL　　　　B. DONOR　　　C. ATMER163　　D. B215

5. 聚丙烯聚合装置中,挤压机料斗用什么密封(　　)。

A. 空气　　　　B. 氧气　　　　C. 氢气　　　　D. 氮气

6. 聚丙烯聚合装置中,下列物质最危险的是(　　)。

A. 三乙基铝　　B. 丙烯　　　　C. 乙烯　　　　D. 氢气

7. 聚丙烯聚合装置中,TEAL 计量泵采用(　　)。

A. 隔膜泵　　　B. 齿轮泵　　　C. 离心泵　　　D. 屏蔽泵

8. 聚丙烯聚合装置中,一、二环管的链接方式是(　　)。

A. 串联　　　　B. 并联　　　　C. 串级　　　　D. 都不是

9. 聚丙烯聚合装置中,靠(　　)撤除聚合热。

A. 入口原料　　　　B. 夹套冷却水　　　C. 出口产物　　　　D. 都不是

10. 把丙烯既作为聚合单体又作为稀释溶剂来使用的是(　　)聚合工艺。

A. 溶剂法　　　　　B. 气相本体法　　　C. 淤浆法　　　　　D. 液相本体法

三、简答题

1. 绘制气相法合成聚丙烯的工艺流程图。

2. 阐述聚丙烯每种合成方法的优缺点。

3. 聚丙烯薄膜专用料有几大类？其典型产品有哪些？

4. 聚丙烯工业实施方法有几种？

5. 简要说明 Novolen 生产工艺特点。

6. 简要说明 Hypol 生产工艺特点。

任务四 聚丙烯的生产岗位

任务提出 »»»»

　　聚丙烯在中国发展迅速。中国引进了一些先进的聚丙烯生产技术和生产设备,先后建立了燕山、扬子、辽阳等一批大中型聚丙烯生产设施,各地也兴建了大量小型散装聚丙烯生产设施,对缓解供需矛盾起到了一定的作用。生产规模的大幅度增加,促使中国聚丙烯树脂生产进入了快速发展阶段,本节让我们完成识别高密度聚丙烯生产岗位任务。

 知识链接

以巴斯夫(BASF)公司 Novolen 气相法为例,工艺生产过程中,主要岗位有原料的准备、催化剂的配制、聚合反应、分离与回收、造粒、掺混、包装等。

▶ 知识点一　原料的准备、催化剂的配置岗位任务 ◀

一、丙烯精制岗位

1. 岗位主要任务:负责将原料丙烯引入,需精制达到聚合级质量要求

2. 操作要点:

（1）丙烯单体中存在杂质将使催化剂失去活性,也会影响产品的等规度和结晶形态,聚合前必须除去。丙烯所含杂质主要有水,含硫化合物(COS,H_2S)、CO、CO_2等。

（2）精制后的丙烯(纯度不低于 99.5%)经过滤器除去固体杂质后,送入聚合反应器。

二、氢气压缩岗位

1. 岗位主要任务:负责低压氢气压缩和精制;为聚合反应单元提供熔融指数调节剂。

2. 操作要点:氢气经压缩增压达一定压力,除去微量的杂质(水和二氧化碳),纯度达到不低于 95%。经过滤器除去细粉后,送入聚合反应器。

三、共聚单体进料岗位

1. 岗位主要任务:负责为生产共聚产品提供单体。

2. 操作要点：与单体乙烯一样，需精制后送入生产抗冲共聚体产品用反应器。

四、催化剂配制岗位

1. 岗位主要任务：负责为聚合反应提供催化剂。

2. 操作要点：

(1) 主催化剂是以 $MgCl_2$ 为载体的钛系(TiC_4)催化剂，深褐色粉末，用新鲜丙烯配制成浆液状，搅拌使浆液处于均匀悬浮状态，注入催化剂配制罐中稀释至浓度达要求，以较高的速度送入反应器。

(2) 助催化剂三乙基铝[$Al(C_2H_5)_3$]与新鲜丙烯按一定比例经计量泵加入反应器。

(3) 第三组分——给电子体硅烷(环己基-甲基-2-甲氧基硅烷)作用是调整产品的等规度。在正常的操作期间，进料与催化剂按比例加入反应器；在开车期间，第三组分与助催化剂按比例加到反应器中，经隔膜泵计量加入反应器。

▶ 知识点二　聚合反应岗位任务 ◀

一、反应器进料岗位

1. 岗位主要任务：负责各种原料按产品配方加入反应器。

2. 操作要点：新鲜丙烯、主催化剂、助催化剂(三乙基铝)、第三组分(硅烷)和氢气由流量控制器按比例控制进入反应器。

二、反应器操作岗位

1. 岗位主要任务：负责反应器热量的移出及气体和粉尘的分离。

2. 操作要点：

(1) 热量移出：聚合反应热通过液态丙烯的气化、冷却取出。

(2) 气体和粉末分离：经液体喷射、旋风分离器、袋式过滤器将聚丙烯粉末除去，防止其进入冷凝器。

(3) 不凝气压缩：丙烯、丙烷、H_2 等不凝性气体经压缩机压缩后进入循环气系统。

三、反应条件控制岗位

1. 岗位主要任务：负责将反应温度、压力及液位自动控制在恒定的条件下进行。

2. 操作要点：根据聚合产物要求由 DCS 控制反应温度、压力。

(1) 压力(2.5 MPa～3.0 MPa)：由新鲜丙烯量来调整控制。

(2) 温度(75℃～80℃)：调整循环丙烯量来控制。

(3) 液位：由聚合产物粉料的喷出量来控制。

四、产品质量控制岗位

1. 岗位主要任务：负责在优化的条件下生产稳定的高质量产品。

2. 操作要点：

(1) 分子量：由 H_2 的加入量来控制产品分子量，测定熔体流动速率（熔融指数）。

(2) 等规度（立构规整度）：由第三组分（给电子体）硅烷的加入量来控制产品等规度。

五、反应终止系统岗位

1. 岗位主要任务：负责聚合反应部分或完全停止。

2. 操作要点：使用 CO 为终止剂终止反应。

▶ 知识点三　加工包装岗位任务 ◀

一、粉料脱气岗位

1. 岗位主要任务：负责脱出粉料中的丙烯。

2. 操作要点：粉料卸料罐中未转化的丙烯经过一定滞留时间从聚丙烯粉料中分离出来；脱气后粉料通过旋转进料器输送到料仓。

二、挤压造粒岗位

1. 岗位主要任务：负责粉料的挤出造粒、粒水分离、粒料输送。

2. 操作要点：料仓中粉料靠重力通过旋转进料器进入称重装置后送到挤出机，与添加剂混合后进行挤出造粒。

三、掺混包装岗位

1. 岗位主要任务：负责完成粒料从掺混仓到包装仓的输送。

2. 操作要点：通过掺混使产品颗粒和熔融指数分布更均匀。将产品颗粒送到包装仓，经包装机包装后出厂。

任务实施

简述聚丙烯生产工艺中生产岗位的工作任务。

任务评价

1. 知识目标的完成

是否掌握聚丙烯生产工艺中生产岗位的工作任务。

2. 能力目标的完成

是否能够结合聚丙烯生产工艺流程识别生产岗位。

自测练习

一、选择题

1. 三乙基铝从钢瓶输送到储罐是通过（　　）。

A. 氮气压送　　　　B. 泵送　　　　　C. 重力　　　　　D. 自流

2. 聚丙烯树脂中挥发分含量高时,制品易出现(　　)。

A. 凹坑　　　　　B. 鱼眼　　　　　C. 污点　　　　　D. 气泡

3. 掺混的目的是使(　　)。

A. 产品质量均匀稳定　　　　　　　　B. 不同质量的产品分离

C. 产品外观颗粒一致　　　　　　　　D. 颗粒表面光滑

4. 聚丙烯聚合装置中,聚合物的干燥水含量(质量分数)需要降低到(　　)。

A. 0.01%　　　　B. 0.02%　　　　C. 0.03%　　　　D. 0.04%

5. 聚丙烯聚合装置中,一、二环管反应温度控制在(　　)。

A. 50℃～60℃　　B. 70℃～80℃　　C. 80℃～90℃　　D. 90℃～100℃

6. 聚丙烯聚合装置中,一、二环管反应压力控制在(　　)。

A. 常压　　　　　B. 2.5 MPa　　　　C. 3.4 MPa　　　　D. 4.5 MPa

二、简答题

1. 简述聚丙烯生产过程中所需要的引发剂。

2. 液相本体聚合生产聚丙烯的整个生产工序包括哪些? 生产操作要注意哪些要点?

3. 丙烯聚合常用设备有哪些?

项目六
聚碳酸酯的生产

教学目标

知识目标

1. 深入理解聚碳酸酯概念、结构特点对性能的影响及其在高分子材料领域的地位。

2. 全面掌握按多种方式分类的聚碳酸酯的特点及差异,熟悉其在各领域的应用情况和对性能的特殊要求。

3. 掌握光气法、酯交换法、环状碳酸酯开环聚合法的原理、反应条件对产物的影响、安全环保措施、副反应抑制及后处理工艺,对比不同工艺的优缺点。

4. 掌握聚碳酸酯改性方法,包括原理、影响因素和对性能的改善效果。

能力目标

1. 能够正确辨识聚碳酸酯产品的牌号、性能、用途。

2. 能根据性能需求综合考虑相关因素,设计并优化聚碳酸酯生产工艺和改性方案,考虑实际因素和风险评估。

情感目标

1. 通过多样情境和教学方法激发好奇心和求知欲,引导探索聚碳酸酯性能与工艺的联系。

2. 通过对聚碳酸酯知识的学习和了解,增进学生对聚碳酸酯工业的认识,提高学生的基本理论知识,增强自信心,为后续学习奠定基础。

3. 通过规范操作,塑造严谨认真的工作态度,强调聚碳酸酯工业在生产中的质量、安全和环保要求,培养职业道德和责任感。

任务一　认识聚碳酸酯

任务提出 >>>>>

　　经过阳光板、亚克力板之后,终于有了能够替代玻璃,能够解决自爆问题,还顺带解决了闷热问题的材质,就是如今非常流行的聚碳酸酯板。请简述聚碳酸酯的性质特点。与玻璃相比聚碳酸酯具有哪些优势?

 知识链接

▶ 知识点一　聚碳酸酯化合物 ◀

　　聚碳酸酯(polycarbonate,简称 PC)是分子链中含有"$-O-R-O-\overset{\displaystyle O}{\overset{\|}{C}}-$"链节的高分子化合物及其他来源的各种材料的总称。根据链节中 R 基团的不同,聚碳酸酯可分为脂肪族、芳香族、脂肪族-芳香族等多种类型。其中脂肪族和脂肪族-芳香族聚碳酸酯的机械性能较低,限制了其在工程塑料方面的应用。目前仅有芳香族聚碳酸酯获得了工业化生产。由于结构与性能上的特殊性及其广泛的应用领域,聚碳酸酯已成为五大工程塑料中增长速度最快的通用工程塑料。

▶ 知识点二　聚碳酸酯的结构 ◀

　　目前,具有工业价值的聚碳酸酯是芳香族聚碳酸酯,其分子结构为:

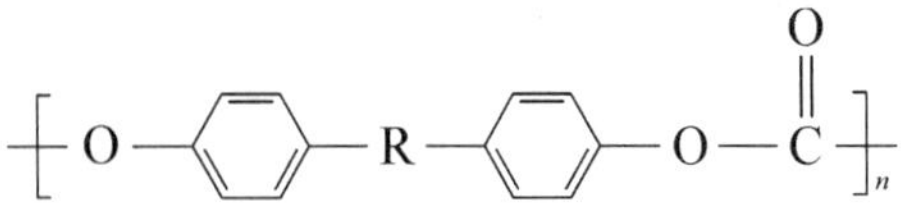

$$\left[O - \bigcirc - R - \bigcirc - O - \overset{\displaystyle O}{\overset{\|}{C}} \right]_n$$

一、链节结构

1. 主链上除 R 基外的基团

　　主链上除 R 基外的基团还有苯基、氧基(醚键)、羰基和酯基,其中苯基提高分子链刚性,提高强度与耐热性;氧基(醚键)赋予高分子链柔软性;羰基增大分子间的作用力,使高

141

分子链刚性增大;酯基是分子链中较弱的部分,赋予其溶解性。

2. 苯基上的取代基

若苯环的氢被非极性烃基取代,则减小分子间作用力,链刚性减小;其若被极性分子取代,则增加分子间作用力,刚性更大;若被卤素取代,则增加高分子的阻燃性能。

3. 主链上的 R 基因

当 R 为烃基时,随着中心碳原子两旁的侧基体积增大而高分子链刚性增大,且侧基对称时容易结晶,否则结晶度下降;当 R 为—O—、—S—、—SO₂—、—NH—时,所得到的均是特种聚碳酸酯。

4. 端基

未封端时,酯交换法聚碳酸酯分子链末端为羟基和苯氧基,光气化法聚碳酸酯分子链末端为酰氯基。未封端时的末端基团容易发生醇解、水解等反应,因此必须要封基处理,即加入封端剂。

5. 相对分子质量

熔融交换法合成的聚碳酸酯的相对分子质量一般为 25 000~50 000;光气化法合成的聚碳酸酯的相对分子质量在 100 000 以内。

二、聚集态结构

聚碳酸酯聚集态结构视合成方法、工艺条件、加工方法不同而变化,可以是无定形(非晶)态,也可以是结晶态,也可能是非晶与结晶共存。

产物结构与性能关系非常密切,为此人们不断研究和开发了许多新型聚碳酸酯,如卤代双酚 A 型聚碳酸酯、聚酯碳酸酯、有机硅-聚碳酸酯、环己烷双酚型聚碳酸酯等。

▶ 知识点三　聚碳酸酯的性能 ◀

聚碳酸酯(PC)的具体性能如表 6-1 所示。

表 6-1　PC 及玻璃纤维增强 PC 的性能

性能	PC	30%玻璃纤维增强 PC
相对密度	1.2	1.45
吸水率/%	0.15	0.1
成型收缩率/%	0.5	0.2
拉伸强度/MPa	56~66	132
拉伸模量/MPa	2 100~2 400	10 000
断裂延伸率/%	60~120	<5
弯曲强度/MPa	80~85	170
弯曲模量/MPa	2 100~2 440	—

续　表

性能	PC	30%玻璃纤维增强 PC
压缩强度/MPa	75～80	120～130
剪切强度/MPa	35	—
缺口冲击强度/(kJ·m^{-2})	17～24	8
洛氏硬度	M80	M90
疲劳极限/(10^{6}次·MPa^{-1})	10.5	—
热变形温度/℃	130～135	146
长期使用温度/℃	110	130
线膨胀系数/(10^{-5} K^{-1})	7.2	2.7
热导率/[W·(m·K)$^{-1}$]	0.2	0.13
体积电阻率/(Ω·cm)	2.1×10^{16}	1.5×10^{16}
介电常数/(10^6 Hz)	2.9	3.45
介电损耗角正切值/(10^6 Hz)	0.008 3	0.007 0
介电强度/(kV·mm^{-1})	18	19
耐电弧/s	120	120

一、一般性能

聚碳酸酯为透明、呈微黄色或白色硬而韧的树脂,燃烧时发出花果臭味,离火自熄,火焰呈黄色,熔融起泡。

二、力学性能

聚碳酸酯的力学性能十分优良,具有刚而韧的优点。其冲击性能是热塑性物能中最好的一种,比聚酰胺(PA)、聚甲醛(POM)高 3 倍之多,接近酚醛树脂(PF)和不饱和聚酯树脂(UP)基玻璃钢的水平。PC 的拉伸强度和弯曲强度都好,并受温度的影响小。PC 的耐蠕变性优于 PA 和 POM,尺寸稳定性好。

聚碳酸酯的耐应力开裂性差,缺口敏感性高;耐磨性一般,比 PA,POM 及聚四氟乙烯(PTFE)等差,但比聚砜(PSF)、聚丙烯(PP)、聚甲基丙烯酸酯(PMMA)等高;疲劳强度低,与其他品种塑料比较如表 6-2 所示。

表 6-2　10^6 旋转次数时 PC 同其他塑料耐疲劳强度比较

材料	POM	布基 PF	PA6	PA66	PC	氯化聚醚
疲劳强度/MPa	355	27	22	21	10～14	7～7.5

三、热学性能

聚碳酸酯的耐高低温性好,可在－130℃～130℃温度范围内使用;热变形温度可达130℃～

140℃,并受载荷的作用小;热导率和线膨胀系数都较小,阻燃性好,属于自熄性能材料。

四 电学性能

聚碳酸酯因属弱极性聚合物,其绝缘性能一般。但可贵之处在于其电学性能在很宽的温度及湿度范围内变化较小,如介电常数和介电损耗角正切值在 23℃～125℃范围内不变。但需注意的是,随 PC 制品结晶度的提高,其体积电阻率增大。

五、环境性能

聚碳酸酯可耐有机酸、稀无机酸、盐、油、脂肪烃及醇类,但不耐氯烃、稀碱、溴水、浓酸、胺类、酮及酯等,可溶于二氯甲烷、二氯乙烷及甲酚等溶剂中。

聚碳酸酯不耐 60℃以上的热水,长期接触会导致应力开裂并失去韧性。PC 的耐紫外线性不好,需加入紫外线吸收剂;但 PC 的耐空气、臭氧性较好。

六、光学性能

聚碳酸酯是优异的光学塑料品种之一,其透光率可达 93%,折射率为1.587,适用于透镜材料。PC 作为高档光学材料的不足之处为硬度低、耐磨性差;双折射高,不易用于光学仪器等高精度制品中。

▶ 知识点四 聚碳酸酯的应用 ◀

聚碳酸酯是一种综合性能优良的热塑性工程塑料,它冲击强度高、透光率高、尺寸稳定性好、易着色、耐老化性好,且具有优良的电绝缘性等。因此,聚碳酸酯广泛应用于电子、电器、航空航天、机械、汽车纺织、轻工及建筑行业,尤其在透明材料领域更起着不可替代的作用。传统的透明材料是玻璃,玻璃是由石英砂、纯碱、长石和石灰石等原料制成,其最大的缺点就是易碎,即强度差,一旦发生事故,撞碎的玻璃片往往带尖棱,从而易对人体造成伤害。而聚碳酸酯优良的透明性和不易碎的特性,可以在很多领域中很好地替代传统的玻璃材料。

一、聚碳酸酯在汽车制造领域中的应用

安全化、轻型化是汽车制造业永恒的主题,具有光学特性的聚碳酸酯以其独特的耐冲击性、耐候性以及质量轻、强度高等特性,正在不断地对无机玻璃在汽车构件中的传统地位进行挑战。在美国和日本,具有光学性能的聚碳酸酯已成为汽车灯罩的首选材料,其原因就是它具有质量轻、易加工等优点。近来欧洲也将汽车前灯标准进行了修改,允许汽车制造厂自行选择聚碳酸酯类塑料材料。过去,汽车前灯的设计需要采用金属夹片固定灯罩和灯体,而采用聚碳酸酯后,这种夹片则非常容易与灯罩设计成一体,最终结果是其在价格上较无机玻璃更具有竞争力。在汽车设计中,重量与车体制动性能密切相关。由于采用了聚碳酸酯材料,前车灯罩重量较无机玻璃减轻了 0.5～1.4 千克,这对整体系统来说就已经十分可观了。目前,世界上许多品牌的汽车如尼桑、福特、奔驰、沃尔沃等车型均已采用光学聚碳酸酯材料作为其汽车灯罩材料。

二、聚碳酸酯在航空航天领域中的应用

聚碳酸酯材料之所以广泛用于航空航天领域正是由于其具有与其他材料经过各种形式的配合,使其耐冲击能力极大增强而透明度不受影响的优点。

在航空航天领域,聚碳酸酯最初只用于飞机的座舱罩和挡风玻璃的制作。随着航空航天技术的发展,对飞机和航天器中各部件的要求不断提高,使得聚碳酸酯在该领域的应用不断增加。仅1架波音747型飞机上所用聚碳酸酯部件就达2500个之多,单机耗用聚碳酸酯数量近2吨。而在宇宙飞船上则采用了数百个不同构型的由玻璃纤维增强的聚碳酸酯部件,宇航员的防护用品也采用了聚碳酸酯部件。

塑料巨头通用电气(GE)公司生产的PC Lexan MR5-AC片材是一种具有良好化学性质和抗磨损性的阻燃聚碳酸酯材料。这种用于航天器防尘玻璃的透明材料,双面都涂有用以改良化学和抗磨损性能的硅树脂,目前已被用于波音现代777客机和其他型号的商业运输机。PC Lexan MR5-AC片材具有抗紫外线的功能,通过了美国航空委员会垂直燃烧测试,也具有类似玻璃的功能。

三、聚碳酸酯在医疗器械领域中的应用

由于聚碳酸酯制品可以经受住蒸汽、清洗剂、加热和大剂量辐射消毒,且不易发生变黄和物理性能下降,因而被广泛应用于人工肾血液透析设备和其他需要在透明、直观条件下操作并需反复消毒的医疗设备中。如生产高压注射器、外科手术面罩、一次性牙科用具、血液分离器等。

自1960年以来,聚碳酸酯在医疗领域发挥了关键作用。聚碳酸酯固有的物理特性,如强度、刚性和透明度,为众多应用带来了额外的优势。生物相容等级的聚碳酸酯成为与患者和其他生物相容设备相互作用的医疗设备的典型组成部分。此外,聚碳酸酯可以使用多种方法进行清洁和消毒,如用环氧乙烷(EtO)、辐照和蒸汽高压灭菌,但它不太适合需要重复高压灭菌的应用。碱性消毒剂,如异丙醇,也可用于对聚碳酸酯产品进行消毒。在手术器械方面,聚碳酸酯在某些应用中正在取代金属。套管针是将其他器械插入体内的管状器械,通常由聚碳酸酯制成,因为它可以防止套管针弯曲并允许医生跟踪器械的安装进度。

知识点五 聚碳酸酯的加工和改性

一、聚碳酸酯的成型加工

聚碳酸酯的成型加工性能优良,但也有其加工工艺的特性。

1. 聚碳酸酯的大分子链刚性很大,故其流态时的黏度较大。另外它的流变性接近于牛顿型,由于温度变化所引起黏度的变化较大,而由剪切速率变化引起的黏度变化较小,故成型时常由温度来调节其流动特性。

2. 在成型加工温度下(215℃～290℃)易于水解,所以必须控制加工物料的含水量低

于 0.02％。

3. 聚碳酸酯黏流态的黏度高,流动性低,冷却速度过快时易产生内应力,使制品极易应力开裂。通常需将制品在 120℃下后处理 1～2 h,以消除内应力。

常见的聚碳酸酯的成型加工方法有:注射成型、挤出成型、吹塑成型、流延和粘接、冷加工(冲压、辊压等),也可进行焊接。

二、聚碳酸酯的改性

为了提高性能和扩展应用范围,聚碳酸酯可以进行各种改性。

1. 增强聚碳酸酯

在聚碳酸酯中加入增强材料,如玻璃纤维、石锦纤维以及碳纤维,可提高其耐疲劳性能,而应力开裂的缺点也可明显地改进。此外,机能方面如拉伸强度、弯曲强度、压缩强度、弹性模量以及热变形温度,增强聚碳酸酯均有较大的提高;成型收缩率由 0.5％～0.7％可下降至 0.2％。但增强后材料失去透明性,冲击强度也下降。

实际应用中主要是玻璃纤维增强的改性聚碳酸酯品种,玻璃纤维含量在 20％～40％效果最佳。因为聚碳酸酯易在成型温度下水解,故通常采用经有机硅处理过的无碱玻璃纤维(含碱量 0.5％以下,电工级)。

2. 共聚改性

（1）聚酯碳酸酯

聚酯碳酸酯为聚碳酸酯和聚芳酯的共缩聚物,由双酚 A、对(间)苯二甲酰胺及光气反应而成,其反应如下:

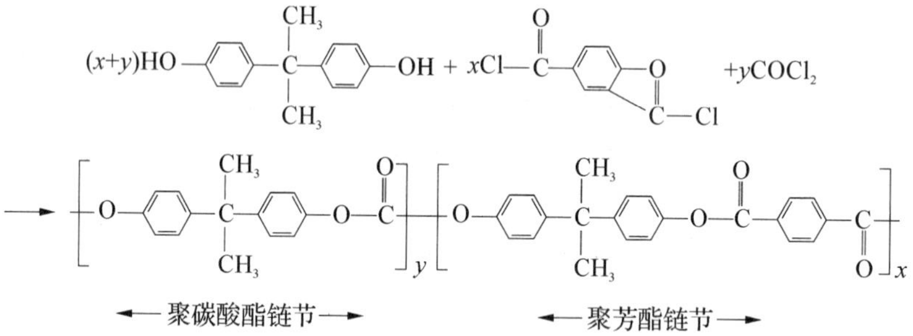

← 聚碳酸酯链节 →　　　← 聚芳酯链节 →

此共缩聚物既具有聚碳酸酯优异的冲击强度,又具有聚芳酯的耐热特性。聚芳酯链节的含量越高,其耐热性越好。当聚芳酯链节含量为 30％、50％及 80％时,相应的维卡软化点分别为 150℃、159℃～170℃及 182℃。

（2）有机硅-聚碳酸酯

过量的双酚 A 与 ω-二氯代聚二甲基硅氧烷在氯苯-吡啶溶液中反应,产物再与光气反应可得有机硅-聚碳酸酯嵌段共聚物。其反应如下:

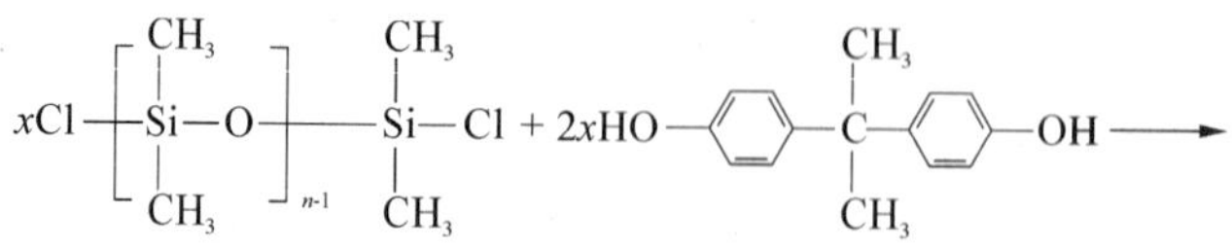

在聚碳酸酯主链中嵌入有机硅链段后能降低材料的软化温度,使其低温下是透明、坚韧的弹性体,也提高了它的伸长率。如有机硅含量为 $10\%\sim20\%$ 时,制得的薄膜可保持原有物理机械性能,弹性较好,而机械强度稍有下降;含量为 53% 时,材料拉伸强度下降较大,但其伸长率可高达 360%,另外,耐温性也提高,空气中可达 $350℃$,氮气中高达 $400℃$。

此类嵌段共聚物可用来制造光学透明薄膜和选择性渗透膜。后者对氧的渗透能力比非有机硅渗透膜大 10 倍。

（3）其他嵌段共聚物

除上述共聚物已工业化外,已经研究过的嵌段共聚物聚碳酸酯的种类很多,如聚酯-b-聚硬酸酯、聚(甲基丙烯酸甲酯)-b-聚碳酸酯及芳族聚碳酸酯-b-聚碳酸酯等。最后一个嵌段共聚物就是利用不同类型的双酚来制备的。

3. 共混改性

鉴于聚碳酸酯容易应力开裂、耐磨性差及成型加工时流动性较差的缺点,可采用熔融共混的方法来改性。能与它共混的聚合物品种很多,主要的共混改性物如表 6-3 所示。

表 6-3　聚碳酸酯共混改性的效果

共混的聚合物	共混改性的效果	共混的聚合物	共混改性的效果
聚酯(PBT、PET)	改进应力开裂的缺点,低温下较坚韧,耐汽油,改善加工流动性,但脆性较大	聚乙烯	降低熔体黏度,改善加工性能
		聚甲醛	耐有机溶剂及耐应力开裂性能显著提高
丙烯腈-丁二烯-苯乙烯共聚物（ABS）	较高的热变形温度、表面硬度及弹性模量,改善成型加工性能,但机械强度下降	苯乙烯-顺丁烯二酸酐共聚物	提高耐热性和耐化学药品性能,改善加工性能

任务实施

1. 简述聚碳酸酯的概念及分类。
2. 简述聚碳酸酯的应用领域。
3. 简述聚碳酸酯的改性方法。

任务评价

1. 知识目标的完成

是否掌握了聚碳酸酯的概念、分类、应用及改性方法。

2. 能力目标的完成

（1）是否能够通过查阅文献调研聚碳酸酯相关知识。

（2）是否能够列举身边聚碳酸酯的应用实例。

自测练习

1. 简述聚碳酸酯的分类。

2. 不同分类的聚碳酸酯在加工性能上有何显著差异？

3. 聚碳酸酯的热稳定性在高温环境下的表现与其他常见工程塑料相比有何优势？这种优势是由其特定的分子结构中的哪些部分赋予的？在航空航天等高温应用场景中，如何进一步优化聚碳酸酯的热稳定性？

4. 聚碳酸酯结构中不同基团赋予何种性能？

5. 在电子电器领域，聚碳酸酯需要满足哪些特殊的性能要求（如阻燃性、电绝缘性等）？这些要求是如何通过生产工艺或改性来实现的？

6. 聚碳酸酯在汽车工业中的应用越来越广泛，从安全角度考虑，其在汽车零部件中的抗老化性能是如何保障的？

7. 在医疗器械领域使用聚碳酸酯时，需要考虑哪些生物相容性问题？聚碳酸酯的哪些性质可以满足这些要求？

任务二　聚碳酸酯的聚合机理

任务提出 »»»»»

　　在制造高品质光学镜片时广泛使用聚碳酸酯材料,这种材料特殊的光学性能和机械性能与它的聚合机理有着怎样的内在联系呢？聚碳酸酯聚合机理中的哪些环节决定了聚碳酸酯具有高透明度和良好的抗冲击性？

 知识链接

　　根据分子结构的不同,聚碳酸酯可以分成脂肪族、脂环族、芳香族等几类。但因其生产受到加工性能、生产成本、环境因素等方面因素的限制,目前进行工业化生产以及应用的聚碳酸酯只有双酚 A 型芳香族。聚碳酸酯狭义上一般特指双酚 A 型聚碳酸酯,双酚 A 型聚碳酸酯是最早的聚碳酸酯,1959 年由德国拜耳公司首次商业化生产。

▶ 知识点一　单体的性质及来源 ◀

一、碳酸二苯酯

碳酸二苯酯(diphenyl carbonate)简称 DPC,其化学构造式为:

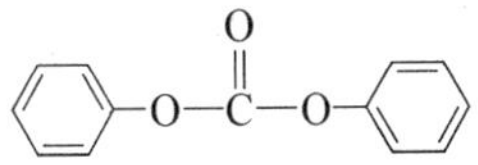

$$\text{（结构式：苯环—O—C(=O)—O—苯环）}$$

　　物理性质:碳酸二苯酯常温常压下为纯白色片状晶体,相对分子质量为 214.22;熔点78℃,沸点302℃;不溶于水,可溶于乙醇、乙醚、苯、四氯化碳、冰醋酸等。

　　化学性质:碳酸二苯酯的化学性质比较稳定,但加热情况下,可以被碱液分解、氨水氨解,酸介质水解;在催化剂作用下能发生酯交换;适当条件下,苯环上的氢原子可以被硝基、卤素取代。

　　酯交换用碳酸二苯酯的主要规格:外观为白色片状结晶,色度≤30,熔点(79±1)℃,pH 为 6.8~7.2,苯酚含量≤0.1%,铁量≤$3×10^{-6}$。

　　碳酸二苯酯主要用于酯交换法生产聚碳酸酯和两步法合成聚苯酯。其可由苯酚与光气在碱性介质作用下缩合反应而得,或与酸二甲酯酯交换而得,还可通过苯酚的氧化羰基法制得。

二、双酚 A

双酚 A(bisphenol‑A)简称 BPA,学名为 2,2‑双(4‑羟基苯基)丙烷,又称二酚基丙烷。其化学构造式为:

$$HO-\underset{}{\bigcirc}-\underset{\underset{CH_3}{|}}{\overset{\overset{CH_3}{|}}{C}}-\underset{}{\bigcirc}-OH$$

物理性质:纯净的双酚 A 为白色针状结晶或片状粉末,微带苯酚味,相对分子质量 228.28,熔点 156℃～158℃,沸点 224.2℃,相对密度 1.195;几乎不溶于水,可溶于甲醇、乙醇、丙酮、乙醚、冰醋酸和稀碱液等,稍溶于苯、甲苯、二甲苯及四氯化碳等卤代烃化合物。可燃,燃烧热 7 816.5 kJ/mol,闪点 79.4℃,它可与许多物质如苯酚、异丙醇、氨、胺等形成等摩尔比的结晶性加合物,但不稳定,水洗或遇热即分解。

化学性质:由于羟基的作用,双酚 A 呈弱酸性,易与稀碱溶液作用而生成相应的金属盐,长期暴露于空气中会被氧化,颜色逐渐变黄甚至泛红。在高温或酸碱作用下,易分解生成苯酚和对异丙烯基苯酚。羟基邻位上的氢较活泼,易被卤化、磺化、硝化、烃化、羧化等;在碱性物质中可与甲醛缩合,生成甲阶酚醛树脂;在酸性介质中可与丙酮缩合,生成聚酚。酚型羟基中的氢易被烃基、羰基取代而生成醚或酯。

聚合用双酚 A 的规格如表 6‑4 所示。

表 6‑4　聚合用双酚 A 规格

项目	聚碳酸酯级	环氧级	项目	聚碳酸酯级	环氧级
外观	白色结晶	白色结晶	游离酚含量/%	≤0.03	≤0.1
结晶温度/℃	≥156	≥154	含水量/%	≤0.2	≤0.3
色度(钠～钴)号	≤25	≤50	灰分/%	≤0.01	—
含铁量/(mg·kg⁻¹)	≤1	≤2	异构体含量/%	≤0.2	≤0.5

用途:双酚 A 是生产聚碳酸酯和环氧树脂的重要原料,也是合成聚芳砜、聚芳酯、酚醛树脂、不饱和聚酯、聚酰亚胺和聚磺酸酯等高分子材料的重要单体。此外,它还适用于合成稳定剂、防老剂、增塑剂、阻燃剂、杀菌剂、油漆、油墨抗氧剂等多种化工产品。

来源:双酚 A 可以苯酚和丙酮为原料,采用硫酸催化剂的缩合法、氯化氢法、离子交换树脂法合成。

三、光气

光气学名碳酰氯或氯代甲酰氯,化学构造式为:

$$Cl-\overset{\overset{O}{||}}{C}-Cl$$

物理性质:纯净光气在常温下为无色有特殊气味的气体,在低温下为无色无味、低沸点液体;剧毒;相对分子质量为 98.92;熔点为 −127.84℃,沸点为 7.48℃;相对密度为 1.37;临界温度为 182℃,临界压力为 5.67 MPa;易溶于甲苯、二甲苯、氯苯、二氯苯、氯仿、四氯乙烷、煤油等,微于苯、汽油、乙酸、四氯化碳等溶剂。

化学性质:光气分子中具有两个酰氯基团,是一种极其活泼的化合物,极易与多种胺类、醇类及其他一些化合物反应,生成酮、酯、酸等。光气遇热(200℃)后可分解为一氧化碳和氯气;遇水后可发生强烈反应,极易水解生成二氧化碳和氯化氢,有很强的腐蚀性等;可与一些金属的盐类在加热的情况下进行反应等。

光气的规格:外观为淡黄色液体,含量≥98%,游离氯含量<0.1%,盐酸含量<0.1%。

用途:光气可用于合成聚碳酸酯、聚氨酯等高分子材料;用于合成染料、医药、农药。

来源:光气主要是以一氧化碳和氯气为原料,经催化而合成。

四、一氧化碳

一氧化碳是碳的低级氧化物,由碳或含碳化合物的不完全燃烧而产生。

物理性质:纯净一氧化碳为无色、无臭、有毒气体,相对分子质量为28.01,熔点为-207℃,沸点为-199.5℃,气体密度为1.161 kg/m³,液体密度为790.8 kg/m³;可溶于乙醚、庚烷、丙酮、四氯化碳、甲基环己烷、环己烷、乙醇、氯仿、甲苯、苯、乙酸等有机溶剂,微溶于水。

一氧化碳易燃,燃烧热(25℃)为10 103 kJ/kg,闪点<-50℃,引燃温度为610℃;与空气混合可形成爆炸性气体,爆炸极限为12.5%~74.2%(体积分数),遇明火、高温等都能引起燃烧爆炸,最大爆炸压力为0.720 MPa。

化学性质:由于一氧化碳是一种不饱和的亚稳态分子,因此,一般情况下比较稳定。但在高温高压下却具有极高的化学活性,能与N_2、Cl_2、O_2、过渡金属等和醇、不饱和烃、醛、醚、酯、胺等进行反应;在活性炭催化下,可与氯气迅速反应生成光气;还具有较强的还原性。

一氧化碳的规格:工业级纯度≥98.5%,化学纯纯度≥99.5%,超高纯纯度≥99.9%,研究级纯度≥99.99%。

用途:一氧化碳广泛用于化学工业和冶金工业,可合成一系列基本有机化工产品和中间体的重要原料及催化剂;可以适用于高纯金属粉末制取、合成氨和特种钢的炼制和作为燃料等。

▶ 知识点二　单体的合成方法 ◀

一、碳酸二苯酯

目前,合成碳酸二苯酯主要有三种方法:光气化合成法、酯交换合成法和苯酚氧化羰基化合成法。光气化合成法是最早也是目前DPC的主要工业生产方法,但该法工艺复杂、原料光气剧毒、副产盐酸腐蚀设备、污染环境,正逐步被淘汰。

1. 光气化合成法

光气化合成法是由苯酚与光气在碱性介质中反应合成DPC。其反应式如下:

$$C_6H_5OH + NaOH \longrightarrow C_6H_5ONa + H_2O$$

$$2\ C_6H_5ONa + COCl_2 \xrightarrow{\text{叔胺}} C_6H_5O\text{-}CO\text{-}OC_6H_5 + 2NaCl$$

先将定量的 $16\%\sim17\%$ 的碱液及苯酚加入反应釜中,并在惰性溶剂存在下加入少量叔胺作催化剂,在 $10\,^{\circ}\mathrm{C}$ 左右时,加入液态光气,反应生成的碳酸二苯酯不断呈固态小颗粒析出。反应过程中调节光气的加入速度和冰盐水量,以调控釜温,当釜内物料的 pH 为 $6.5\sim7$ 时反应完毕。所得粗碳酸二苯酯用 $90\,^{\circ}\mathrm{C}$ 热水洗涤,分离,分去水相,回收溶剂,最后经减压蒸馏得成品碳酸二苯酯。生产工艺流程图如图 6-1 所示。

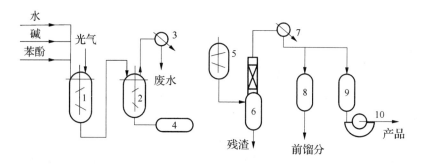

1—反应釜;2—洗涤塔;3,7—冷凝器;4,8,9—罐;5—预处理装置;6—减压蒸馏塔;10—泵。

图 6-1 碳酸二苯酯生产工业流程图

2. 酯交换合成法

由苯酚与 DMC 反应合成 DPC,通常分两步进行:第一步是苯酚转化为甲基苯基碳酸酯(MPC),第二步是它进一步与苯酚作用得到 DPC。其反应式如下:

$$C_6H_5OH + CH_3O\text{-}CO\text{-}OCH_3 \longrightarrow \underset{(MPC)}{C_6H_5O\text{-}CO\text{-}OCH_3} + CH_3OH$$

$$C_6H_5OH + C_6H_5O\text{-}CO\text{-}OCH_3 \longrightarrow C_6H_5O\text{-}CO\text{-}OC_6H_5 + CH_3OH$$

此外,也可通过 MPC 歧化作用得到 DPC。

$$2\ C_6H_5O\text{-}CO\text{-}OCH_3 \longrightarrow \underset{(DPC)}{C_6H_5O\text{-}CO\text{-}OC_6H_5} + CH_3O\text{-}CO\text{-}OCH_3$$

上述反应需要有催化剂存在才能快速进行。采用 MoO_3/SiO_2 催化剂的活性最高。

由于苯酚与碳酸二甲酯反应合成 DPC 受热力学平衡限制,很难得到高产率的 DPC。

因此,应考虑不同的工艺过程使之平衡转化率提高,主要方法是将副产物 CH_3OH 及时从反应体系中移出,这样既可使平衡向产物方向移动,提高 DPC 收率,又可缩短反应时间。为此,已提出了多种合成 DPC 的新工艺,如采用反应精馏法,将酯交换法合成 DMC 及酯交换法合成 DPC 两种工艺联合起来,分区反应合成等。

3. 苯酚氧化羰基化合成法

苯酚氧化羰基化合成法是以苯酚、一氧化碳和氧气在催化剂存在下一步直接合成 DPC。其反应式如下:

$$2\ \text{C}_6\text{H}_5\text{—OH} + CO + \frac{1}{2}O_2 \longrightarrow \text{C}_6\text{H}_5\text{—O—C(=O)—O—C}_6\text{H}_5 + H_2O$$
(DPC)

此法直接利用了初级化工原料,并且在热力学上是很有利的,具有工艺简单、原料便宜易得及无污染等特点。它不仅克服了光气化合成法存在的缺点,同时与酯交换合成法相比,由于原料为初级化工品,可降低生产成本,简化工艺流程,且在合理利用煤和天然气资源等方面具有重要意义。国外对该方法进行了大量的研究,但未实现工业化,正处于研究开发之中。

二、双酚 A

1891 年俄国学者狄安宁首先由苯酚与丙酮在盐酸催化剂存在下合成了双酚 A,1923 年双酚 A 在德国实现了工业化生产。直到 19 世纪 40 年代后期,由于有了环氧树脂才使双酚 A 得以较快地发展。工业上通常采用强无机酸(如硫酸、盐酸)或强酸性阳离子交换树脂为催化剂制备双酚 A,并依据所采用的催化剂不同,分为三种不同的工艺路线,即硫酸法、盐酸法和阳离子交换树脂法。其中,硫酸法已经逐渐被淘汰,盐酸法和阳离子交换树脂法仍广泛使用。

盐酸法和阳离子交换树脂法所用主要原料为苯酚、丙酮、催化剂。主反应式为:

$$2\ \text{C}_6\text{H}_5\text{—OH} + H_3C\text{—C(=O)—}CH_3 \xrightarrow{\text{催化剂}} HO\text{—C}_6\text{H}_4\text{—C(CH}_3)_2\text{—C}_6\text{H}_4\text{—OH} + H_2O$$

1. 盐酸法

盐酸法生产双酚 A 所用催化剂为盐酸,其工艺过程如下。

丙酮与过量苯酚(摩尔比约为 1:6)在反应器中连续混合反应,氯化氢作为催化剂。丙酮反应后全部转化。缩合液进入脱氯化氢塔,蒸出水、氯化氢及部分苯酚,在倾析器中分为有机相与水相,有机相与缩合液合并循环到脱氯化氢塔,水相进入氯化氢回收塔回收氯化氢循环使用,水送往废水处理系统。

脱氯化氢塔底物送往苯酚塔提纯,从苯酚塔顶馏出过量苯酚返回反应器,塔底粗双酚 A 经异构物塔蒸出沸点低于双酚 A 的所有杂质,使其循环返回反应器,其余部分进入双酚 A 塔蒸出双酚 A。残留在釜内的高沸点杂质(三酚、焦油等)排出系统。液体双酚 A 与溶剂在一定压力下混合,并进入结晶器得到高纯度双酚 A,再经离心、干燥,得到成品。

离心分出的含有杂质(主要是 2,4-双酚 A 和色满)的母液进溶剂回收塔,塔顶蒸出的溶剂经贮槽再送往结晶器,留在塔底的物料循环到反应器。

盐酸法生产的产品质量高、转化率高、污染少,且在反应条件下可使异构体重排为有用的产品。该法以丙酮计,其转化率高达 95% 以上,无须丙酮回收设施,而且含酚废水用量仅为理论反应水量的 1/3,使三废处理量降低至最低限度。但盐酸法工艺也有不少缺点,如工艺流程长,设备投资大,反应时间长;为了在反应结束时除去盐酸,要求产物用水冲洗,会产生酸性废水;盐酸法设备易遭受腐蚀,对设备材料耐腐蚀要求高等。盐酸法能直接生产聚碳酸酯级的双酚 A,而且投资回收率较高,因此世界上许多大公司采用此法生产双酚 A(图 6 - 2)。

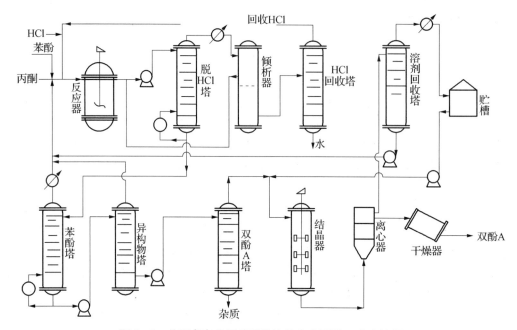

图 6 - 2　美国虎克公司盐酸法连续生产双酚 A 生产流程

2. 阳离子交换树脂法

目前采用阳离子交换树脂法技术生产双酚 A 的厂家主要有 GE 公司、Bayer 公司、DOW 公司、日本三菱化学公司等,这 4 家公司技术水平较高。下面以日本三菱化学公司所用工艺进行介绍(图 6 - 3)。

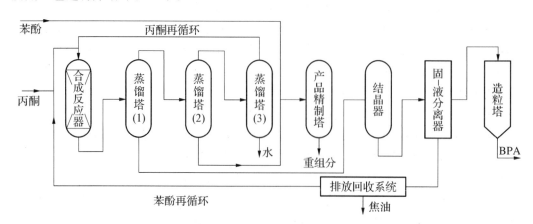

图 6 - 3　三菱化学公司(MCC)双酚 A 技术工艺流程

丙酮和过量苯酚按摩尔比 10∶1 的配比加入装填专用催化剂 4-PET 阳离子交换树脂的合成反应器,在 75 ℃下反应生成双酚 A。反应混合物中未反应的丙酮、水、苯酚送往 3 个蒸馏塔,所得丙酮再循环回合成反应器,水作为废物从蒸馏塔(3)底部排出,而蒸馏塔(2)所得苯酚和新鲜苯酚再经产品精制塔精制,从其底部排出重组分。从蒸馏塔(1)底部得到的含双酚 A(BPA)、苯酚及杂质的物料送结晶器,在此苯酚加合物形成结晶,所分离出的结晶加合物再用洁净苯酚在固-液分离器内进行洗涤,然后将此结晶熔化后送造粒塔,得到球状颗粒的 BPA 最终产品,经贮存后进行包装。固-液分离器所得大部分返回反应器,另一部分母液去排放回收系统,使所含杂质分解形成 BPA,无用的杂质经冷凝后成为焦油的燃料。为了控制产品质量及降低原料消耗,应控制最佳的净化排出比,使 BPA 最终质量达到聚碳级。

此法投资费用低,无腐蚀、污染极少,催化剂易于分离,产品质量高,操作简单。在合成反应中用阳离子交换树脂作催化剂,可节省反应器耐盐酸的镍基合金或搪玻璃衬里用量。同时用苯酚进行洗涤,洗涤过程中,仅使用苯酚,无需其他试剂。具体而言,重结晶的精加合物浆液在分离器内采用纯新鲜苯酚进行洗涤,而其产生的母液则可作为第一次结晶体的洗涤液,并且该母液经处理后还可返回系统继续使用。因此在该工艺中,只含苯酚、丙酮量极低的少量废水,减少废水处理。此外,该工艺中的固体废料以及废气均可在工艺内部作为燃料使用,无需再另行处理,实现了资源的有效利用。此方法属于连续化工艺,开停车操作十分方便,不仅产品质量高且稳定,操作弹性也较大,同一套装置能够灵活生产不同级别的产品,极大地提高了生产的适应性和经济效益。

该工艺的不足之处是离子交换树脂一次性填充量大,丙酮单程转化率低,需配备丙酮回收装置。另外,催化剂昂贵,对原料苯酚要求高。

三、光气(COCl₂)的合成

光气的生产流程如图 6-4 所示。

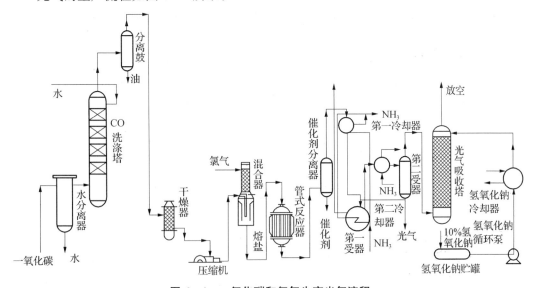

图 6-4　一氧化碳和氯气生产光气流程

1. 原料气的制备与纯化

一氧化碳可通过焦炭的部分燃烧,发生炉煤气、水煤气和合成煤气的深冷分离,铜洗处理、二氧化碳焦炭还原等方法制得。经简单分离的一氧化碳先洗掉灰尘粒,用水分离器脱水,脱水后的一氧化碳送入洗涤塔进行一氧化碳的纯化,纯化后的一氧化碳在分离鼓中除油和计量。计量后的一氧化碳经干燥,并用压缩机压至所需压力。

2. 原料气体的混合

将一氧化碳和经适当干燥、计量的氯气以同等体积导入混合器。为避免在产品中混入氯气,一般使一氧化碳稍过量。为控制产品中一氧化碳含量,可用红外分析不断测定生成气体中的一氧化碳量,从而调节通入的一氧化碳量。

3. 混合气在活性炭化剂上反应

离开气体混合器的混合气体通入管式反应器中,反应器一般采用在外部装置冷却套管,内部填充活性炭的反应管所组成的多管式反应器。反应在 80℃～150℃,常压或减压下进行。活性炭选用吸附能力大的优质产品为宜,其颗粒较大,直径为 3～5 mm。活性炭寿命受原料气中的杂质所支配。催化剂在分离器中分离并回收。

4. 光气的纯化与收集

生成的光气在 40℃～80℃下,由反应器通到多段冷却器中,用水、盐水或液氨进行冷却使之冷凝,再贮存于铁质容器中。由冷却器出来的残余气体,经冷却或用溶剂洗涤,进一步分离未冷凝的光气后,通过光气吸收塔放空。光气吸收塔中填充活性炭和拉希环。在塔中,通过水或苛性钠溶液使光气完全分解。

知识点三 聚碳酸酯的聚合反应机理

聚碳酸酯是一种强韧的热塑性树脂,其名称来源于其内部的—O—C(=O)—O—基团。聚碳酸酯合成方法目前一般采用的有两种,即光气化法和酯交换法。

一、酯交换法

原料双酚 A 与碳酸二苯酯在高温、高真空条件下进行熔融缩聚而成可制得聚碳酸酯,其反应如下:

$$n \, HO-\!\!\!\bigcirc\!\!\!-\underset{CH_3}{\overset{CH_3}{C}}-\!\!\!\bigcirc\!\!\!-OH + n \, \bigcirc\!\!-O-\overset{O}{\overset{\|}{C}}-O-\!\!\bigcirc \xrightarrow[催化剂]{250℃\sim300℃}$$

$$\left[\!\!-O-\!\!\bigcirc\!\!-\underset{CH_3}{\overset{CH_3}{C}}-\!\!\bigcirc\!\!-O-\overset{O}{\overset{\|}{C}}\!\!-\right]_n O-\!\!\bigcirc + (2n\text{-}1) \, \bigcirc\!\!-OH\uparrow$$

反应的控制条件如下:

(1) 反应温度要高,使物料能熔化,并有利于苯酚逸出。

(2) 因双酚 A 在 180℃以上易分解,故反应初期温度应控制在 180℃以下,使双酚 A

已转化成低聚物后再行逐步升温。

（3）为了有利于苯酚逸出，须抽高真空，使反应向右进行，残余压力最低可达 133 Pa 以下。

（4）碳酸二苯酯的沸点较低，为了防止逸出而破坏原料反应物的摩尔比，一般取碳酸二苯酯与双酚 A 的摩尔比值为(1.05～1.1)∶1，前者稍行过量。

（5）反应须加催化剂，如苯甲酸钠、醋酸铬或醋酸锂等。

酯交换法的优点是不需要溶剂，聚合物也容易处理。缺点是设备复杂（高温、高真空）；物料的黏度高，物料的混合及热交换较困难；产物分子量不高；反应中的副产物使产品呈浅黄色。采用此法生产的聚碳酸酯，其产量仅占国内外聚碳酸酯生产总量的 10% 以下。

二、光气化法

常温常压下，由光气和双酚 A 反应生成聚碳酸酯的方法称为光气化法。此法又可分为两种。

1. 光气溶液法

双酚 A 在卤代烃溶剂中采用吡啶作催化剂与光气反应制取聚碳酸酯的方法称为光气溶液法。其反应如下：

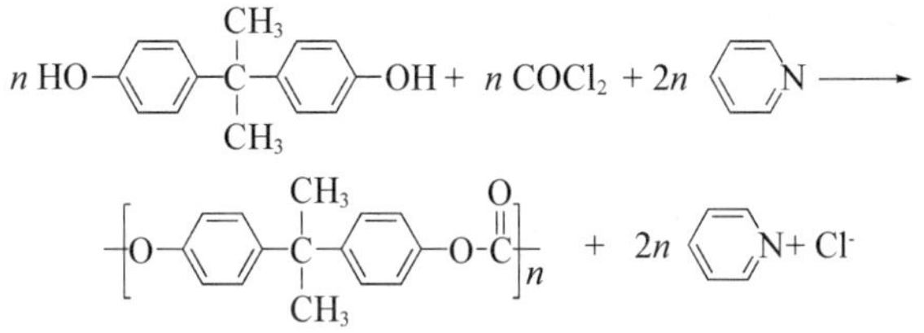

吡啶既是催化剂，又是副产物 HCl 的接受体。光气溶液法的优点是反应在无水介质（卤代烃）中进行，光气不易水解。其缺点是吡啶价贵，有毒，又必须回收；若聚合物中残留有吡啶，在加工过程中会使制品着色，所以此法已不用。

2. 界面缩聚法

界面缩聚法制取聚碳酸酯的反应为：

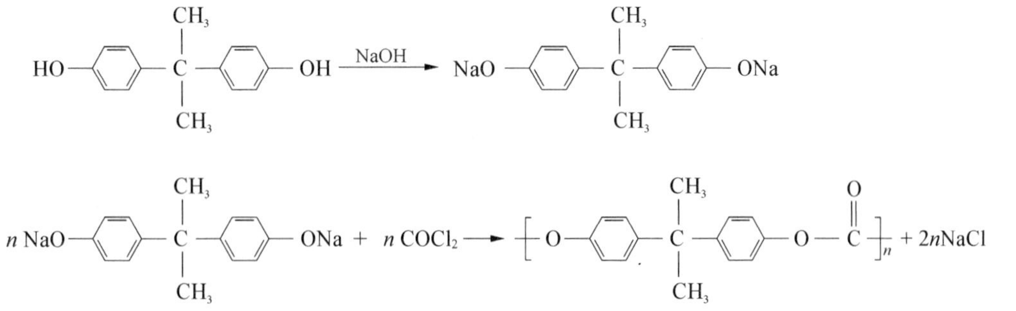

具体是以溶解有双酚 A 钠盐的氢氧化钠水溶液为水相，惰性溶剂（如二氯甲烷、氯仿或氯苯等）为有机相，在常温常压下通入光气反应即得。

界面缩聚法的优点是对反应设备的要求不高，聚合转化率可达 90% 以上，且聚合物分子量可调节的范围较宽(30 000～200 000)。缺点是光气及有机溶剂的毒性大,又需增加溶剂回收和后处理工序。但此法仍是国内外生产聚碳酸酯的主要方法,占总产量的90%以上。

任务实施

1. 简述聚碳酸酯聚合单体及其合成方式。

2. 简述聚碳酸酯的聚合机理。

任务评价

1. 知识目标的完成

(1) 是否了解聚碳酸酯的合成原料。

是否掌握了聚碳酸酯的聚合机理。

2. 能力目标的完成

(1) 是否能够通过查阅文献调研聚碳酸酯聚合机理。

(2) 是否能够阐述聚碳酸酯每种聚合方法的优缺点。

自测练习

1. 工业上为了合成聚碳酸酯可采用什么方法?

2. 简述酯交换法合成聚碳酸酯的反应过程。

3. 写出双酚 A、光气、碳酸二苯酯的合成方式。

4. 写出双酚 A、光气合成聚碳酸酯的反应式及生产步骤。

5. 在下述溶剂中,能溶解聚碳酸酯的是(　　　)

A. 环己酮　　　　　　B. 丙酮　　　　　　C. 乙醛　　　　　　D. 三氯甲烷

6. 已知聚碳酸酯的结构式为 $+O-\langle\bigcirc\rangle-R-\langle\bigcirc\rangle-O-\overset{\overset{O}{\|}}{C}+_n$,下列说法正确的是(　　　)

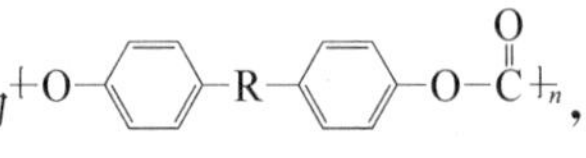

A. 聚碳酸酯是通过加聚反应得到的

B. 聚碳酸酯是纯净物

C. 聚碳酸酯可以通过缩聚反应得到

D. 聚碳酸酯是体型高分子

任务三　聚碳酸酯的生产工艺

任务提出 »»»»

　　聚碳酸酯合成方法有很多,如溶液光气法、界面缩聚法、酯交换法、非光气法等。目前已工业化,且大规模生产的方法主要是哪种呢? 请画出相应的工艺流程简图。

 知识链接

▶ 知识点一　聚碳酸酯聚合生产工艺概述 ◀

　　双酚 A 型聚碳酸酯的生产技术发展历程中,依次诞生过 4 种主要工艺,分别为溶液光气法、界面缩聚光气化法、酯交换熔融缩聚法(酯交换法)以及非光气酯交换熔融缩聚法(非光气法)。其中,溶液光气法因自身存在诸多弊端,已被淘汰。其余三种工艺,凭借各自优势,至今仍在广泛应用且不断发展。

　　随着聚碳酸酯在日常生活与工业生产中的应用范围日益广泛,高效的生产工艺显得尤为关键。它不仅能保障产品的高产出率与卓越品质,更在成本控制和环境保护方面发挥重要作用。世界级的生产商,如科思创股份公司、帝人株式会社、三菱集团等,纷纷在我国投资建厂。然而,聚碳酸酯的生产技术门槛极高,市面上并无公开转让的成熟技术,这使得国内聚碳酸酯市场长期被外资企业垄断。

　　直至 2015 年,宁波浙铁大风化工有限公司成功采用非光气法技术,新建的 10 万吨/年生产装置正式投产。这一里程碑事件,彻底改写了国内无万吨级以上自主研发聚碳酸酯生产装置的历史,为我国聚碳酸酯产业的发展注入了强大动力。

　　聚碳酸酯树脂的研究历史久远,早在 1881 年,K. Birnbaun 和 G. Lurie 便在吡啶存在的条件下,利用间苯二酚与光气成功制得聚碳酸酯。但聚碳酸酯的工业化生产,最早由德国 Bayer 公司于 1958 年实现。当时,Bayer 公司采用熔融状态下的酯交换法反应,首次获得了具有实用价值的热塑性高熔点线形聚碳酸酯(PC)。

　　1960 年,美国通用电气(GE)公司也投身聚碳酸酯生产领域,其采用的生产工艺为光气化法。此后,聚碳酸酯的合成方法主要围绕光气法和酯交换法不断发展。1962 年,日本出光石油化学公司、帝人化成公司和三菱瓦斯化学公司,凭借自主开发的光气溶液法工艺技术,成功生产出聚碳酸酯。

在国内,聚碳酸酯的研制工作起步于 1958 年,沈阳化工研究院率先开发出熔融酯交换法工艺,并于 1965 年完成中间试验。随后,在大连塑料四厂建成了 100 吨/年的生产装置。但在此后的很长一段时间里,国内聚碳酸酯产业发展步伐缓慢。

进入新世纪,为提升我国聚碳酸酯的工业技术水平,国内企业开始大规模引进国外先进技术与设备。自 2006 年起,拜耳公司上海的 PC 工厂、帝人株式会社嘉兴的 PC 工厂、燕山石化与三菱化学合资的 PC 项目等相继投入生产,逐渐改变着国内聚碳酸酯产业的格局。

聚碳酸酯的合成路线与生产工艺有许多种,如图 6-5 所示。

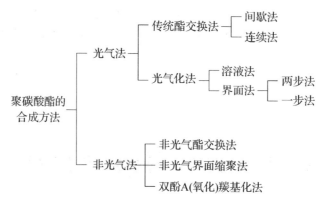

图 6-5　聚碳酸酯的合成路线与生产工艺

光气法是指在原料或树脂合成过程中使用光气的方法;光气化法是树脂合成过程中直接使用光气;非光气法是指在原料或树脂合成过程均不使用光气的方法。

▶ 知识点二　聚碳酸酯聚合工艺流程及特点 ◀

一、酯交换法合成聚碳酸酯的工艺流程

如图 6-6 所示,传统酯交换法合成聚碳酸酯的工艺过程分为酯交换过程和缩聚过程。

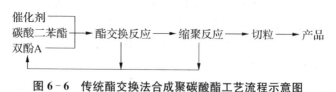

图 6-6　传统酯交换法合成聚碳酸酯工艺流程示意图

1. 酯交换过程

对装有搅拌系统、进料管、氮气系统、抽真空系统和调温系统的不锈钢酯交换反应釜进行气密性试验合格后,先后加入规定量的碳酸二苯酯、催化剂、双酚 A,升温至 150℃～180℃使物料熔融,启动搅拌,并将反应系统内余压降到 6 666 Pa 左右。物料开始进行酯

交换反应,生成碳酸酯低聚物及副产物苯酚;苯酚立即抽出至接收器内。随着反应的不断进行,苯酚馏出物逐渐减少。为保证反应速率和体系真空度,需要将反应温度提高到200℃~300℃。当苯酚馏出物达到理论量的80%~90%时,应在30 min内将余压降至133.32 Pa以下,温度升至(298±2)℃,继续反应2 h左右。然后,用氮气消除体系的真空,并加压将微带浅黄色的透明黏性液态产物送入缩聚釜。

2. 缩聚过程

在系统条件与酯交换釜相类似的缩聚釜受料后,启动搅拌并抽真空,将釜内温度控制在295℃~300℃、余压降至1 333 Pa以下,使物料碳酸酯低聚物进行缩聚反应,同时脱出酚和携带出来的碳酸二苯酯。随着反应的进行,产物分子链逐渐增长,釜内熔体黏度变大,此时应加大搅拌力度,促使反应顺利进行。当达到所需要的相对分子质量范围时,反应即告结束,停止搅拌,用氮气消除体系真空。将物料静置10 min,然后用氮气将物料从缩聚釜中压出。物料经釜底铸型孔被挤压成条状或片状,冷却后通过切粒机切成颗粒。

目前,已经将间歇酯交换法转化为利用螺杆式连续挤出缩聚。

二、光气化法合成聚碳酸酯的工艺流程

光气化法合成聚碳酸酯主要包括溶液缩聚法和界面缩聚法。由于溶液缩聚需要使用吡啶溶液而工艺复杂、环境恶劣、难以操作,故一般不用此法生产聚碳酸酯,下面以界面缩聚为主进行介绍。

光气界面缩聚法生产聚碳酸酯的工艺流程示意图如图6-7所示。

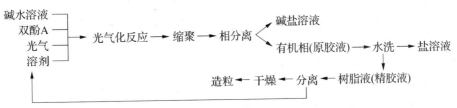

图6-7 光气界面缩聚法合成聚碳酸酯工艺流程示意图

光气界面缩聚法生产聚碳酸酯的工艺过程主要包括两个工序:一是树脂合成,其按工艺不同又分为两步法和一步法;二是后处理,按精胶液中分离树脂的工艺不同分为沉析法、汽析法和薄膜蒸发法等几种。

1. 树脂合成

(1) 树脂合成"两步法"

两步法主要包括双酚A盐的制备、光气化法、界面缩聚反应等步骤。

第一步,将配制好的双酚A钠盐加入光气化釜,然后加入二氯甲烷(或二氯乙烷)溶剂,启动搅拌,当釜内温度降至20℃左右时,恒速通入光气,进行光气化反应。当反应体系内的pH达到7~8时,停止通光气,即得低相对分子质量的聚碳酸酯。

第二步,将低相对分子质量的聚碳酸酯送入缩聚釜,并加入25%的氢氧化钠水溶液、催化剂三甲基苄基氯化铵和相对分子质量调节剂苯酚等。在搅拌下于20℃~30℃进行

缩聚反应,当反应停止后,静置破乳分层,除去上层碱盐水溶液;向有机相中加入5%的甲酸水溶液,使物料呈酸性(pH=3～5),通过虹吸吸走上层含酸水相;下层黏性树脂溶液送入树脂后处理工序。

(2) 树脂合成"一步法"

一步法是将配制好的双酚A钠盐和催化剂、相对分子质量调节剂加入反应釜中、加入氯代烷溶剂,在搅拌下通入光气,一步进行界面缩聚反应,制取高相对分子质量的聚碳酸酯树脂,这是应用比较多的工艺。该工艺也可分为间歇法和连续法,间歇法采用单釜生产,生产可多品种;连续法采用多釜串联生产,产量大。

2. 树脂后处理

聚合获得的树脂中除含有有机溶剂外,还含有来自原料的光气、双酚A溶剂、除酸剂等中的杂质;反应中生成的副产物及未反应的物料如氯化钠、氢氧化钠、双酚A等;还有机械设备及管道等附带的杂质等。这些杂质虽然含量不一,但都会影响产品的质量与性能,因此必须清除。

一般情况下,体积较大的机械杂质用抽吸过滤的方法去除。用酸中和残留于有机相中的碱,再用去离子水在搅拌下反复洗涤,直至洗涤水中不含电解质。分离出含盐水相后,将溶于有机溶剂中的聚碳酸酯树脂离析分离才能获得纯净产物。

可以采用的离析方法有三种。一是沉析法,即在强烈搅拌下,向树脂溶液中加入惰性溶剂如甲醇、乙醇、丙酮、石油醚等,使树脂呈粉状或粒状全部析出;再进行真空过滤,除去混合溶剂;最后加水反复清洗树脂,脱水后进行干燥、挤出造粒等得成品。二是汽析法,即将聚碳酸酯胶液浓缩后、用水蒸气喷雾成粉,将有机溶剂迅速蒸发,析出粉状树脂,经干燥、挤出造粒等得成品。三是薄膜落发脱溶剂法,即将聚碳酸酯胶液经多级薄膜蒸发器脱除溶剂,再挤出造粒得成品。

光气化合成时需注意:(1) 光气化阶段,理论上,$n_{光气}:n_{双酚A}:n_{碱}=1:1:2$(摩尔比),实际上 $n_{光气}:n_{双酚A}:n_{碱}=1.2:1:2.5$(摩尔比);缩聚阶段,$n_{双酚A}:n_{碱}=1:2$。(2) 有机相的溶剂应选择对聚碳酸酯有良好的溶解性或溶胀性,且对光气有良好溶解性的。(3) 应严格控制反应过程的pH,确保体系在碱性环境下进行。(4) 应确保聚碳酸酯的萃取精制操作。

三、以二氧化碳为原料的全非光法聚碳酸酯生产工艺

以二氧化碳为起始原料的全非光法聚碳酸酯工艺过程分为四个单元,分别为碳酸丙烯酯单元、碳酸二甲酯(DMC)单元、碳酸二苯酯(DPC)单元、聚碳酸酯(PC)单元。首先是环氧丙烷(PO)与二氧化碳反应生成碳酸丙烯酯,碳酸丙烯酯与甲醇进行酯交换得到碳酸二甲酯,碳酸二甲酯与苯酚反应得到碳酸二苯酯,碳酸二苯酯与双酚A(BPA)熔融缩聚制得聚碳酸酯产品。

1. 碳酸丙烯酯单元

二氧化碳和环氧丙烷在催化剂的作用下,在管式反应器中进行反应得到碳酸丙烯酯,反应式如图6-8。

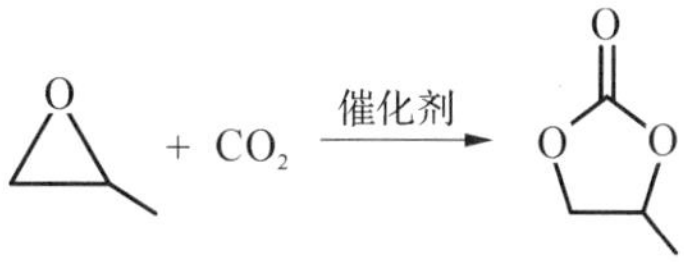

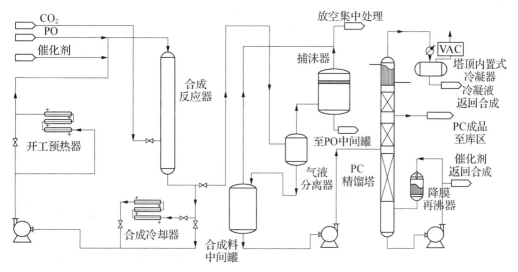

图 6-8　二氧化碳和环氧丙烷反应生成碳酸丙烯酯

粗品碳酸丙烯酯通过精馏得到中间产品碳酸丙烯酯,催化剂循环使用,其工艺流程如图 6-9,合成反应压力为 4 MPa～8 MPa,温度为 120℃～200℃,催化剂为 KI 复合催化剂或离子液体催化剂,反应停留时间为 0.5～1 h,反应单塔、双塔串联操作均可。原料环氧丙烷和催化剂经加压泵从塔顶进入,二氧化碳从塔底部进入,与环氧丙烷在塔内逆流接触,塔内反应热量通过循环泵及换热器移出,合成的粗品碳酸丙烯酯出料至气液分离器分离后,过量的二氧化碳通过捕沫后处理放空,液体进入粗品槽暂存。粗品碳酸丙烯酯精制条件为真空度−0.098 MPa,真空度越高越好。

图 6-9　碳酸丙烯酯单元工艺流程图

2. 碳酸二甲酯单元

在碳酸二甲酯单元,碳酸丙烯酯与甲醇进行酯交换反应后分别精制得到碳酸二甲酯成品及丙二醇(PG)成品,其工艺如图 6-10。甲醇、碳酸丙烯酯及催化剂进入反应精馏塔的中部,通过精馏,碳酸二甲酯与甲醇富集至塔顶出料后,使得平衡反应不断向生成碳酸二甲酯方向移动。反应精馏塔为常压塔,提馏段可以用填料,也可以用塔板,塔釜温度为 70℃～90℃。反应精馏塔塔顶出碳酸二甲酯-甲醇共沸物进入加压分离塔,利用物料自身产生的压力进行分离,反应精馏塔压力为 1.0 MPa～1.5 MPa。塔釜出粗品碳酸二甲酯,再经过碳酸二甲酯精馏塔精制分离即可得到成品碳酸二甲酯。碳酸二甲酯精馏塔顶部含少量甲醇的碳酸二甲酯返回加压分离塔。加压分离塔塔顶碳酸二甲酯含量较低,一般只有 10%左右,这部分物料进入甲醇分离塔,甲醇分离塔塔顶出碳酸二甲酯-甲醇共沸物,塔釜的甲醇返回反应精馏塔。由于加压分离塔的操作压力较高,塔顶气相物料的潜热可作为反应精馏塔、甲醇分离塔的热源。反应精馏塔塔釜物料先进入丙二醇脱轻塔脱去甲醇等轻组分，轻组分回到反应精馏塔，塔釜重组分进入丙二醇精馏塔精制，侧线出料得丙二醇产品。丙二醇精馏塔塔中进料为气相进料，这样做的目的是防止填料堵塞。气相进料加热釜的含碳酸盐的物料送至碳化脱盐系统回收丙二醇，丙二醇精馏塔立式釜含有少量二丙二醇（DPG）。为了确保塔中丙二醇成品的纯度，塔釜连续出料至二丙二醇系统回收二丙二醇。

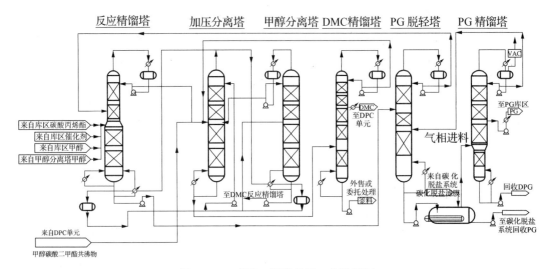

图 6-10　碳酸二甲酯单元工艺流程图

3. 碳酸二苯酯单元

在碳酸二苯酯单元，整个工序可分为以下四个部分。（1）碳酸苯酯反应工段：以碳酸二甲酯和苯酚为原料合成甲基苯基碳酸酯（MPC），甲醇返回碳酸二甲酯单元作为原料。（2）碳酸二苯酯反应工段：甲基苯基碳酸酯反应生成碳酸二苯酯。（3）精馏工段：粗碳酸二苯酯经过精馏得到高纯度碳酸二苯酯。（4）回收分离工段：回收来自聚碳酸酯单元的苯酚及碳酸二苯酯单元副产的苯甲醚（ANS）。碳酸二苯酯工艺流程如图 6-11。

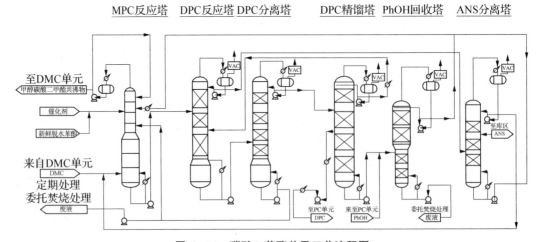

图 6-11　碳酸二苯酯单元工艺流程图

由于碳酸二甲酯和苯酚反应生成甲基苯基碳酸酯或碳酸二苯酯的平衡常数都很小，为了提高转化率，可利用反应精馏的方法。首先，在甲基碳酸苯酯反应塔中，碳酸二甲酯从塔釜进料，苯酚和催化剂从塔中上部进料，在塔内逆流接触。其中，苯酚的来源有三部分：补充的新鲜脱水苯酚、来自聚碳酸酯单元通过苯酚回收塔回收的苯酚和苯甲醚回收塔塔釜回收的苯酚。碳酸二甲酯的来源有两部分：绝大部分来自碳酸二甲酯单元；少量来自苯酚回收塔塔顶回收的碳酸二甲酯。催化剂的来源也是两部分：补充的新鲜催化剂和碳酸二苯酯分离塔塔釜返回的催化剂。反应压力为 0.3 MPa～0.8 MPa，温度为 180℃～250℃，反应生成的甲醇和部分未反应的碳酸二甲酯从塔顶分离出来返回碳酸二甲酯单元，合成的甲基碳酸苯酯和未反应的碳酸二甲酯、苯酚和催化剂从塔釜出料至碳酸二苯酯反应塔，进一步反应生成碳酸二苯酯和碳酸二甲酯。合成的碳酸二苯酯、未反应的甲基苯基碳酸酯、催化剂以及重组分的混合物从碳酸二苯酯反应塔釜出料进入碳酸二苯酯分离塔，塔顶的碳酸二甲酯、苯酚和反应副产物苯甲醚出料至苯甲醚分离塔，在苯甲醚分离塔中回收苯甲醚后，碳酸二甲酯和苯酚作为原材料返回甲基碳酸苯酯反应塔。碳酸二苯酯反应塔为负压塔，塔釜温度为 170℃～220℃。在碳酸二苯酯分离塔中，塔顶出碳酸二苯酯和甲基苯基碳酸酯至碳酸二苯酯精馏塔精馏，侧线得到碳酸二苯酯产品，塔釜物料返回甲基苯基碳酸酯反应塔继续反应，并根据物料重组分情况定期开路，碳酸二苯酯分离塔为负压操作，塔釜温度约 200℃。碳酸二苯酯精馏塔塔顶的物料返回碳酸二苯酯反应塔塔中，釜料进入苯酚回收塔，该塔也为负压，真空度越低越好，釜温比碳酸二苯酯分离塔釜温高一些。苯酚回收塔的主要作用是回收来自聚碳酸酯单元的苯酚，脱去其重组分，其塔釜温度为 180℃～200℃。

4. 聚碳酸酯单元

聚碳酸酯单元包括备料、预聚、主聚、成品四部分工段，其工艺流程如图 6-12。

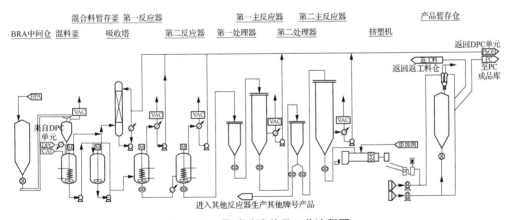

图 6-12　聚碳酸酯单元工艺流程图

备料工段包括双酚 A 中间仓、混料釜和混合料暂存釜。计量后的碳酸二苯酯和双酚 A 以及催化剂分别给料进入混料釜，加热、搅拌混合均匀后，输送至混合料暂存釜储存，再给料进入预聚工段，备料工段可间歇操作。

混合料暂存釜物料通过泵输送至第一反应器进行聚合反应，然后再进入第二反应器进一步聚合,随着聚合度增加,物料黏度不断增大,脱除苯酚的难度不断加大,第二反应器的温度比第一反应器更高,真空度也更高,从第二反应器出来的物料直接进入主聚工段。

主聚工段由第一处理器、第一主反应器、第二处理器、第二主反应器组成。在这些反应器中,小分子苯酚不断地被脱除,聚碳酸酯的分子量不断增大,最终得到高分子量的聚碳酸酯产品。产品型号不同,主反应器的温度、压力也有所不同,所有脱出的苯酚分别通过急冷后,最终都返回碳酸二苯酯单元。

在成品工段,高分子量的物料进入挤塑机后,在添加剂的作用下均匀地熔融,通过挤塑、造粒,用风输送至产品暂存仓,经检验合格后输送至界外产品仓进行包装出售,不合格的产品返回返工料仓重新处理加工。

任务实施

1. 简述聚碳酸酯的生产方法有哪些。
2. 简述聚碳酸酯每种生产方法的优缺点。

任务评价

1. 知识目标的完成

是否掌握了聚碳酸酯的生产方法与工艺。

2. 能力目标的完成

(1) 是否能够通过查阅文献调研聚碳酸酯生产方法。

(2) 是否能够阐述聚碳酸酯每种方法的优缺点。

自测练习

1. 比较界面缩聚法和熔融酯交换法生产聚碳酸酯的优缺点。
2. 简述以二氧化碳为原料的全非光法聚碳酸酯生产工艺主要工段。
3. 在光气化法生产聚碳酸酯中,如何精确控制光气的用量和反应条件,以避免副反应并提高产品质量?
4. 酯交换法生产聚碳酸酯时,不同的催化剂对反应速率和产物分子量分布有何影响?其作用机制是怎样的?
5. 对于环状碳酸酯开环聚合法,环状碳酸酯单体的纯度对聚碳酸酯产品性能有多大影响?如何保证单体纯度?

教学目标

知识目标

1. 熟悉聚酰胺的概念、分类及应用。

2. 掌握聚酰胺的聚合机理。

3. 掌握聚酰胺6、聚酰胺66等产品的生产工艺。

4. 了解聚酰胺的改性方法。

能力目标

1. 能够根据生产状况的变化进行工艺参数的调节。

2. 能够根据不同的材料性能需求,提出合适的材料改性方法。

情感目标

1. 养成较强的质量意识、环保意识、安全意识,具有锐意精进、创新进取、追求"安、稳、长、满、优"的石化工匠精神。

2. 养成良好的职业素养,具有较强的集体意识和团队合作精神。

任务一　认识聚酰胺

任务提出 ▶▶▶▶▶

　　汽车工业消耗了大量的聚酰胺材料,涉及的应用主要有散热器水室、膨胀箱、节温器罩壳、风扇叶片及风扇支架等。那么汽车工业为何采用聚酰胺材料,又利用了聚酰胺材料的哪些性能呢?

知识链接

▶ 知识点一　认识聚酰胺的概念 ◀

　　聚酰胺(polyamide,简称 PA)俗称尼龙(nylon),是一类多品种的高分子材料。其中聚酰胺 66 是最早实现工业化的品种,1939 年由美国杜邦公司开始生产,距今已有 80 多年的历史,其最初开发的应用领域是纤维。1952 年聚酰胺 66 才被杜邦公司作为工程塑料使用,以取代金属满足下游工业制品轻量化、低成本的要求。材料是人类利用和改造自然的典型,高分子材料发展到今天,已经成为支持人类社会发展和科学技术进步的重要物质基础,聚酰胺工程塑料作为高分子材料的成员之一,也占有举足轻重的地位。

▶ 知识点二　认识聚酰胺的结构 ◀

　　聚酰胺是指在分子主链上含有酰胺基($-CONH-$)的一类聚合物,主要有两种结构,一种是以内酰胺开环聚合或 ω-氨基酸自缩聚的树脂结构,另一种是有机二元酸和二元胺缩聚的树脂结构,其结构式如图 7-1 所示。

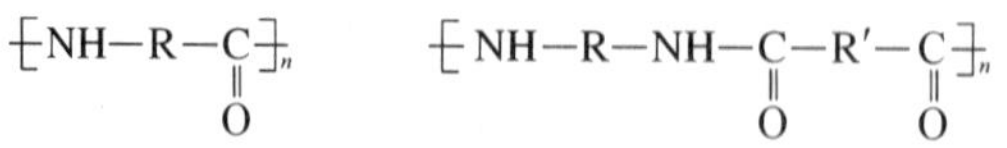

内酰胺开环聚合或ω-氨　　　有机二元酸和二元胺
基酸自缩自缩聚制得　　　　　　缩聚制得

图 7-1　PA 的结构式

　　一般 R 和 R′为次甲基($-CH_2-$)或者芳香基(如苯基)。

▶ 知识点三　认识聚酰胺的分类 ◀

聚酰胺树脂的种类和品种很多,为了从整体上对各种聚酰胺树脂有一个基本认识,将对现行通用的聚酰胺树脂进行分类。

聚酰胺按制备的化学反应来区分,可以分为两类:一类是由氨基酸缩聚或内酰胺开环聚合制得(也称为 AB 型尼龙),另一类是由二元胺和二元酸缩聚制得(也称为 AABB 型尼龙)。按分子链重复结构中所含有的特殊基团分类,聚酰胺可以分为脂肪族聚酰胺、半芳香族聚酰胺、全芳香族聚酰胺、共聚聚酰胺 4 类(图 7-2)。聚酰亚胺作为一种高性能的特种工程塑料,暂不作介绍。

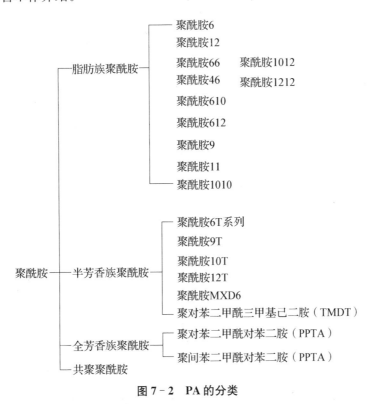

图 7-2　PA 的分类

▶ 知识点四　认识聚酰胺的特性与应用 ◀

聚酰胺工程塑料发展过程中,相当长一段时间产量居五大工程塑料之首。目前,聚酰胺仍保持较强劲的发展,其主要原因是:(1) 其有良好的综合性能;(2) 原料来源广,品种多样;(3) 易于改性,可大幅度提高其性能;(4) 易于加工或型,特别适合注射成型;(5) 应用领域广泛。

一、聚酰胺的特性

聚酰胺之所以得到如此快速的发展,与其独特的结构是分不开的:聚酰胺的分子主链中含有大量极性酰胺基,这使聚酰胺分子间有较强的作用力,能形成氢键(一般氢键密度越大,机械强度越好,碳原子数越多,强度越差),同时还使聚酰胺的分子排列整齐,具有结晶性;聚酰胺分子主链段中还含有亚甲基,使聚酰胺有一定柔性,能影响聚酰胺熔点和玻璃化转变温度(T_g);另外,聚酰胺大分子主链末端含有氨基和羧基,在一定条件下,具有一定的反应活性,很容易被改性。这些含有酰胺基结构的聚酰胺和其他材料相比,具有一系列优异的性能。几种常用聚酰胺的性能见表 7-1。

表 7-1 几种聚酰胺的性能

项目	聚酰胺 66	聚酰胺 6	聚酰胺 610	聚酰胺 612	聚酰胺 1010	聚酰胺 11	聚酰胺 12
密度/(g·m⁻³)	1.14	1.14	1.09	1.07	1.05	1.04	1.02
熔点/℃	260	220	213	210	200~210	187	178
成型收缩率/%	0.8~1.5	0.6~1.6	1.2	1.1	1.0~1.5	1.2	0.3~1.5
拉伸强度/MPa	80	74	60	62	55	55	50
拉伸模量/GPa	2.9	2.5	2.0	2.0	1.6	1.3	1.3
伸长率/%	60	200	200	200	250	300	300
弯曲模量/GPa	3.0	2.6	2.2	2.0	1.3	1.0	1.4
缺口冲击/(J·m⁻¹)	40	56	56	54	40~50	40	50
洛氏硬度	118	114	116	114	95	108	106
热变形温度/℃	70	63	57	60	—	55	55
连续使用温度/℃	105	105	—	—	80	90	90
吸水率/%	1.3	1.8	0.5	0.4	0.39	0.3	0.25

聚酰胺树脂是一种综合性能优良的材料,但也存在有明显的缺点,如物性对温度敏感、吸水性大影响尺寸稳定性、低温韧性差等。通过化学或物理方法进行改性可以大大改善其性能。例如,通过添加玻璃纤维材料后可以大幅度地改善吸水性及尺寸稳定性,并且能提高树脂的强度和韧度;通过与其他聚合物共混共聚可制成各种合金,替代金属、木材等传统材料。表 7-2 归纳了聚酰胺常用的改性方法和目的。

表 7 - 2　聚酰胺常用的改性方法和目的

改性方法	主要目的
粒子尺寸	满足加工需要
分子量	满足加工或性能需要
共聚合	改变熔点、玻璃化转变温度、溶解性等
无机填料	提高表面性能
纤维增强	提高强度和硬度
金属、金属涂覆填料及碳粉	抗静电、电磁屏蔽
弹性体	提高韧性
阻燃剂	降低可燃性
增塑剂	增加柔性
润滑剂	降低摩擦
热稳定剂	避免氧化降解
光稳定剂	延长户外使用寿命
成核剂、脱模剂	改善加工性能
色料	美观,着色
各种助剂配合(如填料＋纤维)	调整强度和挠曲
其他嵌段共聚物	制作热型性弹性体
反应性原料(如醇类、醛类)	制作涂料和胶黏剂

二、聚酰胺的应用

聚酰胺主要用于纤维和树脂。用作纤维时,其最突出的优点是耐磨性优于其他纤维,在混纺织物中加入一些聚酰胺纤维,可大大提高其耐磨性和拉伸强度。在民用上聚酰胺纤维可以混纺或纯纺成各种医疗及针织品。聚酰胺长丝多用于纺织及地毯领域,如服装、蚊帐、地毯等。聚酰胺短纤维大都用来与羊毛或其他化学纤维的毛型产品混纺,制成各种耐磨经穿的衣料等;在工业上聚酰胺纤维主要用于制造帘子线、工业用布、缆绳、传送带、帐篷、渔网、安全气囊等;还可用于降落伞及军用织物制造。

图 7 - 3　PA 的实际应用

　　用作树脂时,聚酰胺可通过挤塑、注塑、浇注等成型加工方法制造从柔软性制品到刚性硬质制品,从热塑性弹性体到工程结构材料,具有广泛的应用领域(图 7 - 3),如汽车、电气、电子、家具、建材、生活用品、体育用品、包装材料、航空航天材料等,其中汽车部件、电气电子和包装业是聚酰胺树脂应用最大的三个领域。

任务实施

　　1. 简述聚酰胺的概念及分类。
　　2. 简述聚酰胺的应用领域。

任务评价

　　1. 知识目标的完成
　　是否掌握了聚酰胺的概念、分类及应用。
　　2. 能力目标的完成
　　(1) 是否能够通过查阅文献调研聚酰胺的特性。
　　(2) 是否能够列举身边聚酰胺 66 的应用实例。

自测练习

　　1. 简述聚酰胺的概念。
　　2. 写出聚酰胺的结构式。
　　3. 简述生活中常用的聚酰胺制品。
　　4. 简述聚酰胺的改性方法。
　　5. 简述聚酰胺的分类。

任务二　聚酰胺的聚合机理

任务提出 》》》》》

　　聚酰胺的制造方法很多,但工业上主要使用的方法有三种,分别是熔融缩聚法、开环聚合法和低温聚合法。低温聚合法又包括界面聚合法和溶液聚合法。实际生产中,可根据原料单体以及聚合体的特性而采用不同的制备方法。

　　请主要以用途广泛的典型聚酰胺树脂(聚酰胺6、聚酰胺66)为例简述由单体缩聚成为聚酰胺的聚合机理。

 知识链接

▶ 知识点一　聚酰胺6、聚酰胺66聚合单体的性质及来源 ◀

一、聚酰胺6聚合单体的性质及来源

　　聚酰胺6,也称尼龙6的合成单体一般为己内酰胺,通过己内酰胺开环聚合得到。己内酰胺为白色晶体或粉状固体物质,分子式为$C_6H_{11}NO$,结构式为:

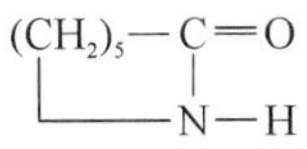

$$(CH_2)_5 - C = O$$
$$\underline{\qquad\qquad} N - H$$

　　己内酰胺易溶于水及乙醇、乙醚、丙酮、氯仿及苯等有机溶剂,略带叔胺类化合物气味,具有吸水性,熔程为68℃~69℃,沸点为262.5℃,密度为1.023 kg/L(70℃)。合成方法主要有环己烷氧化法、苯酚法、甲苯法、PNC法(光亚硝化法)等。

　　己内酰胺主要参与的反应有:

　　(1) 水解反应,己内酰胺在酸性或碱性介质中,易与水反应,生成氨基己酸。

　　(2) 氯化反应,己内酰胺能与氯气反应生成氯代己内酰胺。

　　(3) 氧化反应,在高锰酸钾存在下,己内酰胺能发生氧化反应生成羧基己酰胺。

　　(4) 与羟胺反应能生成ε-氨基羟胺酸。

二、聚酰胺 66 聚合单体的性质及来源

聚酰胺 66,也称尼龙 66 的合成单体为己二胺和己二酸。

1. 己二胺

己二胺,即 1,6-己二胺,又名 1,6-二氨基己烷、己撑二胺,是一种有机化合物,化学式为 $C_6H_{16}N_2$,主要用于有机合成、生产聚合物,也可用作环氧树脂固化剂、化学试剂。1,6-己二胺外观为结晶性粉末,易溶于水,微溶于乙醇、苯、乙醚,熔点为 $42℃\sim45℃$,沸点为 $204℃\sim205℃$,密度为 $0.89\ g/cm^3$,闪点为 $71℃(OC)$。

2. 乙二酸

乙二酸,又名草酸,是一种有机物,化学式为 $H_2C_2O_4$,是生物体的一种代谢产物,二元弱酸,广泛分布于植物、动物和真菌体中,并在不同的生命体中发挥不同的功能。乙二酸为无色单斜片状或棱柱体结晶或白色粉末;氧化法制得的草酸无气味,合成法制得的草酸有味;在高热干燥空气中能风化;易溶于乙醇,可溶于水,微溶于乙醚,不溶于苯和氯仿;$150℃\sim160℃$升华,熔点为 $189.5℃$。

▶ 知识点二　聚酰胺 6、聚酰胺 66 聚合单体的合成方法 ◀

一、聚酰胺 6 聚合单体——己内酰胺的制备路线及工艺

1. 苯加氢——环己烷氧化法

以苯为基础原料,经加氢制取环己烷,环己烷氧化得到环己酮,再与羟胺胺化生成环己酮肟,经贝克曼重排得到己内酰胺,主要过程如下:

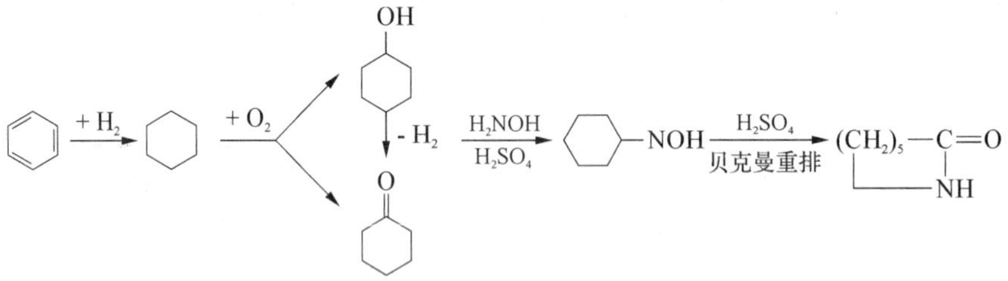

此法是工业上使用最为广泛的方法。

加氢制环己烷的工艺方法有两种,即液相加氢和气相加氢。苯液相加氢制环己烷工艺流程如图 7-4 所示。

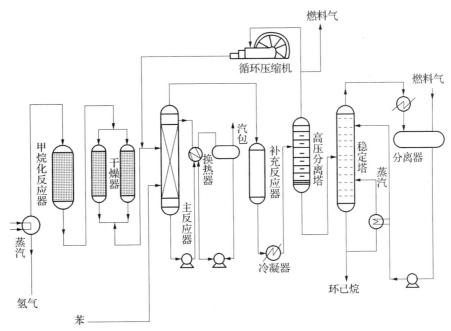

图 7 - 4　苯液相加氢制环己烷工艺流程

　　氢气经甲烷化和干燥后与苯分别加入装有催化剂的主反应塔中,依靠泵的循环作用使固体催化剂保持悬浮状态。用换热器移去反应热并产生低压蒸汽,从主反应塔出来的反应产物进入装有催化剂的固定床补充反应塔。补充反应塔的流出物经冷凝后在高压分离塔中进行闪蒸,闪蒸气体用循环压缩机送回主反应塔。闪蒸液体送至稳定塔分离,塔顶除去氯气和其他溶解气体,塔底物即为产品环己烷。

　　2. 苯酚法

　　苯酚法是己内酰胺各生产方法中最早工业化的方法。它以苯酚为原料,经苯酚加氢制环己醇,再经氧化制环己酮,环己酮经肟化得到环己酮肟,最后经贝克曼转位(重排)得到己内酰胺。

$$\text{苯酚} \xrightarrow{H_2} \text{环己醇} \xrightarrow{O_2} \text{环己酮} \xrightarrow[H_2SO_4]{\text{羟胺}} \text{环己酮肟} \xrightarrow{\text{重排}} \text{己内酰胺}$$

　　3. 甲苯法

　　甲苯法制己内酰胺是指甲苯在催化剂作用下先氧化制取苯甲酸,再加氢得环己酸,环己酸在发烟硫酸作用下,与亚硝基硫酸反应,并经贝克曼重排得到己内酰胺。

$$\text{甲苯} \xrightarrow{O_2} \text{苯甲酸} \xrightarrow{H_2} \text{环己酸} \xrightarrow[H_2SO_4]{NOHSO_4} \text{己内酰胺}$$

此法是斯尼亚公司开发的,所以也称斯尼亚(Snia)法,其基本的工艺是甲苯在乙酸钴作用下,在温度为433.16~443.19 K、压力为0.8 MPa~1.0 MPa的条件下,用空气液相氧化成苯甲酸;苯甲酸在Pd/C催化剂存在下,液相加氢成环己酸。之后,在发烟硫酸-环己酸混合物中加入硝化剂亚硝基硫酸(NOHSO$_4$),在373.16 K下生成环己酮,经重排生成己内酰胺。

4. PNC法(光亚硝化法)

东丽公司的光亚硝化法由下列过程组成:

$$\text{环己烷} + \text{NOCl} \xrightarrow[\text{光}]{\text{HCl}} \text{=NOH} + \text{NCl} \xrightarrow[\text{贝克曼转位}]{\text{硫酸}} (CH_2)_5 \begin{array}{c} C=O \\ NH \end{array}$$

环己烷 氯化亚硝酰   环己酮肟   ε-己内酰胺(硫酸溶液)

环己烷光亚硝化法工艺流程短,总收率是己内酰胺各生产方法中最高的。但其耗电量相当大,且反应的副产物种类多。光亚硝化所用设备材质必须能耐氯化氢、氯化亚酰胺等强腐蚀性化学品,此外这一方法不宜在单套生产能力较大的装置上使用。该法的副产硫酸铵较少。

乙内酰胺的各种生产路线总汇如图7-5所示。

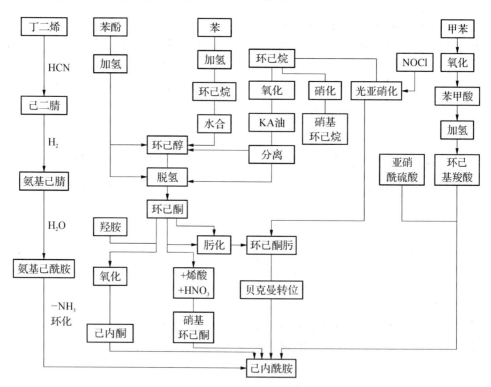

图7-5 己内酰胺生产路线

二、聚酰胺 66 的单体——己二胺的工业制法

工业上，最初采用苯酚、糠醛为原料制己二胺，接着开发了以丁二烯为原料的氯化法，20 世纪 60 年代又开发了丙烯腈电解二聚还原法，20 世纪 70 年代丁二烯直接氢氰化法开发成功。因此己二胺的生产经历了农产品、煤化学和石油化学三个发展阶段。目前己二胺的工业生产，主要采用以己二腈为中间体的己二酸法、丙烯腈电解二聚法和丁二烯直接氢氰化为己二腈再加氢得己二胺等几种工艺。图 7-6 是己二胺生产路线的总汇。

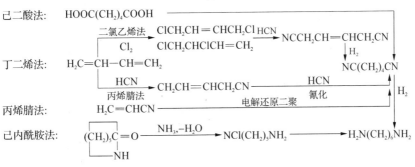

图 7-6　己二胺生产路线

1. 乙二酸（AA）的铵盐用催化剂脱水生成己二腈，己二腈加氢生成己二胺。

$$HOOC(CH_2)_4COOH \xrightarrow{NH_3} \xrightarrow{H_2O} NC(CH_2)_4CN \xrightarrow{H_2} H_2N(CH_2)_6NH_2$$

2. 糠醛经由呋喃、四氢呋喃、二氯丁烷和己二腈最终合成己二胺。

呋喃　四氢呋喃　二氯丁烷　　　己二腈
$$\cdots \to Cl(CH_2)_4Cl \to NC(CH_2)_4CN \to H_2N(CH_2)_6NH_2$$
糠醛

3. 从环己酮经 ε-己内酯合成己二醇，己二醇用氨转化为己二胺的塞拉尼斯法。

$$\cdots \to HO(CH_2)_6OH \to H_2N(CH_2)_6NH_2$$
环己酮　ε-己内酯　　　己二醇

4. 丁二烯（BD）与氯反应，经由二氯丁烯、二氰丁烯和己二腈生成己二胺的杜邦法。

$$H_2C{=}CH{-}CH{=}CH_2 + Cl_2 \longrightarrow ClCH_2CH{=}CHCH_2Cl \longrightarrow$$
丁二烯（BD）　　　　　　　　　二氯丁烯
$$NCCH_2CH{=}CHCH_2CN \longrightarrow NC(CH_2)_4CN \longrightarrow H_2N(CH_2)_6NH_2$$
二氰丁烯　　　　　　　己二腈

5. 丙烯腈（AN）电解还原二聚生成己二腈，己二腈加氢生成己二胺的旭化成法、孟山都法。

$$H_2C{=}CHCN \xrightarrow[\text{电解}]{H_2} NC(CH_2)_4CN \longrightarrow H_2N(CH_2)_6NH_2$$
丙烯腈　　　　　　　己二腈

三、聚酰胺 66 的单体——己二酸的工业制法

聚酰胺 66 的另一个单体组分是己二酸。目前工业上主要采用三种工艺生产己二酸：环己烷工艺、环己烯工艺、苯酚工艺。三种工艺中，环己烷工艺约占总生产能力的 91%。除了以苯为基本原料（图 7-7）外，正构烷烃、丁二烯、丁二醇、醚、四氢呋喃等都可以用于生产己二酸。

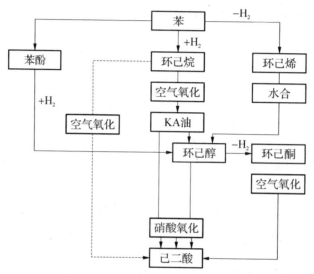

图 7-7　以苯为原料生产己二酸的各种工艺路线示意图

1. 环己烷直接氧化法的反应式如下：

$$\text{环己烷} \xrightarrow{O_2} HOOC(CH_2)_4COOH \quad \text{己二酸}$$

2. 以环己烷为原料，制成环己醇或环己酮，再使其氧化的两步法反应过程如下：

$$\text{环己烷} \rightarrow \text{环己醇 环己酮} \xrightarrow{O_2} HOOC(CH_2)_4COOH$$

环己烷以空气氧化，制成环己醇和环己酮的混合物（称为 KA 油）。该混合物在催化剂存在下用硝酸氧化，或用铜和锰催化剂等液相空气氧化生成己二酸的两步法，正在工业上使用。

3. 苯酚加氢是最早实现的生产环己醇或环己酮的方法之一。苯酚在镍催化剂的作用下，于 95℃~130℃、0.2 MPa~1.8 MPa 下在液相中发生如下反应：

$$C_6H_5OH + 3H_2 \xrightarrow{Ni-Al_2O_3,\,95℃\sim130℃} C_6H_{11}OH + 188.28 \text{ kJ/mol}$$

氢气与苯酚的摩尔比以 10：1 为宜。这是一个放热和体积缩小的反应，若温度过

高,已发生深度加氢生成环己烷、甲烷等副产物,也易积炭和生成焦油状物质,催化剂也易失活。

知识点三　聚酰胺 6 的聚合反应机理

聚酰胺 6 的聚合一般在结构简单、操作方便的直型聚合管(即 VK 管)中进行,其反应过程分为三个阶段。

一、己内酰胺的引发和加成

$$(CH_2)_5 \begin{array}{c} C=O \\ | \\ NH \end{array} + H_2O \longrightarrow H_2N(CH_2)_5COOH$$

当己内酰胺被水解生成氨基己酸后,己内酰胺分子就逐个连接到氨基己酸的链上去,直到相对分子质量达 8 000(DP=71)~14 000(DP=124)。参与水解的己内酰胺分子极少,占比约为 1/124~1/71,因此氨基己酸的分子也极少,加成反应是主要的反应类型。

二、链的增长

$$(CH_2)_5 \begin{array}{c} C=O \\ | \\ NH \end{array} + H_2N(CH_2)_5COOH \longrightarrow H_2N(CH_2)_5CONH(CH_2)_5COOH$$

由于在这一阶段中大部分己内酰胺单体都已参加了反应,因此该阶段主要是上一阶段形成的短链进行连接,得到相对分子质量在 18 000(DP=160)~33 000(DP=202)的聚合物。这一阶段以缩聚反应为主,还有少量的引发剂和加成反应在同时进行。

三、平衡阶段

$$H_2N(CH_2)_5[CONH(CH_2)_5]_{m-1} COOH + H_2N(CH_2)_5[CONH(CH_2)_5]_{n-1} COOH \longrightarrow$$
$$H_2N(CH_2)_5[CONH(CH_2)_5]_{m+n-1} COOH + H_2O$$

此阶段同时进行着链交换、缩聚和水解等反应,使相对分子质量重新分布,最后根据反应条件(如温度、水分及相对分子质量稳定剂的用量等)达到一定的动态平衡,使聚合体的平均相对分子质量达到一定值。由于聚合过程是一个可逆平衡的过程,链交换、缩聚和水解三个反应同时进行,因此,聚合的最终产物含 90% 的高分子及 10% 的单体和低分子聚合物。

知识点四　聚酰胺 66 的聚合反应机理

聚己二酸己二酰胺(尼龙 66)是以己二酸和己二胺或者聚酰胺 66 盐为单体,经逐步增长的缩聚反应生成的聚合物。根据其生产过程可分为间歇法和连续法;根据反应条件的不同可分为溶液缩聚法、熔融缩聚法、固相缩聚和界面缩聚法等。工业上一般先将己二酸和己二胺中和制成聚酰胺 66 盐,利用聚酰胺 66 盐在冷溶剂中溶解度的差别,经重结晶提纯,以确保己二酸和己二胺以摩尔比进行反应,反应式如下:

成盐：

$$HOOC(CH_2)_4COOH + H_2N(CH_2)_6NH_2 \xrightarrow{60℃以下} {}^-OOC(CH_2)_4COO^- + NH_3^+(CH_2)_6NH_3^+$$

缩聚：

$$^-OOC(CH_2)_4COO^- + NH_3^+(CH_2)_6NH_3^+ \underset{}{\overset{200℃\sim250℃}{\rightleftharpoons}}$$

$$\left[\begin{matrix} O & O \\ \parallel & \parallel \\ C(CH_2)_4C \end{matrix} - NH(CH_2)_6NH \right]_n + (n-1)H_2O$$

任务实施

1. 简述聚酰胺 6 的聚合机理。
2. 简述聚酰胺 66 的聚合机理。

任务评价

1. 知识目标的完成

是否掌握了聚酰胺 6、聚酰胺 66 的聚合单体及聚合机理。

2. 能力目标的完成

(1) 是否能够通过查阅文献调研聚酰胺 6 及聚酰胺 66 的聚合单体及聚合机理。

(2) 是否理解聚酰胺 6 及聚酰胺 66 的聚合机理。

自测练习

1. 写出聚酰胺 6 及聚酰胺 66 的结构式。
2. 写出聚酰胺 6 及聚酰胺 66 的聚合机理。
3. 聚酰胺 6 及聚酰胺 66 的聚合单体是什么？

任务三　聚酰胺 6 的生产工艺

任务提出 》》》》

　　聚酰胺 6(又称尼龙 6,PA6)是工程塑料中开发最早的品种,也是目前聚酰胺塑料中产量最大的品种之一。聚酰胺 6 本身具有耐磨、耐油、自润滑、绝缘、力学性能优良、易成型加工、抗震吸音、耐弱酸碱等优良的综合性能,但普通聚酰胺 6 也存在着干态和低温冲击强度低的缺陷,使其应用受到一定的限制,不能满足汽车、电子、机械等行业对材料高韧性的需求。国内外通过多种方法对普通聚酰胺 6 进行增韧改性,增韧后的聚酰胺 6 广泛应用于交通、电子电器、消费品、机械工业和其他行业。那么目前生产聚酰胺 6 的主要工艺有哪些? 有没有优化改进的空间呢?

知识链接

　　聚酰胺 6 是由己内酰胺聚合而成的高分子化合物。该材料具有最优越的综合性能,包括机械强度、刚度、韧度、机械减震性和耐磨性。这些特性再加上良好的电绝缘能力和耐化学性,使聚酰胺 6 成为一种"通用级"材料,用于机械结构零件和可维护零件的制造。

▶ 知识点一　聚合生产工艺概述及主要原料 ◀

　　聚酰胺 6 的生产工艺路线较多,不同的工艺路线所得到的产品性能大不相同,用途也有所差异。按聚合机理的不同,聚酰胺 6 的生产工艺可分为水解聚合、固相聚合、阴离子聚合和插层聚合,其中水解聚合反应时间长,分子量分布窄,适合大规模生产,是当今世界普遍采用的方法;固相聚合主要以低分子聚酰胺 6 为基料,在催化剂作用下,在其熔点以下进行分子链的增长,适合制造高分子量聚酰胺 6;阴离子聚合反应快,聚合时间短,对反应体系水分含量及操作控制要求高。近年来,开发出多螺杆连续挤出聚合工艺,这种工艺采用阴离子催化聚合原理,可生产高相对分子质量聚酰胺 6。目前水解聚合与固相聚合融合为一体成为聚酰胺 6 聚合发展的趋势。

　　聚酰胺 6 生产中的主要原料有:单体己内酰胺、消光剂二氧化钛、开环剂无离子水、相对分子质量稳定剂乙酸或己二酸、热稳定剂、萃取剂。

▶ 知识点二　聚酰胺 6 水解聚合工艺 ◀

水解聚合是工业上开发最早、应用最广、产量最大的酰胺 6 的聚合方法。其在工艺上可分为间歇聚合与连续聚合，连续聚合又分为常压水解聚合和加压水解聚合。按聚合阶段划分，有一段聚合（或称一步聚合）和两段连续聚合。下面分别介绍这些聚合工艺的特点。

一、间歇聚合工艺

间歇水解聚合采用耐压聚合釜，一次性投料，反应结束后（一次性出料）用氮气压出切粒，经萃取，干燥后制得聚酰胺 6。

间歇聚合过程分为三个阶段。

第一阶段：水解开环缩聚。此阶段反应温度为 240℃～250℃，压力为 0.5 MPa～0.8 MPa，通过加压促进己内酰胺水解，并形成低聚体。

第二阶段：真空聚合。此阶段主要是通过抽真空除去反应体系中的水，促进加聚反应，形成大分子聚合体，反应温度为 250℃～260℃，压力为 -0.06 MPa～0.08 MPa。

第三阶段：平衡反应。此阶段停止搅拌，真空脱泡，继续除去低分子物，以提高聚合物相对分子质量。

聚合过程中，最关键的是体系中水含量的控制，搅拌形式、转速及时间的设定对聚合反应有一定影响。

间歇聚合适合多品种、小批量产品的生产，可生产不同黏度的产品以及共聚尼龙，但原料消耗比连续聚合高，生产周期长，产品质量的重复性较差。

二、连续聚合工艺

工业上广泛采用的常压水解连续聚合工艺和两段连续聚合工艺是当今聚酰胺 6 生产的主要工艺路线。所谓连续法生产是指聚合、萃取、干燥、包装各工序均为连续进行。

1. 常压水解连续聚合（一步聚合）工艺

在己内酰胺常压连续聚合工艺中，根据聚合管的外形不同，分为直型和 U 型两种，尤其以常压直型连续聚合管法（又称直型 VK 管法）使用最为广泛。常压连续聚合适合生产中、低黏度等民用化纤用 PA6。其生产流程如图 7-8 所示。

将己内酰胺投入熔融锅中，经熔化，由输送泵抽出并过滤后送到己内酰胺熔体贮槽，再由泵输送并经过滤后送往己内酰胺熔体罐；聚合用的助剂（消光剂二氧化钛、开环剂无离子水、相对分子质量稳定剂乙酸或己二酸、热稳定剂等）经过调配、混合和过滤后，送入高位贮槽；己内酰胺熔体、助剂、二氧化钛等各自通过计量泵，由各自的贮槽定量地送入VK 聚合管上部，在进入 VK 管之前，己内酰胺熔体先预热，己内酰胺熔体与各种助剂和二氧化钛等在 VK 管上部均匀混合后，逐步向下流动，在管中经加热、开环聚合、平衡、降温等过程，制得己内酰胺，聚合物从聚合管底部输送泵定量抽出，送往铸带、切粒。

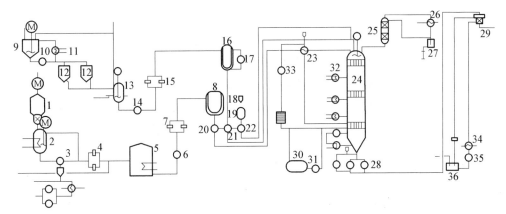

1—己内酰胺投料器;2—熔融锅;3,6,10,14,17,20~22,28,31,33,35—输送泵;4,7,15—过滤器;
5—己内酰胺熔体贮槽;8—己内酰胺熔体罐;9—TiO₂添加剂调配器;11,23,26,32,34—热交换器;
12—中间罐;13—调制计量罐;16—高位贮槽;18,19—无离子水加入槽;24—VK聚合管;
25—分馏柱;27—冷凝水受槽;29—铸带切粒机;30—联苯贮槽;36—水循环槽。

图7-8　聚酰胺66连续聚合生产流程

2. 两段连续聚合工艺

所谓两段连续聚合是指聚合过程分成两个阶段,采用两个聚合管、不同的聚合工艺条件,来实现产品牌号的调整。由德国吉玛(ZIMMER)公司首先开发的加压-减压两段连续聚合工艺,是根据己内酰胺聚合反应机理与特征从而设计不同的设备结构和工艺条件实现的。

如图7-9所示,聚酰胺6生产过程包括聚合、萃取、干燥、单体回收四大工序。

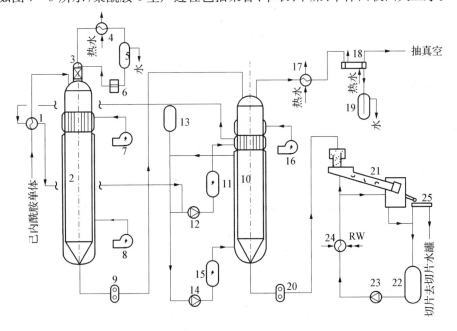

1,4,17,18,24—换热器;2—前聚合反应器;3—填料塔;5—分液槽;6—柱塞泵;
7,8,11,15,16—联苯加热器;9,20—齿轮泵;10—后聚合反应器;12,14,23—泵;
13—放空罐;19—水封罐;21—切粒机;22—水罐;25—振动筛。

图7-9　ZIMMER公司聚酰胺6两段聚合工艺流程

（1）聚合

如图 7-9 所示，前聚合反应器采取加压操作，压力为 0.25 MPa（绝对），熔融 ε-己内酰胺经联苯液体加热（换热器 1）至 180℃进入聚合器，前聚合反应器的列管换热器和夹套用 270℃的联苯蒸气加热，物料经加热迅速升温至 253℃进行水解开环反应。在前聚合反应器下段，由于缩聚、加聚反应的进行，

物料温度继续上升至 270℃～274℃。前聚合出料齿轮泵将物料排出，送到后聚合反应器。

后聚合反应器顶部的内置汽包和夹套均用 270℃的联苯蒸气加热。后聚合反应器的压力为 0.045 MPa（绝对），由于减压，物料进入后聚合反应器后闪蒸出多余的水分，温度也相应地降至 243℃～263℃左右。后聚合反应器中部设有一个列管换热器，下段有伴管夹套。列管换热器管间和伴管夹套中通液体联苯，温度为 250℃～254℃，液体联苯导出聚合的反应热使熔体温度保持在 254℃左右。熔体从后聚合反应器底部经齿轮泵送至铸带头挤出带条，带条在水下切粒机中冷却、切粒。

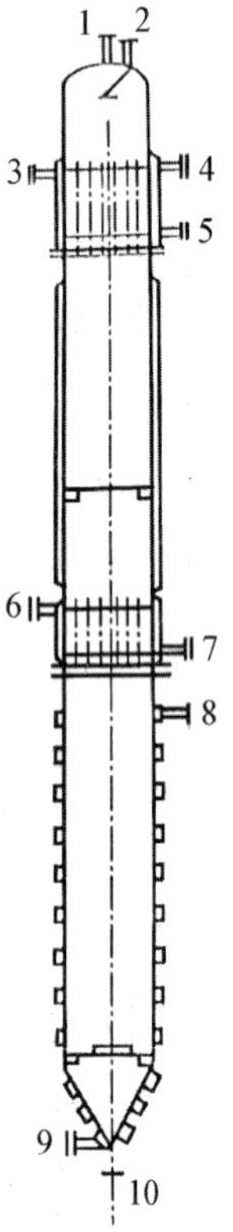

1—蒸汽出口；2—己内酰胺入口；3—联苯蒸气入口；4—联苯冷凝液出口；5,7—联苯液出口；6,8—联苯液进口；9—己内酰胺出口。

图 7-10 ZIMMER 公司聚酰胺 6 加压聚合管结构示意图

聚酰胺 6 连续聚合反应器一般采用 VK 管。VK 管结构对聚合反应影响很大，是 PA6 生产过程中最关键设备。下面分别介绍两聚合反应器结构与特点。

① 第一聚合反应器的结构如图 7-10 所示。VK 管顶部有填料塔，当物料流进 VK 管开始反应后，填料塔能将水蒸气夹带的己内酰胺吸附，冷凝后回流到 VK 管内，以减少己内酰胺的损失。VK 管上部有列管，为加热段，当 ε-己内酰胺进入列管时，迅速而均匀地获得开环加聚反应所需要的热量，从而能保证列管内熔体传热时径向温度的均匀一致，尽可能地减少 VK 管内（物料）径向温度梯度。在 VK 管的夹套保温段中部装有一块厚度为 20 mm，有不同孔径的孔的单层或多层铝板，称为分配板。分配板是用来改善夹套保温段和伴管保温段内聚合物熔体的流动分布，使 VK 管内同一截面的聚合物熔体的流速及停留时间基本一致，以保证聚合物熔体在 VK 管内径向质量均匀的。

② 第二聚合反应器的结构如图 7-11 所示。第二 VK 管内部装有气泡、列管以及分配板。气泡在 VK 管的顶部，当聚合

1—蒸汽出口；2—己内酰胺入口；3—联苯蒸气入口；4—排气口；5—联苯冷凝液出口；6,8—联苯液出口；7,9—联苯液进口；10—己内酰胺出口。

图 7-11 ZIMMER 公司聚酰胺 6 常压聚合管结构示意图

物熔体进入第二 VK 管顶部时,在气泡表面成膜状下流,在负压的情况下熔体中的水分很容易地从中脱出。VK 管采用联苯蒸气加热。中部的列管换热器用液体联苯传递反应体系的热量,使熔体的温度迅速而均匀地降低。下部的分配板,其作用与第一 VK 管的分配板的作用一致。

(2) 萃取

从聚合管出来的切片中含有 8%～10% 的单体和低聚物。不除去这些单体和低聚物,将会严重影响聚酰胺 6 的力学性能。工业上用水作萃取剂将单体低聚物从切片中萃取出来。萃取工艺流程如图 7-12 所示。

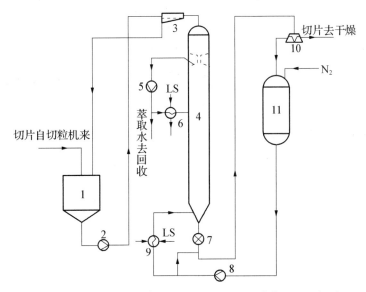

1—切片贮槽;2,5,8—泵;3—振动筛;4—萃取塔;6,9—加热器;7—计量阀;10—离心机;11—水贮槽。

图 7-12 INVENTA 公司聚酰胺 6 切片萃取工艺流程图

萃取设备为立式多级萃取塔。萃取塔中有各种不同的内构件,防止由于萃取水上下浓度的梯度引起各级间的返混。切片自上而下通过构件中形成的狭窄通道,萃取水自下而上,在狭窄的通道内由于液体的湍动程度增加,从而增加了萃取过程的传质效率。

具体的萃取工艺:塔顶循环水温为 110℃,进水温度为 95℃,萃取时间为 17～18 h,浴比为 1:(1～1.2),水中单体浓度为 8%～10%,切片中单体浓度为 0.2%～0.5%。

(3) 连续干燥工艺

萃取后的聚酰胺 6 切片经机械脱水后仍含水 10%～15%,必须干燥使切片含水量在 0.08% 以下。为保证干燥过程中切片不被氧化,一般干燥设备采用塔式干燥器,用热 N_2 [含 O_2<(3～5)μL/L]作干燥介质,干燥温度控制在 110℃～120℃,干燥时间约为 24 h。

(4) 萃取水回收单体

萃取工段中,从萃取塔出来的水含 8%～10% 的单体和低聚物,如不回收处理,不仅增加单体的消耗,而且严重污染环境。

任务实施

1. 简述聚酰胺 6 的生产方法。
2. 简述聚酰胺 6 各个生产方法的优缺点。

任务评价

1. 知识目标的完成

是否掌握了聚酰胺 6 的生产方法与工艺。

2. 能力目标的完成

（1）是否能够通过查阅文献调研聚酰胺 6 生产方法。

（2）是否能够阐述聚酰胺 6 每种方法的优缺点。

自测练习

1. 绘制聚酰胺 6 连续聚合工艺流程图。
2. 绘制聚酰胺 6 两段聚合工艺流程图。

任务四　聚酰胺66的生产工艺

任务提出 ▶▶▶▶▶

　　聚酰胺66从实现工业化生产后经过将近80年的发展,经历了从小容量到大容量的产量提升和从间歇聚合到连续聚合的工艺手段的多样化过程,设备结构设计也不断改进和完善,工艺技术逐渐合理、完善。法国罗地亚公司、美国杜邦公司和日本旭化成公司的连续聚合工艺;美国首诺公司(前孟山都公司)、德国巴斯夫公司、意大利兰蒂奇集团和日本东丽公司的间歇聚合工艺等,使聚酰胺66产业在规模和技术上日趋成熟。那么典型的聚酰胺66生产工艺是什么呢?

知识链接

　　由于聚酰胺66存在吸水性大、干态和低温冲击强度低、洗水后尺寸不稳定等缺点,且随着电子电气设备的高性能化、机械设备轻量化、汽车小型化的进程加快,对作为结构性材料的聚酰胺的耐热性、耐寒性、强度等方面都提出了更高的要求。目前对聚酰胺66生产来说,提高单线生产能力、聚合工艺的优化和改进以及产品改性的研究成为该领域的热门课题。

▶ 知识点一　聚酰胺66合成工艺 ◀

一、聚酰胺66盐的制备方法

　　聚酰胺66盐是己二酰己二胺盐的俗称,分子式为$C_{12}H_{26}O_4N_2$,相对分子质量为262.35,结构式为:

$$\left[NH - (CH_2)_6 - NH - \overset{\overset{\displaystyle O}{\|}}{C} - (CH_2)_4 - \overset{\overset{\displaystyle O}{\|}}{C} \right]_n$$

　　根据溶剂不同,聚酰胺66盐可采用水溶液法和溶剂结晶法制备。

1. 水溶液法

　　将纯己二胺用软水配置成约30%的水溶液加入反应釜中,在40℃～50℃、常压和搅拌下慢慢加入等物质的量的纯己二酸,控制pH在7.7～7.9。在反应结束后,用

0.5%～1%的活性炭净化、过滤，即可得到50%的聚酰胺66盐水溶液。其工艺流程如图7-13所示。

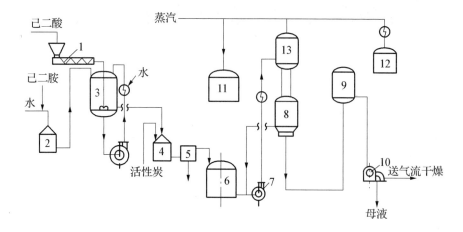

1—己二酸配贮槽；2—己二胺配贮槽；3—中和反应器；4—脱色罐；5—过滤器；
6、9、11、12—贮槽；7—泵；8—成品反应器；10—鼓风机；13—蒸发发生器。

图7-13 水溶液法生产聚酰胺66盐工艺流程

本法的特点是不采用甲醇或者乙醇等溶剂，方便易行，安全可靠，工艺流程短，成本低；但是对原料中间体质量要求高。美国孟山都公司、杜邦公司和法国罗纳-普朗克公司采用本方法生产。表7-3所示为聚酰胺66盐水溶液的规格。

表7-3 聚酰胺66盐水溶液的规格

指标	孟山都公司	罗纳-普朗克公司
外观	清澈液体	清澈液体
浓度/%（质量）	48.5±0.75	45～51
色度/Hazen	—	15
pH	7.60±0.20	7.50～8.00
灰分/(mg·kg^{-1})	10	10
硝酸盐/(mg·kg^{-1})	20	6
硼/(mg·kg^{-1})	9.00	—
铜/(mg·kg^{-1})	1.00	—
铁/(mg·kg^{-1})	—	0.50

2. 溶剂结晶法

纯己二酸溶解与4倍质量的甲醇或乙醇中，完全溶解后，移入带搅拌的中和反应器并升温到 65℃,慢慢加入配好的己二胺溶液,控制反应温度在 75℃~80℃,反应完全后,反应产物经冷却、过滤、洗涤、离心分离后制得固体聚酰胺 66 盐。其工艺流程如图 7-14 所示。

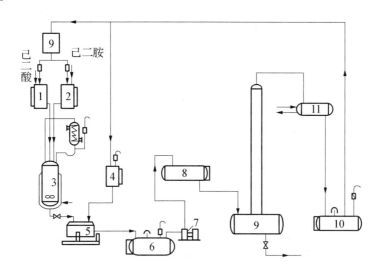

1—己二酸配贮槽;2—己二胺配贮槽;3—中和反应器;4—乙醇计量罐;5—离心机;
6—乙醇贮槽;7—蒸汽泵;8、11—乙醇高位槽;9—乙醇回收蒸馏塔;10—合格乙醇贮槽。

图 7-14　溶剂法生产聚酰胺 66 盐工艺流程

溶剂结晶法的特点是运输方便、灵活,产品质量好,但对温度、湿度、光和氧敏感性较强,在缩聚操作中要重新加水溶解。英国 ICI 公司、德国 BASF 公司采用此方法生产。

二、聚酰胺 66 缩聚工艺

聚酰胺 66 缩聚方法为在密闭系统内,在较低温度下加热聚酰胺 66 盐 1.5~2 h,通过水蒸气保持压力在 1.62 MPa~1.72 MPa,然后缓慢升温至聚酰胺 66 盐熔点以上,聚酰胺 66 盐缩聚脱水制得聚酰胺 66 成品。在缩聚过程中,脱水的同时伴随着酰胺键的生成,最终形成线型高分子。体系内水的扩散速度决定了反应速度,因此在短时间内高效率地将水排出反应体系是聚酰胺 66 制备工艺的关键。另外,缩聚时还存在着大分子水解、胺解(胺过量时)、酸解(酸过量时)和高温裂解等使聚酰胺 66 的分子量降低的副反应。

聚酰胺 66 盐不太稳定,在稍高温度下,盐中己二胺易挥发,己二酸易脱羧,从而破坏等摩尔比。因此,缩聚时可在聚酰胺 66 盐水溶液中加少量单官能团酸(如醋酸),以减少己二胺挥发和己二酸脱羧。

聚酰胺 66 缩聚既可连续进行,也可间歇进行。

1. 连续聚合工艺

聚酰胺 66 的连续缩聚,按所用设备的形式和能力可分为立管式连续缩聚和横管式减压连续缩聚两种。国内一般采用后者,其工艺流程如图 7-15 所示。

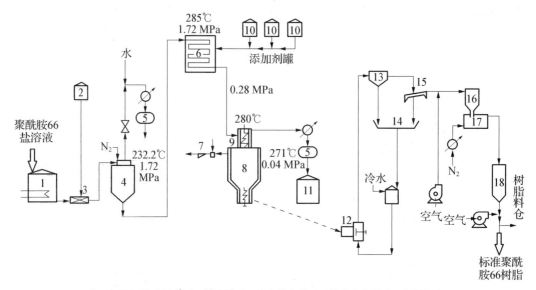

1—聚酰胺66盐贮槽;2—醋酸罐;3—静态混合器;4—蒸发反应器;5—冷凝液槽;
6—管式反应器;7—蒸汽喷射器;8—成品反应器;9—分离器;10—添加剂罐;
11—冷凝液贮槽;12—挤压机;13—造粒机;14—脱水桶;15—水预分离器;
16—进料斗;17—流化床干燥剂;18—树脂料仓。

图 7‑15 聚酰胺 66 盐连续缩聚工艺流程

2. 间歇聚合工艺

间歇缩聚法与连续缩聚法的原理相同,反应条件基本一致。间歇缩聚在同一高压釜中完成缩聚的全过程(升温、加压、卸压、抽真空),其生产流程如图7‑16所示。

间歇法的生产过程是柔性的,通过对添加剂和反应时间的调整可以生产出不同品级的产品。不同品级的产品成本差异主要取决于添加剂。

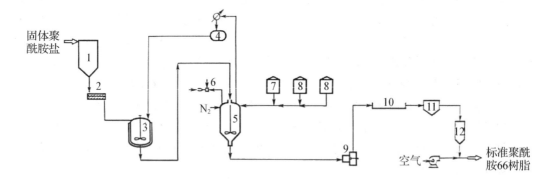

1—料仓;2—螺旋运输器;3—溶解釜;4—冷凝器;5—反应器;6—蒸汽喷射器;
7—醋酸罐;8—添加剂罐;9—挤压机;10—水浴;11—造粒机;12—料仓。

图 7‑16 聚酰胺 66 盐间歇缩聚工艺流程

▶ 知识点二　聚酰胺 66 生产工艺改进 ◀

一、提高聚酰胺 66 盐溶液浓度

聚酰胺 66 聚合体系总酸胺摩尔比对产品相对分子质量的影响很大。当摩尔比为 1 时，分子量最大；摩尔比偏离 1 时，相对分子质量减小。但高温高真空条件下，己二酸易脱羧，己二胺易挥发，会导致酸胺摩尔比偏离 1，影响产品的性能。为了尽可能保证酸胺等摩尔比，减少反应过程中脱羧副反应和己二胺挥发，且减少反应体系中的杂质，厂家通常将己二酸和己二胺反应后的聚酰胺 66 盐作为反应单体。

工业上通常以质量分数为 50% 左右的聚酰胺 66 盐为原料。但原料中水含量高，后续工艺需增加除水设备将其蒸发除去。若能在低于聚酰胺 66 盐的聚合温度下提高其浓度，减少水含量，必然可以节省大量能量和设备投资。

不同于传统工艺初始酸胺等摩尔比制备聚酰胺 66 盐溶液，杜邦公司发现己二酸可以增加聚酰胺 66 盐在水中的溶解度，因此，他们提出了一个新工艺路线，即在 55℃~60℃ 下，含质量分数为 73.5%~77.5% 的己二酸和质量分数为 22.5%~26.5% 的己二胺混合，使聚酰胺 66 盐的溶解度增加了 70%~79%；然后高压搅拌釜中温度升高到 125℃~155℃，压力为 0.08 MPa~0.12 MPa，得到聚酰胺 66 盐溶液浓度高达 89%~96%，大大降低了能耗。

巴斯夫公司在 60℃~110℃ 条件下，将质量分数为 60% 的聚酰胺 66 盐溶液与己二酸混合，然后再加己二胺，得到了质量分数高达 80%~85% 的聚酰胺 66 盐溶液。此工艺利用了中和反应热，既提高了聚酰胺 66 盐溶液的质量浓度，又减少了能耗。

二、降低体系温度和压力

高温高压釜中，压力高达 1.6×10^5~1.9×10^5 Pa，温度为 265℃~280℃。对于聚酰胺 66 生产来说，反应体系温度过高，聚合物易降解和凝胶，酸易脱羧；停留时间过长会导致己二胺挥发；若加入过量己二胺还易发生三胺副反应，导致酸胺摩尔比非等当量，影响产品性能；同时高压设备贵，增加设备费用。因此杜邦公司提出了低温熔融缩聚工艺，他们发现向己二酸中添加己二胺，物料熔点降低。当酸胺摩尔比为 3∶1 时，熔点最低，约为 98℃；继续添加己二胺，熔点升高，当酸胺摩尔比为 1∶1 时，产物熔点最高为 180℃；继续添加己二胺，熔点又降低。通过控制酸胺摩尔比，分别制备酸过量和胺过量的聚酰胺 66 盐料液，使其熔点偏离最高熔融点，控制两种料液的流量使总酸胺摩尔比接近 1∶1，送入反应釜，升温至 220℃ 左右，进行熔融缩聚，可在较低温度下制备高相对分子质量的聚酰胺 66。

任务实施

1. 简述聚酰胺 66 的生产方法。
2. 简述聚酰胺 66 各个生产方法的优缺点。

任务评价

1. 知识目标的完成

是否掌握了聚酰胺 66 的生产方法与工艺。

2. 能力目标的完成

（1）是否能够通过查阅文献调研聚酰胺 66 生产方法。

（2）是否能够阐述聚酰胺 66 每种方法的优缺点。

自测练习

绘制聚酰胺 66 连续聚合工艺流程图。

任务五　聚酰胺 66 的改性方法

任务提出 »»»»»

　　聚酰胺 66 的改性是除聚合方法之外又一获得新性能聚酰胺 66 的简捷而有效的方法。聚酰胺 66 的改性包括物理改性和化学改性两个方面,从改性方法的成本、适用范围及灵活性角度考虑,哪种方法更有优势?

知识链接

　　聚酰胺 66 具有高强度、耐磨、自润滑等优良特性,是产量最大的工程塑料,在代替传统的金属结构材料方面的应用一直稳定增长,如在汽车部件、机械部件、电子电器、化妆品、胶黏剂以及包装材料等领域得到了广泛应用。但聚酰胺 66 的耐热性和耐酸性较差,在干态和低温下抗冲击强度低,吸水率大,影响制品尺寸稳定性和电性能,还有不透明、溶解性差等缺点,使其应用范围受到一定的限制。因此,对聚酰胺 66 改性的研究受到人们的广泛关注。目前,对聚酰胺 66 主要有接枝共聚、共混、填充和增强等改性方法,使其向多功能方向发展。聚酰胺 66 的改性通常分为化学改性和物理改性。

▶ 知识点一　化学改性 ◀

　　化学改性是通过化学反应使聚酰胺 66 分子主链或侧链引入新的结构单元、聚合物链或功能基团,从而使其结构、性能都发生变化的方法。聚酰胺 66 化学改性的方法很多,最主要的是按改性后的聚合物结构分为接枝共聚和聚合物的功能化。

一、接枝共聚改性

　　聚酰胺 66 主链中的某一原子的氢取代基,在受到自由基、紫外光、高能射线等激发时,很容易发生电子或质子转移而形成大分子侧基自由基,用于改性的乙烯基单体就可以此自由基为初级自由基进行引发聚合,从而在聚酰胺 66 侧链上形成该单体聚合物的长链,改性后的聚合物就叫接枝共聚物。由于聚酰胺 66 主链中引入了新的大分子侧基,其结构变化较大,分子间因大侧链的存在不能相互接近,原有的氢键受到削弱,分子间作用力降低,结晶度下降,因而其性能受到较大影响。如果选择的单体合适,控制的接枝率和接枝效益恰当,那么就可以得到综合性能较好的接枝聚酰胺 66。

在聚酰胺66大分子上利用化学方法接枝烯烃类单体，其目的是改善聚酰胺66的染色性和吸水性，并赋予接枝物某些特殊性能而作为功能材料使用。接枝方法有很多，但主要有熔融法、溶液法和固相接枝法等。不同的方法采用合适的引发剂、催化剂和表面活性剂等以提高产物接枝率，从而可获得性能优良的改性聚酰胺66。

二、聚酰胺66的功能化

由于聚酰胺66具有较强的氢键，分子链的结晶度较高，易溶解于极性的有机溶剂，而不溶于水和大多数非极性溶剂，与其他非极性聚合物的相容性也不好，从而限制了其加工性能和应用范围的扩展。因此，对聚酰胺66的功能化研究也逐步引起人们的注目，如为了改善聚酰胺66的水溶性，人们通过一般有机化学反应在聚酰胺66侧基上引入阳离子（季铵离子）、阴离子（羧基、磺酸基）或通过接枝方法引入具有水溶性的聚合物侧链或是在聚酰胺66的主链中引入水溶性链段等。为了制备聚酰胺感光树脂，在聚酰胺66侧基中引入肉桂酸、偶氮苯等感光性基团。

▶ 知识点二 物理改性 ◀

物理改性是指在聚酰胺66基体中加入其他无机材料、有机材料、其他塑料品种、橡胶品种、热塑性弹性体，或一些有特殊功能的添加助剂，经过混合、混炼而制得性能优异的聚酰胺66改性材料。物理改性方法主要有共混、增强增韧增容改性等。

共混改性是指用其他塑料、橡胶或热塑性弹性体与聚酰胺66共混，以此改善聚酰胺66的韧性和低温脆性。辽阳石油化纤公司研究院采用填充部分玻璃纤维，共混部分低密度聚乙烯、聚丙烯及其马来酸酐接枝物等合金技术，成功研制出了高强、高韧、加工性能好、成本低的改性聚酰胺66工程塑料。晨光化工研究院研制了桑塔纳轿车用高硬度玻璃纤维增强聚酰胺66塑料，与普通玻璃纤维增强聚酰胺66相比，其具有较高硬度，其他物性相当，开发该材料的关键是在聚酰胺66结晶过程中添加成核剂，并通过改变挤出螺杆捏和块的组合，改善玻璃纤维分散性和成核剂的分散均匀性。Dupont公司推出的改性聚酰胺66，用作汽车连接器，具有高流动性和尺寸稳定性、耐水解等性能；TP Composite公司新的增韧聚酰胺包括润滑级和13%玻璃纤维填充品级。吴国金等人研究了咪唑啉官能化聚苯乙烯对聚酰胺66/PET共混物体系力学性能和相溶容性的影响。结果表明，咪唑啉官能化聚苯乙烯使该共混物的力学性能和相容性有了显著提高，共混物缺口强度相当于纯聚酰胺66的3倍。

采用无机填料填充改性可降低成本，但研究结果表明，在聚酰胺66中加入刚性粒子时，通常在提高材料刚性的同时，降低了材料的韧性，填充量越高，其作用越显著；在另一些场合采用弹性体增韧聚酰胺66，使材料提高了韧性，改善了低温冲击性能，但又使刚性下降。为了平衡冲击性能和刚性，提高材料的综合性能与降低成本，可采用聚酰胺66-弹性体-刚性体三元共混复合的办法，以获得增强增韧聚酰胺66工程塑料，扩大其应用范围。中国某研究所研制的超韧增强聚酰胺66，以聚酰胺66为基体，利用多组分弹性体增韧剂的协同作用，通过共混接枝改性，从而获得极佳的增韧效果，再加入玻璃纤维增强，使材料的综合力学性能得以提高。

任务实施

1. 简述聚酰胺 66 的改性方法。
2. 简述每种改性方法可以改善材料的哪些具体性能。

任务评价

1. 知识目标的完成

是否掌握了聚酰胺 66 的改性方法。

2. 能力目标的完成

（1）是否能够通过查阅文献调研聚酰胺 66 的改性方法。

（2）是否能够阐述每种改性方法可以改善材料的哪些具体性能。

自测练习

比较聚酰胺 66 不同改性方法的优缺点。

项目八

碳纤维的生产

教学目标

知识目标

1. 了解碳纤维的概念、分类及应用。
2. 掌握碳纤维的表面结构与性能
3. 掌握碳纤维的生产工艺。
4. 掌握碳纤维的改性方法。
5. 熟悉碳纤维的生产原理。

能力目标

1. 具有较强的信息检索能力与加工能力。
2. 能够根据不同的材料性能需求,提出合适的材料生产工艺及改性方法。
3. 具有较强的自我学习和自我提高的能力。
4. 具有较强的发现问题、分析问题和解决问题的能力
5. 能够具备发散性思维能力和创新意识。

情感目标

1. 具有团队精神和与人合作能力。
2. 通过创设问题、情景,激发学生的好奇心和求知欲。
3. 通过对碳纤维知识的学习和了解,增进学生对碳纤维工业的认识,提高学生的基本理论知识,增强学生的自信心,为后续学习奠定基础。
4. 具有较强的口头和文字表达能力。
5. 养成良好的职业素养。

任务一　认识碳纤维

任务提出 》》》》》

　　对航天飞行器、导弹、火箭、无人机等产品,要保证飞行器在飞行过程中的稳定性,要求弹翼、弹体不能有明显的震颤、变形,也就是说"身子骨要硬"。那么,如何解决呢?办法之一就是把结构做粗大,弹体材料要选高模量、材料厚实的,这样抗变形能力就强。可是航天器都要求轻巧,这就有矛盾了。这时候就要挑轻巧、结实的材料,如强度高、模量较低的碳纤维等。碳纤维在航空航天领域的应用,主要是由于碳纤维的哪些性能特点呢?

 知识链接

▶ 知识点一　碳纤维化合物 ◀

　　碳纤维(carbon fiber,CF)指的是含碳量在 90% 以上的高强度、高模量纤维,耐高温居所有化纤之首,是制造航天航空等高技术器材的优良材料。用腈纶和黏胶纤维做原料,经高温氧化碳化而成。

　　碳纤维主要由碳元素组成,具有耐高温、抗摩擦、导热性好及耐腐蚀等特性,外形呈纤维状,柔软,可加工成各种织物。由于其石墨微晶结构沿纤维轴择优取向,因此沿纤维轴方向有很高的强度和模量。碳纤维的密度小,因此比强度和比模量高。碳纤维的主要用途是作为增强材料与树脂、金属、陶瓷及炭等复合,制造先进复合材料。碳纤维增强环氧树脂复合材料,其比强度及比模量在现有工程材料中是最高的。

▶ 知识点二　碳纤维的结构 ◀

　　碳纤维由皮层、芯层及中间过渡区组成,直径只有 5 μm,相当于一根头发丝的十分之一到十二分之一。皮层微晶较大,排列有序,占直径的 14%。芯层微晶减小,排列紊乱,结构不均匀,占直径的 39%。由皮层到芯层,微晶减小,排列逐渐紊乱,结构不均匀性愈来愈显著。

▶ 知识点三　碳纤维的分类 ◀

碳纤维按原丝类型分为 4 类：聚丙烯腈碳纤维、沥青碳纤维、黏胶碳纤维和酚醛碳纤维。聚丙烯腈碳纤维应用最广、发展最快，产量约占碳纤维总产量的 95%，主要用于碳复合材料骨架构件；沥青碳纤维具有高模量、高强度、导电性好、耐高温等优良特性，是用于航天工业的工程材料，产量约占碳纤维总产量的 4%；黏胶碳纤维产量约占碳纤维总产量的 1%，用于隔热和耐烧蚀材料；酚醛碳纤维处于研究阶段，暂未形成工业化。

碳纤维按形态分为长丝、短纤维和短切纤维。长丝用于宇航和工业构件中；短纤维用于建筑行业。

碳纤维按力学性能分为高性能型碳纤维和通用型碳纤维。高性能型碳纤维强度为 2 000 MPa、模量为 250 GPa 以上；通用型碳纤维强度为 1 000 MPa、模量 100 GPa 左右。

碳纤维按行业应用分为宇航级小丝束碳纤维和工业级大丝束碳纤维。小丝束碳纤维为 1 K、3 K、6 K（1 K 为 1 000 根长丝），现在较多的为 12 K 和 24 K；大丝束为碳纤维 48 K～480 K。

▶ 知识点四　碳纤维的性能 ◀

碳纤维具有强度大、模量高、密度低、线膨胀系数小等一系列优点，广泛应用于飞机制造等军工领域、风力发电叶片等工业领域及高尔夫球棒、羽毛球拍等体育休闲领域，目前几乎没有其他材料像碳纤维一样具有那么多的优异性能。一定压强下，碳纤维在保护气体中加热碳化，可形成碳纤维复合材料。此材料除了具有优越的抗拉强度和抗变形能力之外，在化学组成上也非常稳定，并且具有耐腐蚀性好、X 射线穿透性高、纤维密度低、耐高温和低温能力强等特点，可以用作绝热保温材料。

▶ 知识点五　碳纤维的应用 ◀

除了航空航天、国防军事和体育休闲用品外，碳纤维待开发的有压力容器、医疗器械、海洋开发、新能源等新领域，如汽车构件、风力发电叶片、建筑加固材料、增强塑料、钻井平台等碳纤维新市场正在兴起（图 8-1）。目前碳纤维几个主要应用领域的情况如下。

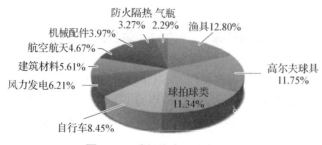

图 8-1　碳纤维应用分布占比

一、航空航天

碳纤维复合材料以其独特、卓越的理化性能,广泛应用在火箭、导弹和高速飞行器等航空航天业。例如,采用碳纤维复合材料制造的飞机、卫星、火箭等宇宙飞行器,不但推力大、噪声小,而且由于其质量小,所以动力消耗少,可节约大量燃料。据报道,航天飞行器的质量每减少 1 kg,就可使运载火箭质量减轻 500 kg。

2007 年面世的超大型飞机 A380 中复合材料的质量占 25%,2010 年问世的 A350 超宽客机,其高性能轻质复合材料结构所占比例达 62%,并成为空客公司第一架全复合材料机翼的飞机。轻质"外衣"不仅能有效克服质量与安全的矛盾,还能大幅降低飞机能耗;以 A380 为例,其首架飞机每位乘客的百千米油耗不到 3 L,而 A350 的百千米油耗只有 2.5 L/人,几乎可以跟汽车媲美。

波音 787 中结构材料有近 50% 需要使用碳纤维复合材料和玻璃纤维复合材料,包括主机翼和机身。金属结构材料被碳纤维复合材料取代后不仅可以减轻机身质量,而且还可以保证不损失强度或刚度,大大提高了燃油经济性。新一代的客机将使用更高比例的碳纤维复合材料。同时,碳纤维在中小型喷气客机中的需求也将快速增长。机体结构复合材料化程度被认为是飞机先进性的重要标志,可以说是"一代飞机,一代材料"。国外复合材料在军机、直升机、无人机上的用量早已达到或超过 50%,如今在大型客机上的用量也超过了 50%(图 8 - 2)。

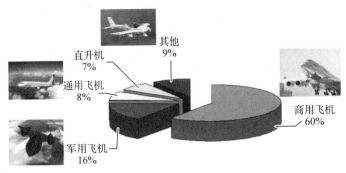

图 8 - 2　碳纤维在航空航天应用占比

二、汽车构件

目前碳纤维价格仍偏高,汽车只能说是未来潜在的大市场。但随着钢价持续上扬,将可缩小两者间的差距。同时,采用碳纤维材质,将可改善车辆的燃料效能,并使二氧化碳排放量减少 30%。业界认为,随着大丝束碳纤维价格的进一步下降和回收技术的确立,以及世界范围内对环保要求的提高,碳纤维在汽车制造领域的使用量会越来越大。现如今,碳纤维复合材料传动轴、刹车片、尾翼、引擎盖等已经在汽车行业广泛应用,如福特和保时捷生产的 GT 型赛车发动机机罩已全部采用碳纤维材料;奔驰的 57S 型轿车以前内装饰全部是木质材料,现在则以碳纤维替代;通用的雪佛莱轿车底盘的内装饰材料也采用碳纤维;宝马公司 M6 型轿车的顶篷全部采用碳纤维,并进行技术处理,使其保持金属材料的光泽。更多碳纤维材料在持续开发和应用中,如日产汽车、本田汽车和东丽公司联手开发的汽车车体用新型碳纤维材料,其可使车体较使用钢材轻40%。虽然碳纤维复合材料目前主要是用在豪华车型中,但预计未来将在大众车型中推广,并应用于汽车的更多部件和结构材料中。图8-3为碳纤维在宝马汽车零部件的应用比例。

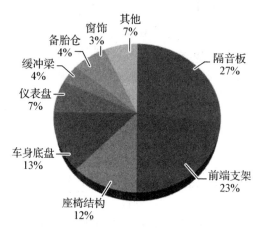

图 8-3 碳纤维在汽车零部件中的应用情况

三、风力发电叶片

风能发电成本低廉,已成为人类开发新能源的重要领域。风电应用将推动大丝束(24 K)碳纤维产量的增长。全球对清洁能源的需求还将促进终端产品制造商的持续投资。近年来,虽然风力发电产业发展很快,但风力发电装备的关键部件(叶片)都使用玻璃纤维复合材料制造,难以满足叶片尺寸加大对刚性的要求。碳纤维复合材料在叶片上的应用,无疑将促进风能发电产业的发展。图8-4所示为风电叶片碳纤维需求现状及趋势。

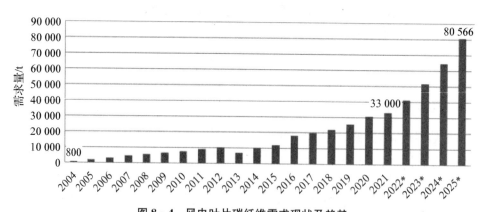

图 8-4 风电叶片碳纤维需求现状及趋势

四、油田钻探

目前,碳纤维连续抽油杆已在我国部分油田得到应用。碳纤维复合材料有两种成型方式:拉挤和缠绕。碳纤维连续抽油杆就是拉挤成型的一种类似电影胶片的带子。虽然厚只有 4.2 mm,宽仅为 32 mm,但是它比钢制抽油杆更耐疲劳,抗腐蚀性能更好,而且作业速度更快,更节能。据称,碳纤维抽油杆一年约可节电 70 000～80 000 kW/h。

深井钻井和开采其中一个难题就是井身管柱自重大,钢制油套管易变形断裂。深井管柱如果底下是钢的、上面是碳纤维复合材料的话,不仅能解决这个问题,而且还耐腐蚀,质量轻,比强度高。目前,缠绕成型的高强轻质、耐腐蚀碳纤维油套管已应用于海洋和深井钻采,国外已经形成成熟配套技术系列。据悉,碳纤维复合材料已能制成高强度钻杆,以适应更深的超深井和更长位移的大位移井钻井对降低钻柱质量、扭矩和拖拽载荷的需要。这种钻杆是通过在卷筒上缠绕碳纤维后,应用一种环氧基复合材料覆盖并密封而成,其优势在于质量轻,具有高强度质量比、超高的抗腐蚀能力以及较强的抗疲劳能力。

五、体育用品

在体育赛事越来越受瞩目的今天,人们期望通过装备器材的升级带动运动员挑战极限。为此,体育用品制造商在优化装备和器材设计的基础上,积极采用各种创新材料,其中碳纤维复合材料最受青睐。如图 8 - 5 为深受运动员和骑行爱好者喜爱的碳纤维公路自行车。

图 8 - 5　碳纤维公路自行车

> ## 知识点六　碳纤维的发展 ◄

20 世纪 50 年代初,由于火箭、航天及航空等尖端技术的发展,人们迫切需要比强度高、比模量参数高和耐高温的新型材料。另外,采用前驱纤维为原料经热处理的工艺可制得碳纤维连续长丝,这一工艺奠定了碳纤维工业化的基础。于是,美国 Wright-Patterson 空军基地以黏胶纤维为原料,试制碳纤维成功,产品作火箭喷管和鼻锥的烧蚀材料,效果很好。1956 年美国联合碳化物公司试制高模量黏胶基碳纤维成功,商品名"Thornel - 25"投放市场,同时开发了应力石墨化的技术,提高了碳纤维的强度与模量。

20 世纪 60 年代初,日本进藤昭男发明了以聚丙烯腈(PAN)纤维为原料制取碳纤维的方法,并取得了专利。1963 年日本碳公司及东海电极公司用进藤的专利开发聚丙烯腈基碳纤维。1965 年日本碳公司工业化生产普通型聚丙烯腈基碳纤维成功。1964 年英国皇家航空研究中心(RAE)通过在预氧化时加张力试制出高性能聚丙烯腈基碳纤维。由考陶尔兹(Courtaulds)公司,赫克力士(Hercules)公司和劳斯莱斯(Rolls-Royce)公司采用 RAE 的技术进行工业化生产。

1965 年日本大谷杉郎首先制成了聚氯乙烯沥青基碳纤维,并发表了先驱性的沥青基碳纤维的研究报告。

1969 年日本碳公司开发高性能聚丙烯腈基碳纤维获得成功。1970 年日本东丽(Toray Textile Inc.)公司依靠先进的聚丙烯腈原丝技术,并与美国联合碳化物公司交换碳化技术,开发高性能聚丙烯腈基碳纤维。1971 年东丽公司将高性能聚丙烯腈基碳纤维产品投放市场。随后产品的性能、品种、产量不断发展,至今仍处于世界领先地位。此后,日本东邦、旭化成、三菱人造丝及住友公司等相继投入聚丙烯腈基碳纤维的生产行列。

1970 年日本吴羽化学工业公司采用大谷杉郎的专利,首先建成年产 120 t 普通型沥青基碳纤维的生产厂,1978 年产量增到 240 t。该产品被用作水泥增强材料后,发现效果很好,1984 年产量增至 400 t,1986 年再次增加到 900 t。1976 年美国联合碳化物公司生产高性能中间相沥青基碳纤维(HPCF)成功,年产量为 113 t,1982 年增至 230 t,1985 年增至 311 t。

1982 年起,日本东丽公司、东邦公司、日本碳公司、美国 Hercules 公司、塞拉尼斯(Celanese)公司、英国 Courtaulds 公司等,先后生产出高强、超高强、高模量、超高模量、高强中模以及高强高模等类型高性能产品,碳纤维拉伸强度从 3.5 GPa 提高到 5.5 GPa,小规模产品可达 7.0 GPa。碳纤维模量从 230 GPa 提高到 600 GPa,这是碳纤维工艺技术的重大突破,使应用开发进入一个新的高水平阶段。

黏胶基碳纤维自 20 世纪 60 年代中期以后没有发展,仅生产少量产品供军工及特种部门使用。

任务实施

1. 简述碳纤维的概念及分类。
2. 简述碳纤维的应用领域。

任务评价

1. 知识目标的完成
是否掌握了碳纤维的概念、结构、分类、性能及应用。
2. 能力目标的完成
(1) 是否能够通过查阅文献调研碳纤维知识。
(2) 是否能够列举身边碳纤维的应用实例。

自测练习

1. 简述生活中常用的碳纤维制品。
2. 碳纤维具有哪些性能特点?
3. 什么是碳纤维?
4. 碳纤维如何分类? 其各自有何特点?
5. 为何要大力研究和发展热导率高的碳纤维及其复合材料?
6. 简述碳纤维发展过程中的两次技术飞跃。

任务二　碳纤维的聚合机理

任务提出 ▶▶▶▶▶

　　碳纤维是近年来高分子材料领域迅速发展的一种特种纤维,是新一代的高技术纤维,在卫星、运载火箭、战术导弹、飞机上使用,既可大幅度减轻结构重量,又可提高技术性能,目前成为航空航天飞行器不可缺少的材料。但要研究高性能的纤维必须生产出性能优异的碳纤维原丝,而要生产出性能优异的原丝就必须严格控制碳纤维原丝的生产聚合机理和纺丝工艺。

 **知识链接**

▶ 知识点一　单体(丙烯腈)的性质、用途 ◀

　　丙烯腈是一种无色的有刺激性气味的液体,易燃,其蒸气与空气可形成爆炸性混合物。丙烯腈遇明火、高热易引起燃烧,并放出有毒气体;与氧化剂、强酸、强碱、胺类、溴反应剧烈。

　　工业用丙烯腈为无色透明液体,易挥发,味甜,微臭,密度(20℃)为 0.806 0 g/cm³,凝固点为−83℃～−84℃,沸点为 77.5℃,闪点为−5℃;微溶于水,与水形成共沸混合物;可溶于乙醇、乙醚、丙酮、苯和四氯化碳;蒸汽与空气形成爆炸性混合物,爆炸极限为 3.1%～17%(体积分数);在空气中最高容许浓度为 20 mL/m³;纯品易聚合。

　　丙烯腈主要用于生产腈纶纤维,世界上用于生产腈纶的丙烯腈所占比例约为 55%。我国用于生产腈纶的丙烯腈占 80%以上。腈纶应用十分广泛,是继涤纶、尼龙之后的第 3个大吨位合成纤维品种。

　　丙烯腈的第二大应用是用于 ABS/AS 塑料。由丙烯腈、苯乙烯和丁二烯合成的 ABS塑料和由丙烯腈与苯乙烯合成的 AS 塑料是重要的工程塑料。因该产品具有高强度、耐热、耐光和耐溶性能较好等特点,今后 10 年其需求量将大幅增长。

　　与丁二烯共聚制丁腈橡胶也是丙烯腈的主要用途之一。用于生产丁腈橡胶的丙烯腈约占 4%,年增长在 1%以上,主要用于汽车行业。

　　丙烯腈还是重要的有机合成原料。丙烯腈经催化水合可制得丙烯酰胺,经电解加氢偶联可制得己二腈。丙烯酰胺主要用于造纸、废水处理、矿石处理、油品回收、三次采油化学品方面,其需求量以年均2%的速率增长。己二腈只用于生产乌洛托品,需求量年增长率为4%。

此外,丙烯腈还可用来生产谷氨酸钠、医药、高分子絮凝剂、纤维改性剂、纸张增强剂等。

知识点二 丙烯腈的合成方法

一、氰乙醇法

环氧乙烷和氢氰酸在水和三甲胺的存在下反应得氰乙醇,然后以碳酸镁为催化剂,于200℃~280℃脱水制得丙烯腈的方法为氰乙酸法,收率约75%。此法生产的丙烯腈纯度较高,但氢氰酸毒性大,成本也较高。

二、乙炔法

乙炔和氢氰酸在氯化亚铜-氯化钾-氯化钠稀盐酸溶液的催化作用下在80℃~90℃反应得丙烯腈的方法为乙炔法。此法生产过程简单,收率良好,以氢氰酸计收率可达97%;但副反应多,产物精制较难,毒性也大,且原料乙炔价格高于丙烯,在技术和经济上落后于丙烯氨氧化法。1960年以前,该法是世界各国生产丙烯腈的主要方法。

三、丙烯氨氧化法

以丙烯、氨、空气和水为原料,按一定量配比进入沸腾床或固定床反应器,在以硅胶作载体的磷钼铋系或锑铁系催化剂作用下,在400℃~500℃温度下,常压生成丙烯腈。然后经中和塔用稀硫酸除去未反应的氨,再经吸收塔用水吸收丙烯腈等气体,形成水溶液,使该水溶液经萃取塔分离乙腈,在脱氢氰酸塔除去氢氰酸,经脱水、精馏而得丙烯腈产品的方法称为丙烯氨氧化法。其单程收率可达75%,副产品有乙腈、氢氰酸和硫酸铵。此法是最有工业生产价值的生产方法。其化学方程式如下:

$$H_2C = CHCH_3(g) + NH_3(g) + \frac{3}{2}O_2(g) \longrightarrow H_2C = CHCN(g) + 3H_2O(g)$$

知识点三 碳纤维的聚合反应机理

碳纤维的聚合属于自由基聚合,包括链引发反应、链增长反应、链终止反应、链转移反应。

任务实施

1. 简述碳纤维聚合反应机理。
2. 简述丙烯腈的制备方法。

204

任务评价

1. 知识目标的完成

是否掌握了自由基聚合机理。

2. 能力目标的完成

（1）是否能够通过查阅文献调研丙烯腈制备的相关知识。

（2）是否能够写出丙烯腈生产的化学方程式。

自测练习

1. 丙烯腈的合成方法有哪些？

2. 什么是丙烯氨氧化法制备丙烯腈？

3. 简述丙烯腈的性质、用途。

任务三　碳纤维的生产工艺

任务提出 »»»»»

　　从中国石化新闻办获悉,我国首个万吨级 48 K 大丝束碳纤维工程第一套国产线已于 2022 年 10 月 10 日在中国石化上海石化碳纤维产业基地投料开车,并生产出合格产品,产品性能媲美国外同级别产品,质量达到国际先进水平。这标志中国石化大丝束碳纤维从关键技术突破、工业试生产、产业化,成功走向规模化和关键装备国产化,一举破除我国碳纤维生产和装备受制于人的被动局面,真正实现自主可控。通过资料调研,请简述该生产线是采用何种工艺生产碳纤维的?

 知识链接

▶ 知识点一　碳纤维聚合生产工艺概述 ◀

一、聚丙烯腈基碳纤维工艺

　　作为碳纤维中用途最广、用量最大、性能最好的纤维,聚丙烯腈基碳纤维在碳纤维的生产中占有绝对优势。经过大量的研究数据发现,90％以上的商用碳纤维都是由聚丙烯腈原丝纤维碳化得到的。其制备过程大体包括以下几步:聚合、纺丝、预氧化、碳化、表面处理和碳纤维的形成等步骤,在生产中,还有最后一步成品的加工。丙烯腈基碳纤维有着广阔的应用前景,随着聚丙烯腈碳纤维生产价格的降低,其在工业领域范围的应用将会越来越广。目前,日本的东丽公司、三菱人造丝公司和东邦基团为生产聚丙烯腈碳纤维的主要生产商。

二、沥青基碳纤维工艺

　　沥青的来源为煤炭和石油,如果把沥青加工成高附加值的沥青基碳纤维,则可以大大的保护环境。由于沥青基碳纤维尺寸稳定性好,其与氰酸酯树脂组成的复合物热膨胀系数很小,可以用于制作人造卫星材料和其他精密材料。此外,沥青基碳纤维具有耐磨、强度高、耐疲劳的特性,可以应用于制作制动材料;并且其受力变形小、导热率良好、预热不容易膨胀等,被广泛应用在文化体育用品、吸附剂等民用领域。国内科研工作者对沥青基碳纤维做了一些深入有益的研究,研究发现在纺丝温度为350℃、炭化炉温度为1 200℃、石墨炉温度为2 500℃条件下,可以得到通用级的沥青基碳纤维,其杨氏模量等指标参数可以达到日本吴羽化工通用级沥青基碳纤维的指标参数水平。

三、黏胶基碳纤维工艺

黏胶基碳纤维可以由含纤维素的黏胶纤维制成,与其他两类碳纤维相比,黏胶基碳纤维有一些独特的性能。比如黏胶基碳纤维石墨化程度比较低,导热系数小,是理想的隔热材料;黏胶基碳纤维密度比较小,可以制作成比较轻的构件;黏胶基碳纤维的生物相容性比较好,可以做成韧带、假骨等生物医用材料。

▶ 知识点二 碳纤维聚合工艺流程及特点 ◀

聚丙烯腈基碳纤维是以聚丙烯腈为材料,经过原丝制备、预氧化和碳化后,制备得到的同时具备纤维的柔韧性和碳材料抗拉特性的材料。因其具有类似微晶化的多环芳香族的结构特性和高规整度,从而成为一种高耐热性高杨氏模量的轻质纤维。

目前聚丙烯腈基碳纤维的生产步骤有:丙烯腈聚合、聚丙烯腈原丝制备、预氧化、碳化及石墨化。其工艺流程如图8-6所示。与同类的黏胶基碳纤维和沥青基碳纤维相比,聚丙烯腈基碳纤维在生产上有一定优势:黏胶基碳纤维在碳化阶段有较高的碳损失率;而沥青基碳纤维的拉伸性能相对较差,要生产高纯度的沥青基纤维比较困难。

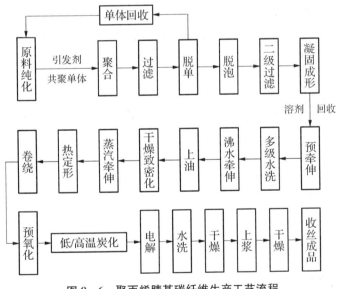

图8-6 聚丙烯腈基碳纤维生产工艺流程

一、聚丙烯腈原丝的制备

1. 聚合

丙烯腈的聚合方法很多,主要有溶液聚合、乳液聚合、悬浮聚合和本体聚合。按聚合单体的配比可分为共聚和均聚;按聚合所用的溶剂可分为有机溶剂聚合和无机溶剂聚合。

2. 纺丝

原液纺丝包括湿法纺丝、干法纺丝、熔融纺丝、静电纺丝和干喷湿纺纺丝。但聚丙烯腈分解温度较低,为制备高度均一的碳纤维不适合采用干法纺丝和熔融纺丝,且静电纺丝影响制备碳纤维的因素较多还停留在实验室阶段,故聚丙烯腈原丝以湿法纺丝工艺为主。

湿法纺丝过程:聚丙烯腈原液经过计算泵计量,再经过烛形过滤器过滤,最后从喷丝头挤出,直接进入凝固浴中形成初生纤维。该工艺技术成熟而被大部分公司采用。早期湿法纺丝采用硝酸为凝固浴,但工业硝酸会含有铁离子等其他金属离子,会对凝固体系造成质量波动,使原丝的稳定性和均一性降低。后期针对湿法工艺进行了改进,采用二甲亚砜溶液作为凝固浴,并将原工艺中的先水洗再牵伸的工艺,改进为先牵伸再水洗,防止原丝因水分子的侵入造成结构松弛,降低原丝牵伸强度;并使原丝先后经过了沸水、热水和蒸汽的三段牵伸,其总牵伸倍数达到了8~10倍,原丝的力学性能、线密度和线密度 CV 值得到了改善,最终碳纤维抗拉强度提高了 0.7 GPa。具体工艺流程如图 8-7 所示。

干喷湿纺是新型纺丝工艺,其与湿法纺丝最大的不同在于存在一段长度为 3~10 nm 的空气干燥层,可使原丝表面形成致密疏水层,避免了湿法纺丝凝固浴中实施的负牵伸,提高了纺丝速度。干喷湿纺制备聚丙烯腈原丝的初生纤维工艺如下,温度为 60℃,选取落球黏度为 900 s 的原液,初生纤维牵伸倍数为 4~5 倍时,可使纺丝速度提高 4~9 倍,最终制备出 T800 级别的碳纤维。但该法对纺丝原液的要求比较高,需要采用双螺杆溶解机组对聚丙烯腈颗粒进行溶解,使聚丙烯腈原丝纤度达到 0.6 dtex 左右。

我国中复神鹰碳纤维股份有限公司是世界上第三家采用干喷湿纺工艺大规模生产碳纤维的公司,该法具备高纺丝速度和低成本的特点,是聚丙烯腈纺丝的未来发展趋势。

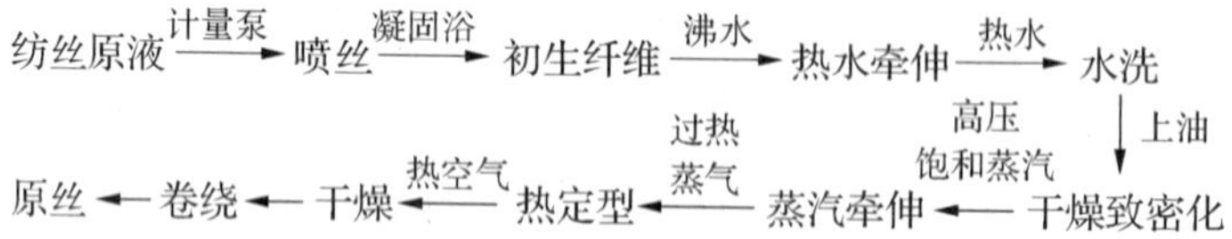

图 8-7 湿法纺丝的工艺流程图

二、聚丙烯腈原丝的预氧化

聚丙烯腈原丝属于线性高分子,耐热性能较差,若直接碳化会使原丝在高温下分解,得不到理想的产物,故需进行预氧化处理,即在一定温度(180℃~300℃),含氧条件下加热原丝,使得热塑性聚丙烯腈转化为非热塑性结构,提高其热稳定性,再经高温处理得到产品碳纤维。

预氧化中主要发生的反应为脱氢、环化及氧化反应(图 8-8)。脱氢反应发生在环化之前,但是有可能延续到环化反应中或环化反应之后。环化反应是稳定化中最关键的一步。

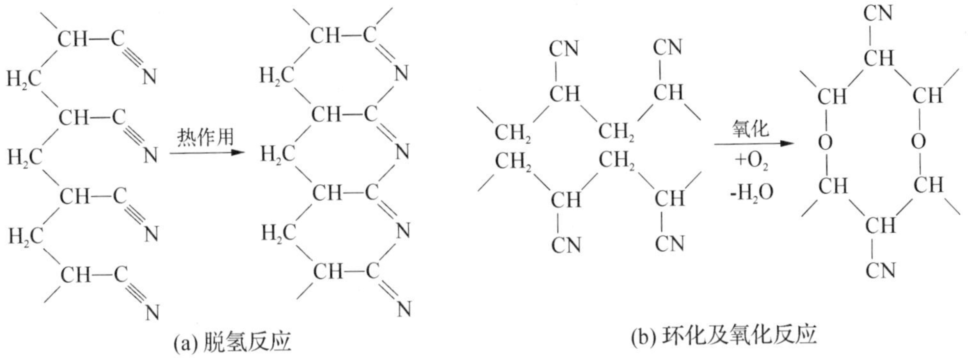

(a) 脱氢反应   (b) 环化及氧化反应

图 8-8   预氧化中的主要反应

预氧化的目的:使线型分子链转化成耐热梯形六元环结构,以使聚丙烯腈(PAN)纤维在高温碳化时不熔不燃,保持纤维形态,热力学处于稳定状态,最好转化为具有乱层石墨的碳纤维,从而得到高质量的碳纤维。

预氧化过程的重要现象:纤维颜色变化(白→黄→棕褐色→黑色)。

三、聚丙烯腈预氧化丝的碳化

1. 碳化

聚丙烯腈预氧化丝的碳化在 400℃～1 300℃的惰性气体中进行,是碳纤维生成的主要阶段。该过程除去大量的氮、氢、氧等非碳元素,改变了原 PAN 纤维的结构,形成了碳纤维,如图 8-9 所示。一般碳化收率为 40%～45%,碳纤维含碳量 95%左右。

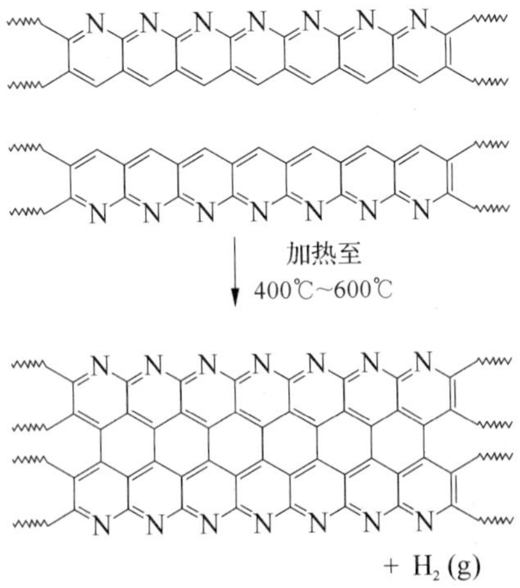

加热至
400℃~600℃

+ H₂(g)

图 8-9   碳化中碳纤维的形成反应

在碳化阶段,所有非碳元素均形成副产物而被消除,碳纤维形成了类石墨结构。

碳化阶段采取两段升温方式,升温速率至关重要。

第一段温度低于600℃,需低升温速率(小于5℃/min)。因为这一段包含大部分化学反应及挥发性产物的逸散,所以十分重要。较高的升温速率其传质过程较快,在纤维表面易产生气孔或不规则的形态。

第二段为600℃~1 300℃的温区,升温可以较快的速率进行。此加热段包括N_2,HCN及H_2等气体的挥发(图8-10),会引起挥发聚合物链分子间交联。交联中,一环化序列的碳原子装入了相邻序列已挥发的氮原子留下的空间,这帮助了横向类石墨结构的生长。

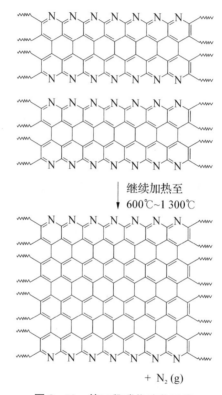

图8-10　第二段碳化阶段反应

2. 石墨化

石墨化是在2 000℃~3 000℃的温度下,密封装置中,施加压力并在保护气体中进行。目的是使纤维中的结晶碳向石墨晶体取向,使之与纤维轴方向的夹角进一步减小以提高碳纤维的弹性模量。将纤维加热到1 500℃以上,可以使碳纤维的结构完善:结晶尺寸及队列均增大。通常此过程是在施加张力及惰性气体环境下,把碳纤维加热到2 000℃~2 500℃,甚至高达3 000℃。需注意,由于氮在2 000℃以上变得具有活性,会和碳纤维发生反应形成氰,所以不能被用作惰性介质。

这一处理后碳纤维的结晶度增加,杨氏模量值明显增加。此外,硼蒸气的加入也可增加碳纤维的韧性。可以认为硼不仅增加结晶度,而且在石墨中作为一固体溶液硬化剂而作用,因此可防止其微晶体间的剪切而保持其模量和强度。

图 8 - 11 为聚丙烯腈基碳纤维的生产反应过程。

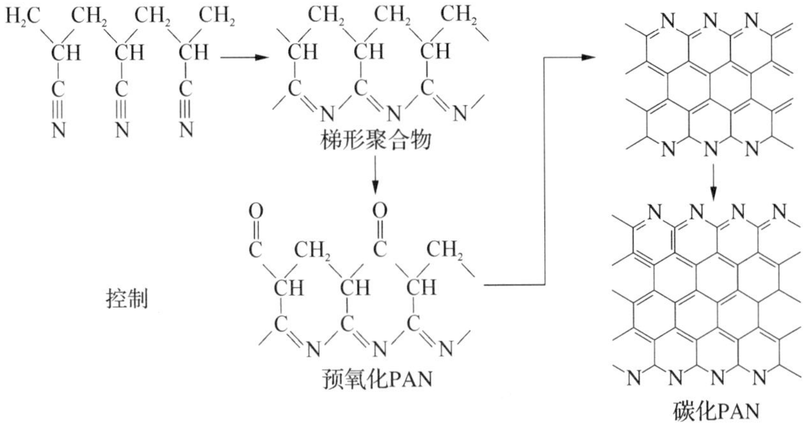

图 8 - 11　聚丙烯腈基碳纤维的生产反应过程

任务实施

1. 简述碳纤维的生产方法。

2. 简述碳纤维每种生产方法的优缺点。

任务评价

1. 知识目标的完成

是否掌握了碳纤维的生产方法与工艺。

2. 能力目标的完成

(1) 是否能够通过查阅文献调研碳纤维生产方法。

(2) 是否能够阐述碳纤维每种生产方法的优缺点。

自测练习

1. 绘制聚丙烯腈基碳纤维生产工艺流程图。

2. 石墨化的目的是什么?

3. 什么是聚丙烯腈基碳纤维工艺?

4. 简述碳纤维聚合工艺流程及特点。

5. 简述湿法纺丝的工艺流程。

6. 原液纺丝包括哪些种类?

7. 为何聚丙烯腈原丝以湿法纺丝工艺为主?

8. 为何要进行聚丙烯腈原丝的预氧化?

9. 干喷湿纺纺丝与湿法纺丝的区别。

10. 什么是聚丙烯腈预氧化丝的碳化工艺?

任务四　碳纤维的改性方法

任务提出 ❯❯❯❯❯

　　由于碳纤维表面惰性大,表面能低,缺乏有化学活性的官能团,反应活性低,与基体的黏结性差,界面中存在较多的缺陷,直接影响了复合材料的力学性能,因此需要对碳纤维的表面进行改性,请简述碳纤维改性的方法有哪些?

📖 知识链接

　　自从 1965 年大古杉郎研制出聚丙烯腈基碳纤维以来,碳纤维作为优秀的纤维增强材料,在结构材料领域获得了长足的发展。碳纤维拥有高强度、高比模量、低密度、耐高温和耐腐蚀的优点。碳纤维增强复合材料被广泛应用于体育、航空、航天、国防等诸多领域。基体-增强体界面对于复合材料的性能具有至关重要的影响,其发挥着传递载荷的作用。然而,受自身结构以及生产工艺影响,碳纤维的表面光滑且无活性基团,使得碳纤维表面呈现出物理与化学惰性,进而导致碳纤维增强复合材料界面结合力弱。在实际使用中,碳纤维增强复合材料经常发生界面脱粘和纤维拔出现象,无法发挥碳纤维的高强度优势,导致复合材料实际应用强度远低于理论强度。因此,对于碳纤维的表面改性是目前碳纤维研究的热点之一,表面改性旨在增加碳纤维的表面活性,提高与树脂基体材料的浸润性,以此提高复合材料界面结合强度。目前,碳纤维主要的表面改性方法可分为涂层改性、火焰法、氧化改性和聚合改性四大类。

▶ 知识点一　涂层改性 ◀

　　在碳纤维表面涂覆或沉积一层亲和碳纤维与树脂基体材料的物质,并在复合材料界面形成一层过渡层,由此来改善碳纤维增强复合材料界面强度的改性方法,可统称为涂层改性。涂层可以是如碳纳米管/氧化石墨烯一类与碳纤维结构相似的材料,用于增加材料表面粗糙度;也可以是相比树脂基体与碳纤维结合性更佳的高分子材料。以处理方式来区分,常用的涂层改性方法有上浆涂覆法、液相沉积法和气相沉积法。

一、上浆涂覆法

　　在碳纤维表面直接涂覆一层高分子材料以改善碳纤维表面性质的工艺被称为上浆,

对应的高分子材料被称为上浆剂。商业上常用的上浆剂为聚酰胺与环氧树脂等原料以一定比例配比而成。除提升表面活性外,上浆剂也可提升碳纤维的耐磨性,避免其在受到外力刮擦时折断。上浆涂覆法是商业运用最为广泛的碳纤维表面处理方式(图 8-12)。上浆剂的改性以及上浆工艺的优化一直是研究的热点。

图 8-12　有胶和无胶碳纤维微观示意图

二、液相沉积法

液相沉积法是将碳纤维浸泡在涂层物质的溶液中,通过物理或化学反应,将溶液中的涂层物质沉积到碳纤维的表面,以此形成涂层,达到提升碳纤维表面活性的目的。由于未处理的碳纤维表面呈惰性,常规的沉积反应难以发生,因此一般用电场辅助进行。常用的液相沉积法有电化学沉积法和电泳沉积法,两者的主要区别在于沉积过程中是否发生了化学反应。液相沉积法反应条件易于控制,适用于大规模生产,但是会产生涂层物质沉积不均匀、容易在纤维表面聚集等问题。尤其是沉积物为碳纳米管时,由于碳纳米管自身的性质,在沉积过程中极易产生团聚现象,导致沉积处理失败。因此,使用液相沉积法处理碳纤维时,需要考虑沉积物质在电解液以及纤维表面的均匀分散问题。

三、气相沉积法

气相沉积法是一种将原料以气体方式分散,使用高温将原料气体分解为小分子或活性原子,再在目标表面生长所需物质的方法。碳纤维表面处理常用化学气相沉积法。这种方法主要用于在碳纤维表面生长碳纳米管。在沉积前先将催化剂颗粒通过溶液浸泡、镀膜、喷涂等方式加载在碳纤维表面,再利用甲烷、乙炔等气体作为碳源,在高温下自分解产生热解碳原子,附着到被还原后的催化剂颗粒上生长出碳纳米管。气相沉积法常用的催化剂有 Fe,Co,Ni,常见的反应温度为 $500\,^{\circ}\mathrm{C}\sim1\,000\,^{\circ}\mathrm{C}$,具体反应温度因碳源气体而异。对于气相沉积法的催化剂已有较多的研究实验,此外还有对于生产工艺细节的改进研究,如采用不同方法加载催化剂颗粒,采用不同方式的气相沉积法生长等。气相沉积法是目前最好的碳纤维表面生长碳纳米管的方法,其反应条件易于控制,效率高且产品质量好,易于大规模生产,是最有可能工业化应用的技术。

▶ 知识点二　火焰法 ◀

火焰法是一种利用甲烷、乙醇、乙炔等碳源与氧气燃烧产生出热解碳原子,附着到混合在气体中的悬浮催化剂颗粒上沉积出碳纳米管,随后再附着在碳纤维表面的改性方法。火焰法沉积碳纳米管的方法分为预混合火焰法和扩散火焰法,而扩散火焰法又分为对流法、并流法和反扩散法。在碳纤维上沉积碳纳米管常用并流扩散火焰法。碳纤维织物表面的碳纳米管增加了纤维与树脂基体的接触面积和剪切裂纹强度,因此对层间断裂韧性有增强作用。火焰法沉积碳纳米管的设备成本低,反应条件可控,沉积的碳纳米管尺寸均匀,是常用的生长碳纳米管技术之一。但是高温火焰可能导致碳纤维的结构遭到损伤,所以火焰法一般用于在基板上生长碳纳米管,并不常用于在碳纤维表面生长碳纳米管。

▶ 知识点三　氧化改性 ◀

氧化改性法是利用氧化剂对碳纤维进行氧化,使纤维表面产生活性基团位点来达到提升表面活性的目的。此外,氧化反应还会在光滑的碳纤维表面刻蚀出沟槽,增加复合材料界面的接触面积,对基体材料产生机械连锁效果,进一步提升界面强度。根据氧化反应条件不同,氧化法可分为气相氧化法、液相氧化法和电化学阳极氧化法。

一、气相氧化法

气相氧化法使用氧气、臭氧等氧化性气体,在催化剂和高温下对碳纤维表面进行氧化。气相氧化法处理条件简单、成本低,且易于大规模生产,但是处理后的纤维力学性能下降严重,且气相反应的条件(气流、浓度等)难以控制,产品稳定性差。因此近年来对该方式的研究热度已逐渐降低。

二、液相氧化法

液相氧化法使用如硝酸、硫酸、过氧化氢的溶液作为氧化剂。具体方法是将碳纤维浸入氧化剂溶液中反应,使其表面氧化产生活性基团,并增加粗糙度(图 8 - 13)。液相氧化法工艺简单,原材料价格低廉,易于大规模处理,是目前应用最为广泛的氧化处理方法。但此方法会产生有毒有害废水,处理时间长,且该方法处理的碳纤维表面腐蚀量过多,会导致碳纤维的拉伸强度等力学性能有较大的下降。在近来的研究中,液相氧化法已不再单独作为一种改性方法存在,而是作为其他改性方法的预处理,通过氧化引入活性基团,以便于后续处理进行。

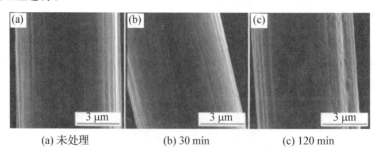

(a) 未处理　　　　　(b) 30 min　　　　　(c) 120 min

图 8 - 13　液相氧化改性前后碳纤维表面形貌

三、电化学阳极氧化法

电化学阳极氧化法是通过将碳纤维浸没在电解质溶液中,以纤维作为阳极施加电流,从而在纤维表面氧化形成活性官能团。常见的电解质有碳酸铵、磷酸铵等。电化学阳极氧化法处理装置便于工业化连续生产,且易于控制反应条件,废弃物易处理,对纤维造成损伤较小,是较为优秀的氧化处理工艺。其流程如图 8-14 所示。

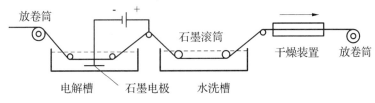

图 8-14　CF 电化学阳极氧化法流程示意图

知识点四　聚合改性

聚合改性是通过化学方法、电化学方法、等离子或辐照方法处理碳纤维表面,引入活性基团,然后引发聚合反应在碳纤维表面生长聚合物的改性方法。生长的聚合物会增加碳纤维比表面积和粗糙度。长链聚合物会与纤维以及基体分子纠缠,或与纤维、基体反应形成共价键,起到桥接的作用,进而提高界面作用力。

一、化学聚合法

化学聚合法是通过碳纤维直接与聚合物单体在表面发生聚合反应,或者先进行氧化处理之后再在纤维上直接用聚合物单体接枝生长聚合物活性分子的方法。这种方法是最早被研究使用的碳纤维表面改性方法之一。化学法聚合处理成本低,易于控制反应条件,操作简单。但是此法反应时间长,且由于碳纤维自身不易反应,导致接枝率低下,因此现在研究热度不高。

二、电化学聚合法

电化学聚合法是用浸泡在电解质溶液内的碳纤维作为电极,在表面产生聚合反应而生成聚合物的方法。电聚合法易于控制反应条件,只要控制好时间,就能够控制聚合层的厚度。但目前国内研究中使用此方法处理得到的碳纤维增强复合材料各项参数均偏低,无法作为合格的结构材料使用,故该领域有待深入研究。

三、等离子聚合法

等离子聚合法与等离子氧化法类似,是一种利用等离子轰击在碳纤维表面形成活性点位,然后在点位上接枝聚合物的方法。如图 8-15 是低温等离子体处理前后碳纤维的扫描电镜照片。等离子聚合法高效无污染,但和等离子氧化法类似,反应难以控制条件,不易工业化生产。

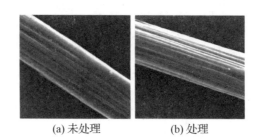

(a) 未处理   (b) 处理

图 8-15 低温等离子体处理前后碳纤维的扫描电镜照片

四、辐照聚合法

辐照聚合法是使用紫外、微波、γ射线、β射线等电磁、电离辐射处理碳纤维,使其表面引入活性点位,引发聚合反应的方法。辐照聚合法不需要催化剂、引发剂,在常温下即可进行,操作较为简单,但是进行反应的装置昂贵,无法大规模生产,且若使用电离辐射会涉及放射性物质的使用,还需要额外的安全管理办法。出于上述原因,国内外对于此种改性方式的研究较其他方式少。

任务实施

1. 简述碳纤维的改性方法有哪些。
2. 简述每种改性方法可以改善的材料的具体性能。

任务评价

1. 知识目标的完成
是否掌握了碳纤维的改性方法。
2. 能力目标的完成
(1) 是否能够通过查阅文献调研碳纤维改性方法。
(2) 是否能够阐述每种改性方法可以改善材料的哪些具体性能。

自测练习

1. 比较各种碳纤维改性方法的优缺点。
2. 简述对碳纤维的表面进行改性的原因。
3. 碳纤维改性的方法有哪些?
4. 什么是聚合改性? 其有何优点?

项目九 丁苯橡胶的生产

教学目标

知识目标

1. 了解丁苯橡胶生产的原料、助剂的选择和应用。
2. 理解阴离子聚合反应的机理。
3. 掌握化工原理相关基础知识。
4. 掌握丁苯橡胶生产工艺及设备。

能力目标

1. 能正确辨识丁苯橡胶的结构、性能、用途。
2. 能根据丁苯橡胶的性能要求制定合适的合成路线。
3. 能够清楚丁苯橡胶生产岗位任务、编制丁苯橡胶生产方案。

情感目标

1. 养成较强的质量意识、环保意识、安全意识。
2. 具有锐意精进、创新进取的开拓精神。
3. 养成良好的职业素养，具有较强的集体意识和团队合作精神。

任务一 认识丁苯橡胶

任务提出 »»»»»

　　丁苯橡胶是一种综合性能较好、产量和消耗量居合成橡胶之首的通用橡胶,广泛用于生产轮胎与轮胎制品、鞋类、胶管、胶带、医疗器械、汽车零部件、电线电缆以及其他多种工业橡胶制品。为什么丁苯橡胶的用途这么广泛呢? 丁苯橡胶有哪些性能呢?

 知识链接

▶ 知识点一　丁苯橡胶化合物 ◀

　　丁苯橡胶(styrene butadiene rubber,SBR)是以丁二烯和苯乙烯为单体,采用自由基引发的乳液聚合或阴离子溶液聚合工艺制得的,是目前世界上产量最高、消费量最大的通用合成橡胶(synthetic rubber,SR)品种,其物理性能、加工性能和制品的使用性能接近于天然橡胶(natural rubber,NR),但耐磨性、耐热性、耐老化优于 NR,可与 NR 以及多种SR 并用,广泛用于生产轮胎与轮胎制品、鞋类、胶管、胶带、医疗器械、汽车零部件、电线电缆以及其他多种工业橡胶制品。

　　按生产工艺,丁苯橡胶(SBR)通常可分为乳液聚合丁苯橡胶(emulsion-polymerized styrene butadiene rubber,ESBR,简称乳聚丁苯橡胶)和溶液聚合丁苯橡胶(solution-polymerized styrene butadiene rubber,SSBR,简称溶聚丁苯橡胶)两大类。ESBR 开发历史悠久,生产和加工工艺成熟,应用广泛,其生产能力、产量和消耗量在 SBR 中均占首位。SSBR 是兼具多种综合性能的橡胶品种,其生产工艺与 ESBR 相比具有装置适应能力强、胶种多样化、单体转化率高、排污量小、聚合助剂品种少等优点,是今后的发展方向。

▶ 知识点二　丁苯橡胶的结构 ◀

　　典型丁苯橡胶结构特征如表 9-1 所示。

　　(1) 大分子宏观结构特征包括:单体比例、平均相对分子质量及分布、分子结构的线性或非线性,凝胶含量等。

（2）微观结构特征主要包括：丁二烯链段中顺式-1,4、反式-1,4和反式-1,2结构（乙烯基）的比例，苯乙烯、丁二烯单元的分布等。其中乙烯基含量对性能影响较大，其含量越低，丁苯橡胶的玻璃化温度越低。

（3）定形聚合物特征：因掺杂有苯乙烯链节，所以丁苯橡胶的主体结构不规整，不易结晶。

表9-1　典型丁苯橡胶结构

丁苯橡胶类型	宏观结构					微观结构		
	支化	凝胶	平均分子量	HI	聚苯乙烯含量/%	顺式/%	反式/%	乙烯基/%
低温乳液聚合丁苯橡胶	中等	少量	100 000	4～5	23.5	9.5	55	12
高温乳液聚合丁苯橡胶	大量	多	100 000	7.5	23.4	16.6	46.3	13.7

知识点三　丁苯橡胶的分类

丁苯橡胶品种繁多，按聚合方法、聚合温度、辅助单体含量及填充剂等的不同，丁苯橡胶分为下列几类，如图9-1所示。

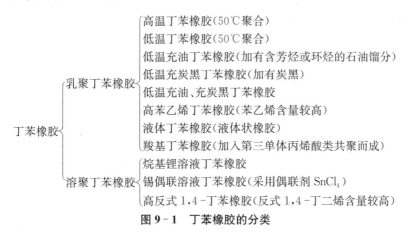

图9-1　丁苯橡胶的分类

非充油乳液聚合丁苯橡胶的数均相对分子质量为100 000，低于该值的丁苯橡胶在贮存时易发生冷流现象；高于该值的丁苯橡胶加工困难。对于充油丁苯橡胶的相对分子质量可相对高些。

乳液聚合丁苯橡胶的相对分子质量分布比溶液聚合丁苯橡胶宽，前者的相对分子质量分散系数为4～6，而后者的相对分子质量分散系数为1.5～2.0。

乳液聚合丁苯橡胶支化度较高，对加工有利。从凝胶的含量看，低温乳液聚合丁苯橡胶的凝胶含量比高温乳液聚合的丁苯橡胶的凝胶含量低。

乳液聚合丁苯橡胶具有共聚物的共性——单体单元无规排列，不能结晶，并且橡胶主链上的丁二烯结构大部分是反式-1,4结构，又有苯环，因而体积效应大，分子链柔性低，从而影响硫化橡胶的物理机械性能，如弹性低、生热高等。

知识点四　丁苯橡胶的性能

丁苯橡胶是使用最广的合成橡胶，性能如下。

1. 外观

非污染型橡胶为无色至浅黄色的弹性体；污染型橡胶为褐色至棕色的弹性体，与天然橡胶相比，产品的耐磨性、耐老化性、耐臭氧性、耐水性、气密性及均一性较好，但硫化速度较慢，生热量大，耐寒性及黏结性较差。

2. 溶解性

生胶能溶于苯、甲苯、汽油和氯仿等有机溶剂。

3. 稳定性

在贮存过程中，丁苯橡胶物理和化学变化较小。加入防老剂的生胶，在阴暗地方贮存期可达数年之久。

4. 氧、热和光的作用

丁苯橡胶在氧、热和光的作用下，会发生降解和解聚作用，开始时降解占优势，随着时间的延长和温度的升高，解聚过程加速。降解过程使生胶的可塑性增加，因而硫化胶的扯断力和硬度降低。

5. 补强剂对强度的影响

没有添加补强剂的丁苯橡胶的拉伸强度和伸长率都比较低，只有加入补强剂后（炭黑），才具有应用的物理机械性能。

知识点五　丁苯橡胶的应用

一、丁苯橡胶的应用

按国际合成橡胶生产协会（International Institute of Synthetic Rubber Producers, IISRP）的规定，可以用数字表示六大丁苯橡胶系列，即 1000 系列（高温乳聚丁苯橡胶）、1100 系列（高温乳聚丁苯橡胶炭黑母炼胶）、1500 系列（低温乳聚丁苯橡胶）、1600 系列（低温乳聚丁苯橡胶炭黑母炼胶）、1700 系列（低温乳聚充油丁苯橡胶）、1800 系列（低温乳聚充油丁苯橡胶炭黑母炼胶），其中以 1500 系列产品为主。

丁苯橡胶主要用于轮胎工业，其次是汽车零件、工业制品、电线和电缆包皮、胶管和胶鞋等。

二、影响丁苯橡胶应用的主要参数

1. 拉伸强度

拉伸强度是高分子化合物的重要控制指标，关系到制品性能的好坏。相对分子质量高低直接决定了产品的拉伸强度。有时由于生产中反应的波动或受原料中杂质的影响，产品的拉伸强度可能偏低，会对用户的下一步加工应用产生不良影响。

2. 定伸应力

定伸应力分为 25 min、35 min、50 min，分别表示成品胶预硫化、正核化、过硫化时的定伸应力情况。定伸应力不合格，易造成制品的弹性模量不够。

3. 结合苯乙烯的量

丁苯橡胶属于共聚物，共聚物的组成对产品性能起到很大的影响，聚合物的力学性能与其共聚组成密切相关。结合苯乙烯量大时，硫化丁苯橡胶的拉伸强度高，伸长率和回弹性降低，且永久形变增大，机械强度提高，但苯乙烯量太高，则橡胶的弹性和耐寒性下降。

4. 门尼黏度

门尼黏度又称转动黏度，是用门尼黏度计测定的数值，门尼黏度计是个标准的转子。以恒定的转速（一般为 2 r/min），在密闭室的试样中转动。转子转动所受到的剪切阻力大小与试样在硫化过程中的黏度变化有关。门尼黏度基本上可以反映合成橡胶的聚合度与相对分子质量。门尼黏度决定橡胶的加工性能，门尼黏度低时橡胶易加工，但会使力学性能变差；门尼黏度过高，则使橡胶变得坚韧，可塑性低，难以加工。

知识点六　丁苯橡胶的制备

采用乳液聚合生产的丁苯橡胶（ESBR）属于无定形聚合物，具有较好的综合性能，其物理机械性能、加工性能和制品使用性能都与天然橡胶接近，其中耐磨性、耐热性、耐自然老化性、气密性、永久变形和硫化速度等性能优于天然橡胶，只是撕裂强度、耐寒性和回弹性等较天然橡胶差。可使丁苯橡胶与天然橡胶以及多种合成橡胶并用，扩大其应用范围。通过塑炼、混炼、压延与压出硫化工艺加工制成各种橡胶制品，能使丁苯橡胶在汽车、电器制鞋等行业获得广泛的应用。

采用溶液聚合进行的丁苯橡胶（SSBR）的工业化生产通常使用烷基锂，主要是以丁基锂作为引发剂，并使用烷烃或环烷烃为溶剂，醇类为终止剂，四氢呋喃为无规剂。但由于SSBR 的加工性能较差，其应用并没有得到较快的发展。20 世纪 70 年代末期，由于对轮胎的要求变高，对橡胶的结构和性能也提出了更高的要求，加之聚合技术的进步，使 SSBR 得到较快的发展。

知识点七 丁苯橡胶的发展史

一、丁苯橡胶产品的发展情况

丁苯橡胶最早开发始于 1913 年,1964 年美国 Philips 公司用锂引发剂实现了丁苯橡胶的工业化生产,美国 Fire Store 公司同年开发出以锂为引发剂的异戊二烯聚合技术,于 1969 年实现了工业化生产。2000 年,丁苯橡胶的世界总产能已达 3 800 kt/a,总需求量为 3 400 kt/a,其中溶聚丁苯橡胶在美国、西欧和日本的消费比例分别占丁苯橡胶的 27%、30% 和 33%。2000 年,国内丁苯橡胶的总产能达 430 kt/a,需求量为 407 kt/a,2005 年需求量为 540 kt/a,2010 年需求量为 730 kt/a,需求在快速增加,特别是溶聚丁苯橡胶具有广阔的发展与应用前景。

二、我国丁苯橡胶生产能力概况

近年来,我国丁苯橡胶的产能持续增长。2023 年,我国丁苯橡胶产能已达 200 万吨,占全球丁苯橡胶产能的一定比例。到了 2024 年,中国丁苯橡胶产能达到 187.5 万吨,约占全球丁苯橡胶产能的 28%,虽然较 2023 年有所下降,但仍处于较高水平。

与产能相对应,我国丁苯橡胶的产量也呈现稳定增长的趋势。2023 年,我国丁苯橡胶产量达到 140 万吨。而 2024 年 1~11 月,国内乳聚丁苯橡胶产量已在 94 万吨附近,同比 2023 年变化不大。预计 2025 年国内丁苯橡胶年度产量将较 2024 年走高约 7%,达到历史新高的 140 万吨以上。

三、丁苯橡胶的消费状况

1. 世界丁苯橡胶消费状况

丁苯橡胶(SBR)是世界产耗量最大的合成橡胶品种,在 SBR 的世界消耗量中,约有 75% 用于轮胎和轮胎配件。近 20 年来,SBR 的消费比例持续下降,其原因主要有以下三点:(1) 子午线轮胎普及率不断增加,与斜交轮胎相比,丁苯橡胶在子午线轮胎中的用量较少;(2) 其他合成橡胶品种如三元乙丙橡胶、丁腈橡胶和聚丁二烯橡胶用量增长较快,尤其是在非轮胎领域中的应用明显增长,一定程度上抑制了丁苯橡胶的增长;(3) 合成橡胶与天然橡胶的价格竞争激烈。ESBR 应用主要集中在汽车轮胎、胶管,胶带、制鞋业等领域。SSBR 还处于开拓市场阶段,目前主要用于制鞋业,在轮胎中尚未正式使用。随着汽车工业的发展,子午线轮胎将有较快的发展,而子午线轮胎主要用胶为 SSBR,因此对兼有低滚动阻力和高抗湿滑性与耐磨性的第二代 SSBR 在轮胎制造中的需求量将进一步增加。

2. 我国丁苯橡胶消费现状

近年来,我国橡胶制品业发展迅速,各种橡胶制品产量都有大幅度增长,使得我国丁苯橡胶的需求量不断增加。2010 年我国 SBR 的总需求量已超过 100 万吨,其中 ESBR 仍是我国 SBR 消费的主要品种。

任务实施

1. 简述丁苯橡胶的概念及分类。
2. 简述丁苯橡胶的应用领域。

任务评价

1. 知识目标的完成
是否掌握了丁苯橡胶的概念、分类及应用。
2. 能力目标的完成
(1) 是否能够通过查阅文献调研丁苯橡胶知识。
(2) 是否能够列举身边低温乳液丁苯橡胶的应用实例。

自测练习

1. 简述丁苯橡胶的概念。
2. 简述生活中常用的丁苯橡胶制品。
3. 简述丁苯橡胶的制备方法有哪些?
4. 丁苯橡胶的聚合方法有哪些? 各有什么优缺点?
5. 影响丁苯橡胶应用的参数有哪些? 为什么?
6. 说明下列丁苯橡胶牌号的物理意义。
(1) SBR1500;(2) SBR1712。
7. 什么叫天然橡胶、合成橡胶、通用橡胶和特种橡胶?
8. 天然橡胶有哪些优异的性能和不足之处? 请说明原因。
9. 简述丁苯橡胶的分类。
10. 简述丁苯橡胶的结构。

任务二　丁苯橡胶的聚合机理

任务提出 >>>>>

丁苯橡胶的品种很多,制造方法也各不相同,其中低温乳液丁苯橡胶及溶液丁苯橡胶最为重要。溶液丁苯橡胶是采用烷基锂引发剂在烃类溶剂中以溶液聚合方法合成的。

📖 知识链接

知识点一　单体(丁二烯、苯乙烯)的性质、来源

一、丁二烯的性质和来源

1,3-丁二烯的构造式:

1,3-丁二烯是最简单的共轭双烯烃。其在常温、常压下为无色气体,相对分子质量为54.09,相对密度为0.621 1,熔点为108.9℃,沸点为−4.5℃;有特殊气味,有麻醉性,特别刺激黏膜;容易液化,易溶于有机溶剂;性质活泼,容易发生自聚反应,因此在贮存、运输过程中要加入叔丁邻苯二酚阻聚剂;与空气混合能形成爆炸性混合物,爆炸极限为2.16%～11.47%(体积分数)。1,3-丁二烯还是合成橡胶、合成树脂等的主要原料。

1,3-丁二烯从石油裂解碳四(简称C4)馏分抽提法(萃取精馏)中获得。萃取精馏原理:石油裂解后的副产C4馏分主要成分是丁二烯、丁烯、丁烷和炔烃(约为1%),必须进行分离精制才能得到满足聚合工艺要求的丁二烯。由于各组分间的沸点相差很小,所以用一般的精馏方法很难分离,工业上采取萃取精馏原理法进行分离。

二、苯乙烯的性质和制备方法

苯乙烯的构造式:

苯乙烯为无色或微黄色易燃液体,有芳香气味和强折射性,不溶于水,溶于乙醇、乙醚、丙酮、二硫化碳等有机溶剂。

由于苯乙烯分子中的乙烯基与苯环之间形成共轭体系,电子云在乙烯基上流动性大,使得苯乙烯的化学性质非常活泼,不仅能进行均聚合,也能与其他单体如丁二烯、丙烯腈等发生共聚合反应,是合成塑料、橡胶、离子交换树脂和涂料等的主要原料。

苯乙烯单体在贮存、运输过程中,需要加入少量的间苯二酚或叔丁基间苯二酚等阻聚剂以防止其发生自聚。

苯乙烯的主要制备方法有乙苯脱氢法、苯乙酮法、共氧化法和氧化脱氢法。

▶ 知识点二　丁苯橡胶的聚合反应机理 ◀

一、丁苯橡胶的聚合反应机理

SSBR 聚合是以丁二烯、苯乙烯为单体,环己烷和己烷混合液为溶剂,正丁基锂为引发剂,四氢呋喃为活化剂,四氯化锡为偶联剂,二丁基羟基甲苯(BHT)为防老剂和终止剂,经阴离子聚合反应后制得的。SBR 无规共聚丁苯由一步法生产制得,即同时加入苯乙烯和丁二烯,单体在高分子链上呈无规则排列。各单元反应式如下。

1. 链引发

$$R^-Li^+ + S \longrightarrow RS^-Li^+$$

$$R^-Li^+ + B \longrightarrow RB^-Li^+$$

2. 链增长

$$RS^-Li^+ + aS \longrightarrow \cdots \longrightarrow R(S)^aS^-Li^+$$

$$R(S)^aS^-Li^+ + bB \longrightarrow \cdots \longrightarrow R(S)^aS(B)^{b-1}B^-Li^+$$

$$RB^-Li^+ + cB \longrightarrow \cdots \longrightarrow R(B)^cB^-Li^+$$

$$R(B)^cB^-Li^+ + dS \longrightarrow \cdots \longrightarrow R(B)^cB(S)^{d-1}S^-Li^+$$

$$R(S)^aS(B)^{b-1}B^-Li^+ + eS \longrightarrow R(S)^aS(B)^b(S)^{e-1}S^-Li^+$$

3. 链终止

$$4R(S)^aS(B)^b(S)^{e-1}S^-Li^+ + SnCl_4 \longrightarrow [R(S)^aS(B)^b(S)^e]_4Sn + 4LiCl$$

式中,B^-、S^- 分别表示活性端基为丁二烯基、苯乙烯基的阴离子;S 为苯乙烯单体;B 为丁二烯单体。

二、溶剂对丁苯橡胶溶液聚合的影响

溶剂的选择直接影响丁苯橡胶在溶液中的溶解度和分散性。合适的溶剂能够确保丁苯橡胶分子在溶液中均匀分散,有利于聚合反应的进行。极性溶剂通常能够增加丁苯橡胶的溶解度,因为极性溶剂的极性分子易于与丁苯橡胶的非极性分子形成氢键,从而提高

丁苯橡胶在溶剂中的溶解度。

溶剂的性质会影响丁苯橡胶溶液聚合的反应速率和交联密度。极性溶剂能够增加丁苯橡胶和交联剂反应的速率,从而促进交联反应的进行。此外,极性溶剂还能提高丁苯橡胶的交联密度,使得聚合产物具有更好的物理和化学性能。

溶剂的加入还会影响合成溶液丁苯橡胶的黏度和强度。极性溶剂能够增加溶液的黏度,从而提高橡胶的强度。黏度的增加有助于在加工过程中保持橡胶的形状和稳定性,提高产品的成品率。

此外,由于极性溶剂的分子较小,具有较高的扩散性,因此可以加快丁苯橡胶的固化速度,缩短生产周期。这对于提高生产效率、降低成本具有重要意义。

简述丁苯橡胶的聚合机理。

任务评价

1. 知识目标的完成

是否掌握了丁苯橡胶的聚合单体及聚合机理。

2. 能力目标的完成

(1) 是否能够通过查阅文献调研丁苯橡胶的聚合单体及聚合机理。

(2) 是否理解丁苯橡胶的聚合机理。

自测练习

1. 写出丁苯橡胶的聚合机理。

2. 丁苯橡胶的单体有哪些?

3. 写出合成丁苯橡胶时所用单体的化学结构式。

4. 写出丁苯橡胶的结构单元的化学结构式。

5. 哪些因素会影响丁苯橡胶的聚合反应?

6. 如何测定丁苯橡胶相对分子质量?

7. 溶剂对丁苯橡胶的聚合有什么影响?

8. 丁苯橡胶聚合反应中的引发剂、活化剂、偶联剂、防老化剂分别是什么?

9. 简述丁二烯、苯乙烯的性质和来源。

任务三　丁苯橡胶的生产工艺

任务提出 »»»»»

丁苯橡胶(SBR)是由1,3-丁二烯与苯乙烯通过共聚反应得到的高聚物,是一种综合性能较好、产量和消耗量居合成橡胶之首的通用橡胶。那么丁苯橡胶的生产工艺是怎样的呢?

知识链接

丁苯橡胶的工业生产有乳液聚合法和溶液聚合法两种,主要是采用乳液聚合法。下面重点介绍低温乳液聚合生产丁苯橡胶的工艺技术和溶液聚合生产丁苯橡胶的工艺技术。

▶ 知识点一　低温乳液聚合生产丁苯橡胶 ◀

一、低温乳液聚合配方

低温乳液聚合生产丁苯橡胶的典型配方及工艺条件见表9-2。

表9-2　低温乳液聚合生产丁苯橡胶配方

原料及辅助材料			冷法(质量分数)
单体		丁二烯	72
		苯乙烯	28
相对分子质量调节剂		叔十二碳硫醇	0.16
反应介质		水	105
脱氧剂		保险粉	0.025～0.04
乳化剂		歧化松香酸钠	4.62
引发体系	过氧化物	氢过氧化异丙苯	0.06～0.12
	还原剂	硫酸亚铁	0.01
		雕白粉	0.04～0.10
	螯合剂	EDTA二钠盐	0.01～0.025

续 表

原料及辅助材料	冷法（质量分数）	
电介质	磷酸钠	0.24～0.45
终止剂	二甲基二硫代氨基甲酸钠	0.10
	亚硝酸钠	0.02～0.04
	多硫化钠	0.02～0.05
	其他（多乙烯多胺）	0.02

二、低温乳液聚合工艺流程

低温乳液聚合丁苯橡胶工艺流程如图 9-2 所示。

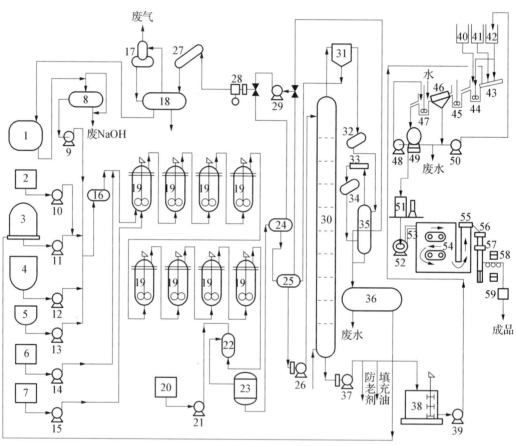

1—丁二烯原料罐；2—调节剂槽；3—苯乙烯贮罐；4—乳化剂槽；5—去离子水贮罐；6—活化剂槽；7—过氧化物贮罐；8—分离罐；9,10,11,12,13,14,15,21,39,48,49—输送泵；16—冷却器；17—洗气罐；18—丁二烯贮罐；19—聚合釜；20—终止剂贮罐；22—终止釜；23—缓冲罐；24,25—闪蒸器；26,37—胶液泵；27,32,34—冷凝器；28—压缩机；29—真空泵；30—苯乙烯汽提塔；31—气体分离器；33—喷射泵；35—升压器；36—苯乙烯罐；38—混合槽；40—硫酸贮槽；41—食盐水贮槽；42—清浆液贮槽；43—絮凝槽；44—胶粒料槽；45—转化槽；46—筛子；47—再胶浆化槽；50—真空旋转过滤器；51—粉碎机；52—鼓风机；53—空气输送带；54—干燥机；55—输送器；56—自动计量器；57—成型机；58—金属检测器；59—包装机。

图 9-2 低温乳液聚合生产丁苯橡胶工艺流程

用计量泵将规定数量的相对分子质量调节剂叔-烷基硫醇与苯乙烯在管路中混合溶解,再在管路中与处理好的丁二烯混合,然后与乳化剂混合液(乳化、去离子水、脱氧剂等)在管路中混合后进入冷却器,冷却至 10℃,再与活化剂溶液(还原剂、螯合剂等)混合,从第一个釜的底部进入聚合系统,氧化剂直接从第一个釜的底部进入,聚合系统由 8～12 台聚合釜组成,采用串联操作方式。当聚合到规定转化率后,在终止釜中加入终止剂终止反应。聚合反应的终点主要根据门尼黏度和单体转化率来控制,转化率是根据取样测定固体含量来计算,门尼黏度是根据产品指标要求实际取样测定来确定。虽然生产中转化率控制在 60% 左右,但当所测定的门尼黏度达到规定指标要求,而转化率未达到要求时,也要加终止剂终止反应,以确保产物门尼黏度合格,从终止釜流出的终止后的胶液进入缓冲罐。

之后经过两个不同真空度的闪蒸器回收未反应的丁二烯。第一个闪蒸器的操作条件是温度为 22℃～28℃,压力为 0.04 MPa,在第一个闪蒸器中蒸出大部分丁二烯;再在第二个闪蒸器中(温度为 27℃,压力为 0.03 MPa)蒸出残存的丁二烯。回收的丁二烯经压输液化,再冷凝除去惰性气体后循环使用。脱除丁二烯的胶乳进入苯乙烯汽提塔(高约 10 m,内有十余块塔盘)上部,塔底用 0.1 MPa 的蒸汽直接加热,塔顶压力为 12.9 kPa,塔顶温度为 50℃,苯乙烯与水蒸气由塔顶出来,经冷凝后,水和苯乙烯分开,苯乙烯循环使用。塔底得到含胶 20% 左右的胶乳,苯乙烯含量小于 0.1%,经减压脱除苯乙烯的塔底胶乳进入混合槽,在此与规定数量的防老剂乳液进行混合,必要时加入充油乳液,经搅拌混合均匀后,进入后处理工段。

混合好的胶乳用泵送到絮凝槽中,加入 24%～26% 的食盐水进行破乳而形成絮状物,然后与 0.5% 的稀硫酸混合后连续流入胶粒化槽,在剧烈搅拌下生成胶粒,溢流到转化槽以完成乳化剂转化为游离酸的过程,操作温度均在 55℃ 左右。

从转化槽中溢流出来的胶粒和清浆液经振动筛进行过滤分离后,湿胶粒进入洗涤槽用清浆液和清水洗涤,操作温度为 40℃～60℃,洗涤后的胶粒再经真空旋转过滤器脱除一部分水分,使胶粒含水量低于 20%,然后进入湿粉碎机粉碎成 5～50 mm 的胶粒,用空气输送器运到干燥箱中进行干燥。

干燥箱为双层履带式,分为若干干燥室分别控制加热温度,最高为 90℃,出口处为 70℃。履带为多孔的不锈钢板制成,为防止胶粒黏结,可以在进料端喷淋硅油溶液,胶粒在上层履带的终端被刮刀刮下落入第二层履带,继续通过干燥室干燥。

▶ 知识点二 溶液聚合生产丁苯橡胶 ◀

溶液聚合生产丁苯橡胶的工艺如下:

从溶剂精制系统来的精溶剂在贮存罐经加料泵以一定温度送至反应区和其他系统。精苯乙烯经苯乙烯加料泵通过精苯乙烯冷却器送至聚合釜。精制丁二烯贮存在丁二烯缓冲罐中,并送往聚合岗位。

助催化剂和无规剂四氢呋喃(THF)以桶装形式进入装置,经桶泵送至 THF 缓冲罐,在 N_2 的压力下(0.15 MPa～0.35 MPa)输送至各加料管内,供各聚合釜使用。抗氧剂二丁基羟基甲苯(BHT)溶液于配料站经真空输送系统输送至BHT配制罐,启动BHT配制罐中的搅拌器,促进BHT固体颗粒在溶剂中溶解,在此期间鼓进N_2进行驱氧(45~55 m^2/h)。搅拌4 h并分析合格后输送至BHT缓冲罐。在N_2的压力下(0.001 MPa~0.003 MPa),BHT溶液被输送至BHT各加料管,在各聚合釜的顶部加入。催化剂由运输罐送来,按照操作步骤进行卸料,用N_2压入催化剂溶液贮罐(0.01 MPa~0.08 MPa)。经泵输送到缓冲罐,再用N_2压至各加料管中,由各聚合釜顶部加入。

聚合反应是间歇反应,每条生产线都有两个带搅拌的聚合釜,用循环水通过反应釜夹套来控制聚合温度为115℃,聚合压力为0.45 MPa。如果釜内出现真空而使外界空气进入反应釜,那么空气中的氧气将会消耗过量的催化剂和使聚合物有杂色。为防止这种情况的发生,通过压力控制加入氮气至反应釜以维持压力为0.01 MPa~0.02 MPa。经聚合制得不同品种、牌号的橡胶胶液。

反应釜胶液用泵输送到闪蒸罐,流率通过压力控制。由于闪蒸罐压力比反应釜低,当胶液进入闪蒸罐后,部分溶剂闪蒸。闪蒸气体经闪蒸罐顶冷凝器冷凝,冷凝液进入闪蒸溶剂回收罐,再用泵将冷凝液送至脱氨床,未冷凝的气体部分送到气体回收系统,部分经自立式调节阀送至火炬,橡胶胶液经后处理工艺加工成型,溶液聚合丁苯橡胶装置流程如图9-3所示。

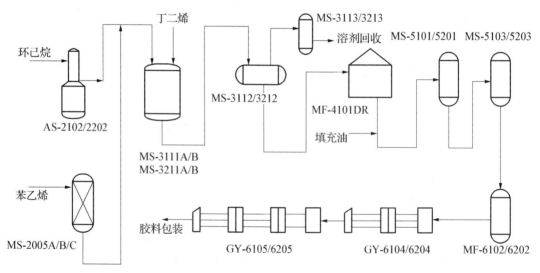

AS-2102/2202—溶剂干燥脱重塔;MS-3111A/B或MS-3211A/B—聚合釜;MS-2005A/B/C—苯乙烯干燥床;MS-3112/3212—聚合釜闪蒸罐;MS-3113/3213—闪蒸溶剂回收罐;MS-5101/5201—第一凝聚釜;MS-5103/5203—第二凝聚釜;MF-4101DR—胶液罐;MF-6102/6202—胶粒水缓冲罐;GY-6105/6205或GY-6104/6204—橡胶颗粒。

图9-3 溶液聚合丁苯橡胶装置流程

▶ 知识点三 溶液聚合与乳液聚合工艺比较 ◀

一、溶液聚合与乳液聚合工艺比较

1. 溶液聚合与乳液聚合生产丁苯橡胶的主要原料都是丁二烯与苯乙烯,若以乳聚丁苯-30与溶聚丁苯-25相比,苯乙烯含量也基本相同。因此,两种方法的原料精制与配制基本相同,但乳聚丁苯橡胶需要近三十种助剂,而溶聚丁苯橡胶除用烷基锂作催化剂外,仅用少数几种助剂。

2. 乳液聚合转化率一般在60%左右,反应周期约为6~7 h。溶液聚合转化率理论上可达100%,反应周期约为乳液聚合的一半。因此同样的聚合生产能力,溶液聚合反应器个数仅为乳液聚合反应器个数的一半左右。

3. 溶液聚合需要大量的溶剂(一般采用环己烷),因而需要增添一些溶剂精制和回收设备,并要消耗一定量的水、电、汽。

4. 溶液聚合排污量少,仅为乳液聚合的1/4~1/3,有利于三废治理和环境保护。

5. 溶液聚合丁苯橡胶可通过控制分子量及其分布、支化度、苯乙烯含量、乙烯基含量及嵌段程度来合成各种产品,生产比较灵活。

6. 溶液聚合丁苯橡胶胶质纯,加工性能好,硫化速度快,可减少疏化剂和促进剂用量。加工溶聚丁苯橡胶省工、省时、节能。

7. 溶液聚合无规丁苯橡胶的分子量分布比乳液聚合丁苯橡胶的要窄,支化度也低,为了减轻生胶的冷流倾向,需在共聚过程中添加二乙烯基苯或四氯化锡作为交联剂,使聚合物的分子间产生少量交联,还可以将分子量不同的共聚物掺混,使分子量分布加宽。

8. 溶液聚合无规丁苯橡胶的耐磨、弯曲、回弹、生热等性能比乳液聚合丁苯橡胶好,挤出后收缩小,在一般场合可以替代乳液丁苯橡胶,特别适宜制浅色或透明制品,也可以制成充油橡胶。目前,国际上正在探索调整大分子链上的乙烯基含量,使溶液法丁苯橡胶既有很好的耐磨性,又有满意的抗滑性,以适用于高速车胎。

二、乳液聚合的优点及缺点

乳液聚合速度快,聚合物分子量高;反应体系黏度小,反应热易导出,反应平稳安全;以水为反应介质,成本低,属于绿色工业范畴;聚合物乳液可以直接使用;生产方式灵活,利于新产品开发。但其也有分离难,难以制备高纯度的聚合物等缺点。

三、溶液聚合的优点与缺点

溶液聚合的优点:(1) 体系黏度低,混合和传热较容易,温度容易控制,可以减弱凝胶效应,避免局部过热;(2) 单体浓度低,聚合速率慢,设备生产能力低。

溶液聚合的缺点:(1) 单体浓度低和向溶剂链转移的双重结果,使聚合物分子量降低;(2) 溶剂分离回收费用高,难以除净聚合物中的残留溶剂,自由基溶液聚合选择溶剂时,需注意溶剂对聚合活性和溶剂对凝胶效应的影响。

任务实施

1. 简述丁苯橡胶的生产方法有哪些。
2. 简述丁苯橡胶各种生产方法的优缺点。

任务评价

1. 知识目标的完成

是否掌握了丁苯橡胶的生产方法与工艺。

2. 能力目标的完成

(1) 是否能够通过查阅文献调研丁苯橡胶生产方法。

(2) 是否能够阐述丁苯橡胶每种方法的优缺点。

自测练习

1. 绘制丁苯橡胶低温乳液聚合工艺流程图。

2. 丁苯橡胶工业生产的方法有哪几种？

3. 简述丁苯橡胶各种生产方法的特点。

4. 聚合方法(过程)中有许多名称,如本体聚合、溶液聚合和乳液聚合,试说明它们相互间的区别和联系。

5. 溶液聚合多用于离子聚合和配位聚合,而较少用于自由基聚合,为什么？

6. 简述传统乳液聚合中单体、乳化剂和引发剂的所在场所。

7. 简述传统乳液聚合中链引发、链增长和链终止的场所和特征。

8. 简述溶液聚合的原理。

9. 简述溶液聚合和乳液聚合的工艺,并比较两种工艺的优缺点。

10. 溶液法生产丁苯橡胶,整个生产工序包括哪些？

11. 简述生产丁苯橡胶所需的原材料及作用。

12. 乳液聚合与溶液聚合的主要配方有哪些？

任务四　丁苯橡胶的生产岗位

任务提出 ▶▶▶▶▶

　　溶液聚合生产丁苯橡胶,包括原料的准备及精制、丁苯橡胶的聚合、溶剂回收精制等流程,那在生产中各个岗位的生产任务是什么呢? 怎么解决丁苯橡胶生产中常见的工艺、设备故障呢?

📖 知识链接

▶ 知识点一　原料的准备、精制岗位 ◀

一、苯乙烯精制岗位概述

　　苯乙烯从苯乙烯贮罐 MS-1003A 经过苯乙烯干燥送料泵 PP-1003A/B 及粗苯乙烯冷却器 TT-2007,一股通过流量控制循环至 MS-1003A,TT-2007 维持进料罐温度在 0~15℃;另一股通过流量控制进入苯乙烯氧化铝床 MS-2005A/B/C。干燥床内装有活性氧化铝。吸附后精苯乙烯水含量应为 18~24 mg/kg,阻聚剂对叔丁基邻苯二酚(TBC)小于 30 mg/kg。精苯乙烯在加入聚合釜之前收集在精苯乙烯加料罐 MS-2006 中。精苯乙烯经苯乙烯加料泵 PP-2006A/B 再通过精苯乙烯冷却器 TT-2020 送至聚合釜。如果聚合釜不进料,则苯乙烯循环回 MS-2006 中,苯乙烯必须循环冷却以防止超温而可产生自聚反应。精苯乙烯冷却器维持苯乙烯温度在 0~8℃。精制后成分见表 9-3。

表 9-3　精制后苯乙烯的规格

项目	控制指标
纯度/%	≥99.7
聚合物/$(mg \cdot kg^{-1})$	≤10
TBC/$(mg \cdot kg^{-1})$	≤30
水分/$(mg \cdot kg^{-1})$	≤24

二、丁二烯精制岗位概述

丁二烯是一种无色气体，微溶于水，室温下带有适度甜感的芳香烃气味。丁二烯在加压下常作为液体处理。1,3-丁二烯是最简单的共轭二烯烃，它本身可在几个不同位置进行反应，如对烯烃体系的1,2-加成反应和对共轭二烯烃体系的1,4-加成反应。生产合成橡胶主要是利用丁二烯的1,4-加成反应。精制后成分见表9-4。

表9-4　精制后丁二烯的规格

项目	控制指标
1,3-丁二烯纯度/%	≥99.3
总炔烃/(mg·kg^{-1})	≤25
TBC/(mg·kg^{-1})	≤20
水分/(mg·kg^{-1})	≤25
二聚物/(mg·kg^{-1})	≤500

▶ 知识点二　丁苯橡胶聚合岗位 ◀

一、聚合反应岗位任务

接收溶剂和单体进聚合釜，将苯乙烯、丁二烯、溶剂、引发剂、活化剂、偶联剂及终止剂按一定的配方及工艺条件在聚合釜中进行间歇聚合反应，制得不同品种、不同牌号的橡胶胶液，经闪蒸罐闪蒸。再按要求加入防老剂和脂肪酸后，送胶罐贮存，供凝聚使用。

二、聚合岗位开车操作

1. 配制助剂（催化剂岗位、偶联剂岗位、BHT岗位、THF岗位），启动反应放空系统，准备投料。

2. 做好批量生产准备，检查配方是否已正确安装完毕、聚合釜是否已空，管网N$_2$压力是否正常；各加料管液位是否在75%～95%、放空阀是否正常开启、收料阀和投料阀是否处于正常关闭的位置；精制合格的溶剂和单体贮罐液位是否正常及各投料用泵是否正常运转。

3. 投料，将溶剂、THF和苯乙烯等料在釜内搅拌作用下混合5 min，投催化剂引发反应，聚合反应温度达到55℃～65℃后。开始丁二烯的投料，聚合反应温度比刚投完料时上升5℃，进行压力监测。

4. 按要求温度加入所需的抗氧剂或偶联剂，使反应终止。启动闪蒸气体回收系统，准备接收溶剂。

5. 聚合釜出料，确保聚合釜、出料泵、过滤器、闪蒸罐，以及出料泵循环管线的流程均已打通，出料泵已选好，接收胶液。

三、聚合岗位停车操作

1. 与前后各岗位(如精制岗、凝聚岗等)相互联系,做好停车准备。

2. 各助剂按原料量配制,到助剂用完为止。停丁二烯、苯乙烯,关闭调节阀的前后阀门。程序完结并挂起。

3. 长期停车时,釜、闪蒸罐内胶液必须处理干净,管线、设备吹扫干净,不需清理时,应以 40％以上的溶剂泡在釜、罐内。

4. 将所有机泵,搅拌等置于"关"和"锁停"位置,是否关闭各种物料罐出料阀门要视具体情况而定。当管线与罐相连,而且管线内物料受热易挥发时,不应关闭管线与罐相连的阀门,从而避免管线内压力升高导致物料泄漏的情况出现。

5. 通知有关单位,切断电源,停仪表风、冷却水等。需要清理的罐、釜等应加盲板与系统隔离。

▶ 知识点三　溶剂回收精制岗位 ◀

溶剂名称为环己烷,分子式为 C_6H_{12},相对分子质量为 84.18,经过精制溶剂规格见表 9-5。

表 9-5　精制后环己烷的规格

项目	控制指标
水含量/(mg·kg^{-1})	8～15
含低 THF 溶剂中的 THF 含量/(mg·kg^{-1})	50～100
含高 THF 溶剂中的 THF 含量/(mg·kg^{-1})	1 800～4 500
氯含量/(mg·kg^{-1})	<10

一、溶剂系统开车

1. 粗溶剂贮罐

(1) 粗溶剂贮罐液面必须维持在 15％以上。

(2) 打开粗溶剂分配总管上通环支管上的阀门。确认泵循环管线是通的,启动泵打循环。

2. 溶剂精馏塔

(1) 打通以下流程:粗溶剂泵进料的流程,新鲜溶制进料和间流去 TT-219 预热器的流程。

(2) 分别打通溶剂侧线采出泵、塔底泵与粗溶剂贮罐之间的返料流程。

(3) 切断所有的控制回路。

(4) 通过系统各调节阀手动将塔泄压。一般将主塔压力泄至 0.02 MPa～0.04 MPa,

尽量减少系统中的不凝气体含量。

（5）开启塔顶回流罐 MS-21068 压力控制器 PC-2145 和侧线采出罐 MS-2107 的压力控制器 PC-2170,设定在 0.07 MPa。

（6）打开 UV-2142 阀,以低流速(3～5 m³/h)开始向精馏塔进料。

（7）当塔釜液位达 30% 时,开启液位/流量控制器(LC-2121/FC-2130),开始给再沸器 TT-2108 升温,升温不要太快,每小时升温约 80～100℃。

（8）当塔顶冷凝器 TT-2111 入口压力开始上升,开启塔顶流量控制器 FC-2140,设定在 300～500 m³/h。开启塔顶压力控制器 PC-2140,设定在 0.11 MPa。

（9）当塔顶回流罐 MS-2108 液位达到 30%,开启溶剂循环。

（10）要确保回流罐不出现负压。

（11）为了加快控制速度,可以关闭 UV-2142 进行全回流操作。

（12）此时塔釜液位逐渐上升,为了避免塔釜液位波动,开启侧线采出罐压力控制器 PC-2121,设定在 0.13 MPa。维持塔侧线压力和塔顶压力同步变化。

（13）继续维持这些设定值,直到操作稳定,待溶剂采出罐 MS-2107 液位达到 30% 时,开启侧线采出泵 PP-2108A/B,全循环入采出罐。

（14）开启侧线采出罐在线水值分析仪 AI-2402B。

（15）在侧线采出罐液位升到设定值 60% 时,开启其液位控制器 LC-2171。

（16）缓慢增加粗溶剂进料至 20～25 m³/h,开始正常生产,在进料改变期间,注意监测塔操作,继续维持工艺参数,保证操作稳定。

（17）当侧线在线水值 AI-2402B 低于 5 mg/kg,中部分析低于 15 mg/kg,将溶剂送入精溶剂罐 MS-2101,同时关闭到粗溶剂罐流程。根据生产要求,溶剂中 THF 含量情况,决定是否将硅胶床投入使用。

（18）在塔开始回流后,为稳定塔釜液位,可开启塔底泵 PD-2107A/B,或不开泵利用塔和贮罐的压力差,将物料返回粗溶剂贮罐 MS-1101。

3. 重组分脱除塔

（1）打通重组分脱除塔 AS-2103R 顶到回流罐 MS-2110R 流程,打通塔顶冷凝器 TT-2113R 循环水流程。

（2）AS-2102 运行稳定后,改通 PD-2107A/B 到重组分脱除塔 AS-2103R 流程,同时改变到粗溶剂罐流程。进料流量控制在 0.5～3.5 m³/h。

（3）当塔釜液位到 30% 时,投用 FV-3130R 通中压蒸汽到再沸器 TT-2112R 给塔釜升温。

（4）当回流罐液位到 30% 后,启动回流泵 PP-2113AR/BR,一部分返回 AS-2103R,另一部分送到粗溶剂罐。可以通过调节阀 FV-3154R 调节溶剂返回塔的流量,送到粗溶剂罐的流量由现场手阀控制。

（5）在塔的中部设补氮管线,手动补氮以保证塔在正压下运行。塔内多余的不凝气由回流罐放空阀放空到火炬,同时由该阀控制系统压力在 0.01 MPa～0.03 MPa。

（6）塔在运行过程中塔釜重组分不断积累,当塔釜 LT-3121R 温度超过 115℃ 时,由塔底泵 PD - 2108AR/BR 送残液到贮运车间;贮运车间残液罐满罐无法接收时,将残液送到 MS - 2010 罐。

二、溶剂系统停车

1. 逐渐降低塔进料量,同时分别通过关小 PV - 2901 和 FV - 2130 降低蒸汽流量,避免 PV - 2901 压力突升导致安全阀起跳,必要时可以关小 PV - 2901 前后手阀。

2. 关 UV - 2142,停塔进料。

3. 关再沸器蒸汽阀 FV - 2130 及其前后手阀。

4. 关闭塔侧线采出压力调节阀 PV - 2121。用 PP - 2108A/B 泵把侧线采出罐 MS - 2107 中的物料送去正在运行的精溶剂贮罐 MS - 2101;尽可能倒空侧线采出罐,然后停泵 PP - 2108A/B。

5. 维持塔顶上升蒸汽阀门 FV - 2155 开度和回流罐回流,利用回流溶剂降低塔温度。

6. 按重组分脱除塔正常进料量,将塔釜溶剂用塔底泵 PD - 2107A/B 送往重组分脱除塔,倒空 AS - 2102 塔釜后停泵。

7. 切断精馏塔进出物料管线及所有的控制回路,停 PP - 1109A/B。

8. 注意塔压,必要时补 N_2,使塔维持在正压。

9. AS - 2102 塔釜倒空后,AS - 2103R 停车:关塔釜蒸汽阀 FV - 3130R,回流 MS - 2110R 内溶剂全回流进塔;塔内溶剂用 PD - 2108AR/BR 送到 MS - 2010 或贮运车间。切断塔进出物料管线及所有的控制回路。

任务实施

1. 简述 SSBR 生产岗位的开车工作。
2. 简述 SSBR 生产岗位的停车操作。

任务评价

1. 知识目标的完成
(1) 是否掌握了 SSBR 生产岗位的开车前准备工作。
(2) 是否掌握了 SSBR 生产岗位的开、停车操作。
2. 能力目标的完成
(1) 是否能够通过查阅文献调研各种化工设备、仪表等的使用方法。
(2) 是否能够处理生产中遇到的简单故障。

自测练习

1. 试总结丁二烯和苯乙烯精制岗位不正常现象的处理方法。
2. 丁苯橡胶聚合岗位的生产操作要注意哪些要点?
3. 溶液法生产丁苯橡胶,对生产操作要注意哪些要点?
4. 如何防止丁苯橡胶变质?
5. 乳液聚合与溶液聚合的工艺条件有何要求?

6. 如何处理溶剂系统岗位原料中断?

7. 干燥岗位突然停电的处理方法有哪些?

8. 如何才能使橡胶从乳胶中混聚出来?

9. 简述丁苯橡胶聚合岗位的任务。

10. 简述苯乙烯和丁二烯精制后的规格。

项目十
有机硅树脂的生产

任务一 认识有机硅树脂

任务提出 »»»»

　　有机硅化合物是有机硅树脂的基础结构。什么是有机硅化合物？有机硅树脂有哪些结构,各个结构有哪些特点？不同的结构对有机硅树脂的性能有何影响？有机硅树脂应用在生活中的哪些地方？

 **知识链接**

知识点一　有机硅树脂

　　有机硅化合物是指含有 Si—C 键的化合物,广义上还包括通过氧、硫、氮等元素将有机基团与硅原子相连的化合物。此类化合物结合了有机和无机的特性,通常表现出优异的耐热性、化学稳定性及良好的电气绝缘性,广泛应用于许多工业领域。

　　有机硅树脂,也称为聚有机硅氧烷,是一种高分子化合物,具有以 Si—O—Si 为主链,或在硅原子上连接至少一个有机基团的结构。其通式一般为 R_2SiO_2。

　　有机硅树脂的结构特点之一是其具有高度交联的网状结构,主要通过 Si—O 键形成三维网状结构,具有较强的化学稳定性和较高的耐高温性。由于在分子结构中包含多个有机基团,使得这些树脂兼具有机物的柔韧性与无机物的耐热性,因此它们在涂料、黏合剂、密封剂等工业应用中表现出了独特的优势。

知识点二　有机硅树脂的结构

　　有机硅树脂的骨架是与石英相同的硅氧烷键(—Si—O—Si—)构成的一种无机聚合物,具有耐热性、耐燃性、电绝缘性、耐候性等特点。由于石英不易加工成型,完全不含有加热软化的可塑性因素,并且完全达到了三元结构的极限,因此它具有极高的熔点。硅树脂由于在硅氧烷键的 Si 的原子上结合了 CH_3 和 C_6H_5,以及 OCH_3、OC_2H_5、OC_3H_7 等有机基团,而且以直链状的二元结构置换部分三元结构,因而易加热流动,易溶于有机溶剂,对基材具有亲和性,使用方便。无官能基团的 R_4Si 不能作为高分子的结构单元(表 10-1)。

表 10 - 1 硅树脂的基本结构单元

结构	表示式	官能度	R/Si 比	标记
R $\|$ $R—Si—O$ $\|$ R	$R_3SiO_{1/2}$	1	3	M
R $\|$ $O—Si—O$ $\|$ R	R_2SiO	2	2	D
R $\|$ $O—Si—O$ $\|$ O	$RSiO_{3/2}$	3	1	T
O $\|$ $O—Si—O$ $\|$ O	SiO_2	4	0	Q

　　仅由 Q 单元构成的聚合物,通常作为硅树脂的一个结构单元使用。M 单元可称为链中止剂,具有调节分子量大小的调节剂作用。D 单元构成的则是硅油以及橡胶等聚合物。

　　MQ 硅树脂指由单官能链节(即 M)与四官能链节(即 Q)构成的硅树脂;MDQ 硅树脂指由单官能链节、双官能链节和四官能链节构成的硅树脂。

　　由此可见,不同硅氧烷单元能够自结合和相互结合,组成多种多样的有机硅化合物。

　　聚有机硅氧烷属于有机硅化合物这一类别,特点是分子中至少有一个直接的 Si—C 键。硅的其他种类有机化合物,如硅酸脂、异氰酸硅烷、异氰酸基硅烷、异硫氰酸基硅烷、酰氧基硅烷等,都不包含直接的 Si—C 键,其中的碳只经过氧连接硅。

表 10 - 2 硅的有机化合物的族系

有机(基)硅化物 (含 Si—C 键)		有机氧基硅化物 (无 Si—C 键)		其他硅的有机化合物 (无 Si—C 键)
单体	聚合物	单体	聚合物	
有机硅烷 有机卤硅烷 有机烷基硅烷	聚有机硅烷 聚有机硅氧烷 聚有机硅氮烷 聚有机硅硫烷	有机氧基硅烷 (原硅酸脂)	聚有机氧基硅氧烷 (聚硅酸脂)	酰氧基硅烷 异氰酸基硅烷 异硫氰酸基硅烷

▶ 知识点三　有机硅树脂的分类 ◀

一、按主链结构来划分

按硅树脂中分子链组成可分为纯硅树脂和改性有机硅树脂。

1. 纯硅树脂

纯硅树脂为典型的聚硅氧烷结构,其侧基为 H 或有机基团,根据硅原子上所连的有机取代基的种类不同,纯硅树脂可以细分为甲基硅树脂、苯基硅树脂、甲基苯基硅树脂、MQ 硅树脂、乙烯基硅树脂、加成型硅树脂等。

2. 改性有机硅树脂

在硅树脂分子的侧基引入碳官能基,或用有机聚合物对其改性,可得到改性有机硅树脂。改性硅树脂是杂化热固性等有机树脂的聚硅氧烷或是使用其他硅氧烷及碳官能硅烷改性的聚硅氧烷,如有机硅醇酸树脂漆、有机硅聚酯漆、有机硅丙烯酸漆、有机硅环氧漆、有机硅聚氨酯漆。

纯硅树脂的固化物在高温下具有抗分解变色及碳化的能力,与有机树脂相比,对金属、塑料、橡胶等基材的黏结力差。然而有机树脂在耐热、耐候方面则不如有机硅树脂。为发挥有机硅树脂和有机树脂两者的优良性能,弥补各自性能缺陷,研究开发了有机树脂改性硅树脂。

二、按交联固化反应机理划分

按交联固化方式的不同,硅树脂分为缩合型硅树脂、过氧化物固化型硅树脂、铂催化加成型硅树脂。缩合固化、过氧化物固化及铂催化加成固化是目前工业化生产的硅树脂的主要固化机理。

1. 缩合型

缩合反应是最普通的固化反应机理。目前多使用脱水反应或脱乙醇反应聚合交联而成网状结构,特殊的还有脱氧反应,这是硅树脂固化所采取的主要方式。缩合反应形成的新硅氧烷键仍能发挥硅树脂的耐热性好、强度高、黏结性好、成本低的优势,但固化时当副产品的低分子气体放出时会使固化树脂层形成气泡、孔隙且有机溶剂会挥发污染环境。此外,缩合型硅树脂官能团计量难以控制,储存稳定性差,回黏、难干燥,因此常作为表面涂料、线圈浸渍漆、层压板、憎水剂、胶黏剂等使用。

2. 过氧化物固化型

采用含双键的有机硅聚合物,利用过氧化物为固化引发剂,是使有机硅聚合物固化的另一种途径。所使用的过氧化物的分解温度决定树脂的固化温度,这种类型的硅树脂可用于线圈浸渍漆、胶黏剂、层压板等。

3. 铂催化加成型

铂催化加成型硅树脂的固化机理是通过含 Si—Vi 键的硅氧烷与含 Si—H 键的硅氧烷在铂催化剂的作用下发生氢硅化加成反应交联,从而达到固化。铂催化加成型有机硅树脂以液态的形式存在,不使用任何有机溶剂溶解,所以具有不含有机溶剂、无低分子物脱出、不副产气体、固化条件温和、固化成膜时不产生气泡和砂眼、不影响电气性能、无污染和收缩率大等优点,因此可得到尺寸精准且从软到硬的优质固化物,而且内部变形小并具有优良的内干性、导热性、耐电晕性及耐热冲击性等。相对于缩合反应,其合成工艺较复杂，成本也相对较高。通常需要基础树脂、交联剂、活性稀释剂、铂配合物催化剂及抑制剂。铂催化加成型硅树脂主要用于套管、线圈浸渍漆、层压板等。

三、按固化条件划分

硅树脂根据发现固化反应的条件不同可区分为以下几类(表10-3)。

表 10-3　硅树脂的固化反应条件分类

分类	优点	缺点	应用
加热固化	黏结性、电气特性好	需增加设备费用，不适用于电子元器件	耐热涂料、层压板、黏合剂、套管、线圈浸渍
常温干燥	不需加热设备，适用于电子元器件	固化不完全	电气电子元器件涂料、设备用涂料
常温固化	不需加热设备固化	需密闭保管	电气电子元器件涂料
光固化	固化迅速，不需溶剂	黏结性差	电子元器件封装、精密仪器封装

加热固化是最普通的方法。加热固化反应可降低未固化树脂的熔融黏度，灌封基材表面的微细孔隙，提高同基材的粘合力，清除会引起热软化和电气特性的低分子挥发物质等，能制得性能稳定的固化树脂。此外，由于涂布基材种类太多，部分基材不堪高温加热处理。

常温干燥只是挥发涂层表面的溶剂，形成不剥落的涂膜。由于没有进行真正的固化反应，将涂膜加热、浸于沸水、接触溶剂等会使涂膜溶解或剥落而失去其原来的作用。常温干燥主要用于电子元器件的防潮涂层或建筑材料的防水处理等。

常温固化分两种类型，一是使用前加入固化剂，使之在常温下缓慢地进行固化反应；二是内含固化促进剂，利用空气中的水分、氧以及二氧化碳使之进行固化反应的单组分类型。与加热固化反应相比，常温固化反应时间较长，但不需要加热设备。与常温干燥反应相比，可以得到优良的涂膜，但须密闭保管、防潮。

光固化是用紫外线、电子束照射固化。其最大的优点是固化快，固化时间以秒和分钟计算。由于固化速率快，如果涂抹过硬会产生固化变形，造成黏结不良和开裂。因此，涂膜需是柔软结构。

四、按产品形态划分

1. 溶剂型硅树脂

溶剂型硅树脂是将硅树脂溶于甲苯和二甲苯等溶剂中形成，其黏度低，在一般涂覆及浸渍时作业性良好。稀释时可以自由调节其黏度和浓度，可较容易地混合和分散填充剂和颜料等粉末，是涂料基本的形态。如果树脂层过厚会发泡，或污染作业环境，或有着火爆炸的危险，因此，必须注意作业场地的通风。溶剂型硅树脂现用作涂料与浸渍漆。

2. 无溶剂漆

在常温下为固态的硅树脂称为固态树脂，常温下为液态的硅树脂称为无溶剂漆。无溶剂漆不会污染作业环境,没有发泡问题,但由于其黏度为溶液型漆的 10 倍,因此作业条件受到一定限制,现被用作线圈浸渍、壳体漆和电气零件端部的封闭剂。

3. 固态树脂

固态树脂是软化点为 60℃～80℃的透明脆性固体,被用作粉末涂料的基料、成型材料改性剂、成型材料基体树脂等。

4. 乳液型、溶液型的水溶性漆

乳液型、溶液型的水溶性漆使用安全但能源耗资大,涂膜的耐水性、耐热性方面存在问题,现用作涂料、憎水剂等。

知识点四　有机硅树脂的性能

缩合型硅树脂多由 $MeSiX_3$、Me_2SiX_2、$MePhSiX_2$、$PhSiX_2$、$PhSiX_2$ 及 SiX_4（X 为 Cl、OMe、OEt）水解缩合及稠化而得,其中三官能单体或四官能单体是不可缺少的部分。适当的 R/Si 及苯基含量需根据树脂的用途决定,即依据性能及用途确定单体及其搭配。不同单体对硅树脂最终产品性能的影响见表 10 - 4。

表 10 - 4　不同单体对硅树脂最终产品性能的影响

性能	$SiCl_4$	CH_3SiCl_3	$C_6H_5SiCl_3$	$(CH_3)_2SiCl_2$	$(C_6H_5)_2SiCl_2$	$CH_3(C_6H_5)SiCl_2$
硬度	增加	增加	增加	下降	下降	下降
脆性	增加	增加	显著增加	下降	下降	下降
刚性	增加	增加	增加	下降	下降	下降
韧性	增加	增加	增加	下降	下降	下降
固化速率	更快	更快	略快	较慢	更慢	较慢
黏性	增加	下降	略下降	增加	增加	增加

甲基苯基硅树脂的性能主要取决于硅原子上所连的有机基数与硅原子个数的比（R/Si,R＝Me,Ph）以及甲基与苯基的比（Me/Ph）,这是控制硅树脂质量的主要指标之一,有机硅树脂的干燥性、漆膜硬度、柔软性、热失重及耐热开裂性等均与 R/Si 有关。例如,当 R/Si＝1 时,代表平均每个硅原子上只连接一个有机基团,是由三官能的有机硅单体水解缩合反应而成;R/Si＝2 时,表示平均每个硅原子连接两个有机基团,是由二官能的有机硅单体水解缩合而成。R/Si 比值对硅树脂性能的影响及各类硅树脂产品适宜的 R/Si 比值范围见表 10 - 5。

表 10 - 5　R/Si 比值对硅树脂性能的影响及各类硅树脂产品适宜的 R/Si 比值范围

性能与产品	R/Si								
	1.0	1.1	1.2	1.3	1.4	1.5	1.6	1.7	1.8
	性能								
干燥性	快 ◄──────────────────────────────► 慢								

性能与产品	R/Si								
	1.0	1.1	1.2	1.3	1.4	1.5	1.6	1.7	1.8
硬度	硬←————————————————————→软								
柔软性	差←————————————————————→良								
热失重	少←————————————————————→多								
热开裂性	差←——————————→良　←——————————→稍差								
产品									
层压板用	1.2~1.5								
云母黏结用	1.1~1.4								
线圈浸渍用	1.3~1.6								
漆布用	1.4~1.7								

此外,硅树脂中硅原子上的有机基 R 的种类、有机基团中甲基与苯基基团的比例对硅树脂的性能也有影响,不同的有机基将赋予硅树脂不同的性能:

(1) 有机基为甲基时,赋予硅树脂热稳定性、脱模性、憎水性、耐电弧性。

(2) 有机基为苯基时,赋予硅树脂氧化稳定性。

(3) 有机基为乙烯基时,赋予硅树脂偶联性,并改善硅树脂的固化特性。

(4) 有机基为四氧苯基时,改善聚合物的润滑性。

(5) 有机基为苯基乙基时,改善硅树脂与有机物的共混性。

(6) 有机基为氨丙基时,赋予硅树脂偶联性,并改进聚合物的水溶性。

(7) 有机基为戊基时,提高硅树脂的憎水性。

一、耐热性、耐寒性

1. 分子结构特点决定硅树脂高耐热性

硅树脂是热固性树脂,在高温下热氧化作用时仅仅发生侧链有机基团的断裂分解而溢出其氧化物,其主链的硅氧键很少破坏,所以有较高的热稳定性。

硅树脂的大分子链由—Si—O—Si—键构成,而硅氧键(Si—O)有较高的键能,故具有优异的热氧化稳定性和耐热性,且耐热性远优于一般有机树脂;由于有机硅的硅原子上连接着有机基团,其热稳定性比石英等无机物差。

有机硅高分子中硅原子和氧原子形成 d-pπ 键,增加了高分子的稳定性及其键能,也增加了其热稳定性;普通有机高分子的 C—C 主链受热氧化,易断裂成低分子结构,但有机硅高分子中硅原子上连接的烃基受热氧化后,生成的是高度交联更加稳定的 Si—O—Si 键,防止其主链断裂降解。

受热氧化时,有机硅高分子表面生成了富含 Si—O—Si 链的稳定保护层,减轻了对高分子内部的影响,因此硅树脂具有较高的热分解温度。在 200℃~250℃下长期使用,不分解、变色;常温放置稳定,因此有机硅高聚合物具有特殊的热稳定性。

2. 分子中不同侧基对耐热性的影响

主链的 Si 原子上连接的侧基不同,键能大小不同。不同的取代基在 250℃下的半衰期差别较大。键能高、半衰期长、抗热性高是在设计有机硅树脂分子结构时需要考虑的指标。

二、电性能(电绝缘性)

硅树脂有优异的电绝缘性能。在常态下硅树脂漆膜的电气性能与电气性能优良的有机树脂相近,但在高温及潮湿状态下,硅树脂的电气性能远优于有机树脂。由于硅树脂大分子的主链外层有一层非极性的有机基团,且大分子链具有分子对称性,所以具有优良的电绝缘性能。

硅树脂不仅绝缘电阻高,在击穿强度与耐高压电弧、电火花方面也表现出优异的性能。与通常有机聚合物不同,在受电弧及电火花的作用时,硅树脂即使裂解除去有机基团,但表面剩下的二氧化硅同样具有良好的介电性能。

三、耐候性

硅树脂具有突出的耐候性。这是由于硅树脂的主链没有双键存在,因此不易被紫外光和臭氧分解,并且 Si—O 键的链长约为 C—C 键链长的 1.5 倍。长链长使得硅树脂具有比其他高分子材料更好的热稳定性、耐辐照和耐候能力。

有机树脂改性硅树脂的耐候性虽然不及纯硅树脂,但在有机树脂中适当添加一些类型的硅树脂,便可显著提高其耐候性。改性硅树脂的耐候性随硅氧烷含量的增加而增加。

四、相容性与防黏性

有机硅的主链十分柔顺,这种优异的柔顺性起因于基本的几何分子构形。由于其分子间的作用力比烃类化合物要弱得多,因此比同分子量的烃类化合物黏度低、表面张力弱、表面能小、成膜能力强。具有优良的防黏性和脱模性,可作为耐高温、耐久性脱模剂使用。这种低表面张力和低表面能应用的主要方面有疏水、消泡、泡沫稳定、防黏、润滑和上光等。硅树脂与其他有机材料的相容性差,难以与其他有机树脂混合。

五、机械强度——力学性能

由于有机硅聚合物的分子结构及分子间作用力小,有效交联密度低,因此硅树脂一般的机械强度较弱,但作为电绝缘漆、涂料以及黏合剂使用的硅树脂,对力学性能的要求着重于柔韧性、热塑性以及粘接性等方面。硅树脂薄膜的硬度和柔韧性可以通过改变树脂结构以适应使用的要求。比如,提高硅树脂的交联度,可以得到高硬度和低弹性的漆膜。即交联密度愈大时,可以得到高硬度和低弹性的漆膜;反之,减少交联度则能得到柔韧性高的薄膜。

六、耐化学试剂性

含有活性基团（OH、OMe、OEt、Vi、H）的硅树脂预聚物，在加热或催化剂作用下，可与含有活性基团有机物发生缩合、加成或聚合反应。完全固化的树脂对化学药品具有一定的抵抗能力，但耐某些溶剂欠佳。

用有机树脂改性有机硅可以提高其耐化学药品性，其耐化学试剂性优于有机树脂。如以丙烯酸、环氧、聚氨酯改性硅树脂加入钛白粉配成的白色涂料具有较好的耐化学药品性。

七、憎水性

硅树脂本身对水的溶解度小又难吸收水分，当与水接触时，其对水的接触角与石蜡相近，具有优异的憎水性，是很好的防水材料。因此，在潮湿环境下有机硅树脂玻璃纤维复合材料仍能保持优良的性能。

八、透湿性

改性硅树脂的憎水性及透湿性介于硅树脂与有机树脂之间。表 10-6 为硅树脂浸渍漆、醇酸改性硅树脂及油改性酚醛漆在 21℃下的透湿性比较。

表 10-6　不用树脂漆的透湿性比较

漆的种类	硅树脂浸渍漆	醇酸改性硅树脂	油改性酚醛漆
透湿率/$[g \cdot (cm \cdot h \cdot Pa)^{-1}]$	7.05×10^{-4}	3.75×10^{-4}	2.10×10^{-4}

九、耐辐射性

有机硅涂料有较好的耐辐射性，因此常用于核工业中。它的耐辐射性能随硅原子上的取代基而异，如苯基的有机硅比甲基、乙基的有机硅有更大的耐辐射性能。

有机硅树脂涂层硬度、耐密性不高，在室温下辐照（50 mGy）硬度和耐磨性有较大提高。

▶ 知识点五　有机硅树脂的应用 ◀

一、有机硅绝缘漆

有机硅绝缘漆可用于线圈、仪表板、绝缘板、雷达天线罩、变压器套管、室外建筑墙体等浸渍漆。通常有机硅浸渍漆一般要求加热至 150℃～250℃，必须长时间（10～15 h）才能完全固化，为了降低有机硅浸渍漆的固化温度而研发了有机硅浸渍漆。

二、有机硅涂料

有机硅涂料用于电阻、电容器、半导体元件等表面，具有高介电性能、耐潮湿、耐热、绝缘、耐温度交变、漆膜机械强度高附着力好、耐摩擦、绝缘电阻稳定等优点。

三、有机硅胶黏剂

有机硅树脂胶黏剂用作火箭、导弹中的耐高低温器件的粘接;原子能工业和高能物理的仪器设备,电子工业、电机、电器器件的粘接。

四、有机硅塑料

有机硅塑料用于制作线圈架、接线板、特种开关、仪器仪表壳体等耐热绝缘零部件,广泛用于宇航、飞机制造工业、无线电、电工等。

五、有机硅改性密封胶

有机硅改性密封胶用于填充一层或多层同种材料或异种材料间的接缝、缝隙和孔空。

六、有机硅树脂石材防护剂

有机硅树脂有良好的粘接性、透明性、疏水性、耐候性、密封性;耐高温低温强等特点,可用于天然石材的表面防护处理。既可弥补石材的原生缺陷,又可防止外生污染。

任务实施

1. 简述有机硅树脂的结构和分类。
2. 简述有机硅树脂的特性。

任务评价

1. 知识目标的完成
是否掌握了有机硅树脂的结构、分类及特性。
2. 能力目标的完成
是否能够辨识生活中常见物品是有机硅树脂。

自测练习

1. 什么是有机硅化合物。
2. 画出有机硅树脂的结构。
3. 简述有机硅树脂的分类。
4. 简述结构对性能的影响。
5. 简述有机硅树脂的应用。

任务二 有机硅树脂的聚合机理

任务提出 ▶▶▶▶▶

　　有机硅树脂由单体的有机硅化合物聚合而成,有机硅树脂的聚合机理有哪些?单体的有机硅化合物的合成是通过什么反应进行的? 各种合成方法有什么特点? 每种合成方法的影响因素有哪些?

知识链接

▶ 知识点一　有机硅树脂的单体及性质 ◀

　　有机硅单体是制备硅树脂的原料,可由几种基本单体生产出千种有机硅产品,如图 10-1。

　　按照官能团种类的不同,硅树脂的合成单体可分为有机氯硅烷单体、有机烷氧基硅烷单体、有机酰氧基硅烷单体、有机硅醇、含有机官能团的有机硅单体等。

　　有机硅聚合物单体的通式为 $R_n SiX_{4-n}$,R 为有机基团,X 为卤素或 OR。这些单体经水解成为 $R_n Si(OH)_{4-n}$,再进一步缩合构成有机硅聚合物。

图 10-1　有机硅产品

　　在一类工业中有机氯硅烷单体是最重要的氯硅烷,其通式为 $R_n SiCl_{4-n}(n=1\sim3)$,主要有一甲基三氯硅烷、二甲基二氯硅烷、一甲基二氯硅烷、二甲基氯硅烷、四氯硅烷、三甲基一氯硅烷、一苯基三氯硅烷、二苯基二氯硅烷、甲基苯基二氯硅烷等。它们经水解后成为不稳定的一元、二元、三元硅醇,硅醇之间脱水缩聚制成不同的有机硅树脂。

　　大多数甲基(苯基)氯硅烷均为刺激性无色液体。单体与空气中水分接触,极易发生水解,放出氯化氢,故有强烈气味;与人体皮肤接触有腐蚀性。

　　大部分甲基(苯基)氯硅烷的相对密度均大于1,但其相对密度随氯原子数目及有机基团的分子量大小而变化。

　　所有甲基(苯基)氯硅烷均易溶于芳香烃、卤代烃、醚类、酯类等溶剂中。

　　有机硅单体的化学性质:有机氯硅烷分子中含有极性较强的 Si—C 键,活性较强,能发生下列化学反应。

1. 水解反应

有机氯硅烷与水能发生水解反应,生成硅醇并产生氯化氢气体。

$$R_3SiCl + H_2O \longrightarrow R_3SiOH + HCl$$
$$R_2SiCl_2 + 2H_2O \longrightarrow R_2Si(OH)_2 + 2HCl$$
$$RSiCl_3 + 3H_2O \longrightarrow RSi(OH)_3 + 3HCl$$

中间阶段的硅醇不稳定,在酸或碱的催化作用下,易脱水缩聚,生成 Si—O—Si 为主链的有机硅低聚物。

2. 与醇类反应

有机氯硅烷与醇类反应生成甲基烷氧基硅烷或苯基氧基硅烷:

$$RSiCl_3 + 3R'OH \longrightarrow RSi(OR')_3 + 3HCl\uparrow$$

3. 酰氧基反应

$$RSiCl_3 + 3(CH_3CO)_2O \longrightarrow RSi(CH_3COOH)_3 + 3CH_2COCl$$

4. 与氨反应

$$2(CH_3)_3SiCl + 3NH_3 \longrightarrow (CH_3)_3Si—NH—Si(CH_3)_3 + 2NH_3Cl$$

▶ 知识点二　有机硅单体的合成方法 ◀

一般常用的有机硅单体是甲基氯硅烷和苯基氯硅烷。制备有机硅单体有下列几种方法。

一、有机金属合成法

1. 格氏试剂法

格氏试剂法是以金属或金属有机化合物为传递有机基团的媒介,使有机基团与硅化合物中的原子连接而生成有机硅化合物的方法,即卤硅烷与卤代烃反应从而生成有机卤硅烷。

$$—SiCl + RMgX \longrightarrow —SiR + MgXCl$$
$$RX + Mg \longrightarrow RMgX$$

RMgX 为格氏试剂;R 表示烷基或苯基;X 表示 Cl 或 Br。

所得到的产物为混合产物,但通过调节格氏试剂的用量,可使其中一种烃基氯硅烷成为主要产物。这些反应可进行 1～4 次,并且有机基团的种类可以不同,用这个方法可合成众多有机氯硅烷,如生成甲基硅单体:

$$CH_3Cl + Mg \longrightarrow CH_3MgCl$$
$$CH_3MgCl + SiCl_4 \longrightarrow CH_3SiCl_3 + MgCl_2$$

$$CH_3MgCl + CH_3SiCl_3 \longrightarrow (CH_3)_2SiCl_2 + MgCl_2$$
$$CH_3MgCl + (CH_3)_2SiCl_2 \longrightarrow (CH_3)_3SiCl + MgCl_2$$
$$CH_3MgCl(过量) + (CH_3)_3SiCl \longrightarrow (CH_3)_4Si + MgCl_2$$

反应不会只形成单独的一种取代物,总是伴有较高或较低程度的有机硅,最终产物为各组分的混合单体。

2. Wurtz-Fittig 法(武尔茨-菲蒂希法)

通过金属钠与卤代烃或烷氧基硅烷的缩合,使有机基团与硅化合物中的硅原子连接,生成有机硅化合物,此方法又称钠缩合法。

$$—Si—X + RX + Na \rightarrow —Si—R + NaX$$
$$—Si—OR· + RX + 2Na \rightarrow —Si—R + NaX + NaOR·$$

这种反应适于合成四烃基硅烷,特别是四芳基硅烷,不适用于制备部分取代的烃基硅烷。同时,常用的溶剂有甲苯、二甲苯、十氢化萘等。

硅原子上的烷氧基也可以进行武尔茨反应,但是反应活性比卤素小,同时含有烷氧基和卤素的硅化合物可以使卤素起武尔茨反应而保留烷氧基官能团。

3. 有机锂法

有机锂法的一般产物比较单纯,易于分离且能引入多种类型的有机基团,但需要大量溶剂,相比之下较不安全,现在主要用于实验室中合成。有机锂比格氏试剂更为活泼,更容易与 Si—X,Si—OR 和 Si—H 键反应,可比较容易和方便地合成四取代硅烷。

$$—Si—H + RLi \rightarrow —Si—R + LiH$$
$$—Si—OR· + RLi \rightarrow —Si—R + LiOR·$$

同样,也可以用有机锂试剂来合成部分取代或混合烃基的有机硅化物。

二、直接合成法

1. 直接合成法合成甲基氯硅烷

在高温下,使用催化剂(铜)将有机卤化物与元素硅或者硅铜合金直接反应,可生成有机氯硅烷混合物。目前工业生产中的甲基氯硅烷都是通过直接合成法合成。

$$CH_3Cl + Si \xrightarrow{300℃,Cu} (CH_3)_nSiCl_{4-n}(n = 1,2,3)$$

实际合成过程较为复杂,反应过程中还可能发生热分解、歧化及氯硅烷水解等反应,致使反应产物变得极为复杂,甲基氯硅烷产物可多达 41 种。

通过选用高性能的触体、合理结构的反应器及适用的工艺调节均可以提高直接法的技术经济指标。此法具有原料易得、工序简单、不用溶剂、时空产率高,且易于实现连续化大生产等特点,成了工业上生产有机卤硅烷的主要方法。

2. 直接合成法合成苯基氯硅烷

苯基氯硅烷的直接合成法与甲基氯硅烷的直接合成法相似,采用铜粉作为催化剂,由氯化苯与硅-铜触体反应,反应温度在 400℃～600℃。

$$6C_6H_5Cl + 3Si \longrightarrow C_6H_5SiCl_3 + (C_6H_5)_2SiCl_2 + (C_6H_5)_3SiCl$$

直接合成法生成苯基单体的优点是能同时合成一苯基氯硅烷及二苯基氯硅烷,缺点是副反应生成有毒的二氯联苯,需用吸收法除去,增加成本。添加锌、锡、氯化锌、氧化锌等能抑制副反应,并促使二苯基二氯硅烷的生成。

在氯化苯中添加四氯化硅、三氯氢硅、四氯化锡和氯化氢也能抑制副反应,并促进一苯基三氯硅烷的生成,同时抑制联苯的生成。

三、硅氢加成法

硅氢化物与不饱和烃类的加成反应可形成 Si—C 键。这种方法的特点是产物少,且能制取一些难于用其他方法制得的碳上带有官能团的有机硅化合物。

$$HSiX_3 + H_2C = CH_2 \longrightarrow CH_3 - CH_2SiX_3$$
$$HSiX_3 + HC \equiv CH \longrightarrow H_2C = CHSiX_3 (\longrightarrow X_3SiCH_2CH_2SiX_3)$$

四、热缩合法

热缩合法是合成有机卤硅烷的另一方法,指由氯硅烷与烃或卤代烃,利用含有 Si—H 键的化合物与不饱和烃加成,或与烃、卤代烃在一定条件下进行缩合反应,生成有机硅化合物。例如:

$$RCH = CH_2 + H - Si - \longrightarrow RCH_2CH_2Si -$$

在高温或催化剂的作用下,缩合生成有机氯硅烷的方法,又称为热缩合法。把缩合过程看作是硅烷上的氢或氯被烃基取代的过程,缩合法还可称为取代法。缩合反应可以通过自由基反应也可用贵金属化合物作为催化剂,一般常用的贵金属催化剂为铂催化剂,铂催化剂被广泛用于合成官能性有机硅化合物。

硅烷与烃类反应法可以制得多种有用的有机硅化合物,特别是对于制取碳官能团硅化合物极其方便有效,但其所需反应温度较高,经常伴有副反应,生成一定含量的副产物,给主产物的分离带来困难,从而造成生产成本提高,不能制取大用量的甲基氯硅烷。

五、歧化法(再分配法)

歧化法是指用一定的催化剂,将连接于同一个或不同硅原子上的不同基团,包括烃基、氢及电负性基团,在一定温度条件或其他因素下互换,达到基团再分配、调整或生成新的有机硅化合物。在此过程中,取代基的种类与总数不变,但可生成不同于起始原料的产物。依据这一原理制取有机(卤)硅烷的方法,又称为再分配法。

再分配法区别于直接合成法及其他间接合成法,其优点是可处理某些生产过剩的单体,再通过基团交换获取高价值硅烷,可实现综合利用并降低生产成本;利用此方法可以制得在同一硅原子上带有不同烃基的实用性的特种硅烷单体,反应中硅原子上的基团可以交换,总的 Si—C 键不变,但可以形成新的 Si—C 键。

以上合成方法,从其生成能力的高低、操作控制的难易、经济的合理性、安全性和可靠性乃至调节单体官能度的能力等方面都各有适用性。实际生产中,可以以直接法为主,同时采用其他合成方法,最大限度地降低生产成本。

知识点三　有机硅树脂的聚合反应机理

以 Si—O—Si 为主链的有机硅聚合物可以通过各种途径制备。目前工业生产中普遍采用的是简单、较为经济的有机氯硅烷水解法,即将氯硅烷单体经水解成硅醇,再进行缩聚成为有机硅树脂。常用的有机氯硅烷单体有甲基三氯硅烷(CH_3SiCl_3)、苯基三氯硅烷($C_6H_5SiCl_3$)、二甲基二氯硅烷[$(CH_3)_2SiCl_2$]、二苯基二氯硅烷[$(C_6H_5)_2SiCl_2$]、苯基甲基二氯硅烷($C_6H_5CH_3SiCl_2$)。

有机硅树脂合成的基本化学反应过程:

(1) 水解　$R_2SiCl_2 + H_2O \longrightarrow R_2Si(OH)_2 + HCl$

(2) 缩聚　$R_2Si(OH)_2 \longrightarrow HO\text{-}[R_2Si\text{-}O]_n H$

(3) 链中止　$—SiR_2—O—H + HO—SiR_3 \longrightarrow —SiR_2—O—SiR_3 + H_2O$

(4) 交联

任务实施

1. 简述有机硅树脂单体和合成方法。
2. 简述有机硅树脂的合成机理。

任务评价

1. 知识目标的完成

是否掌握了有机硅单体的分类及合成。

2. 能力目标的完成

是否能够辨识不同种类的有机硅单体采用的合成机理。

自测练习

1. 简述重要的有机硅单体。
2. 简述有机硅单体的性质。
3. 简述有机硅单体的合成方法及其特点。
4. 写出有机硅树脂的合成化学反应。

任务三　有机硅树脂的生产工艺

任务提出 >>>>>

　　生产有机硅树脂的合成工艺主要是什么？工艺流程的工序是什么？这些工序的作用分别是什么？用到了哪些设备？这些设备在运行过程中有哪些注意事项？

 知识链接

▶ 知识点一　有机硅树脂生产工艺概述 ◀

　　有机硅树脂在 200℃～350℃下使用：固化过程通常需要在 300℃下持续 2 小时。在涂膜较厚的情况下，为避免因温度变化过快而导致涂膜开裂，会采用逐步升温的固化方法，从低温缓慢升温至 300℃，这样可以有效减少因热膨胀不均匀引起的开裂问题。对于装饰性涂料而言，通过添加适当的催化剂可以进一步优化涂膜的热塑性，比如辛酸亚铁，加入量为 0.2%（以固体计算），其中铁的含量为 6%。

　　有机硅树脂在 400℃～500℃下使用：固化过程可以在涂膜施工后稍作延迟进行。在此情况下，涂膜需要得到充分的保护，以防止在等待期间受到外界环境的影响。涂膜一旦完成施工后，也可以立即进行热固化处理，通常在 250℃～300℃下加热 1 小时，以确保固化完全。

▶ 知识点二　原料 ◀

　　Si—O—Si 为主链的有机硅聚合物目前以简单、易行又较经济的有机氯硅烷水解法来进行，即氯硅烷单体经水解成硅醇，再进行缩聚成为有机硅树脂。常用的有机氯硅烷单体有甲基三氯硅烷、苯基三氯硅烷、二甲基二氯硅烷、二苯基二氯硅烷、苯基甲基二氯硅烷。

▶ 知识点三　有机硅树脂合成工艺流程及特点 ◀

　　有机硅树脂的合成工艺是将平均官能度大于 2 的甲基氯硅烷与苯基氯硅烷的混合物

配成甲苯溶液,在冷却、搅拌和控制 pH 条件下,逐渐加入丁醇和水进行水解缩聚反应。经分离、水洗,蒸发部分溶剂并得到一定固体含量的树脂。此时树脂分子量较低,不能直接使用。此低分子量树脂在一定的温度下进一步聚合,增大树脂的分子量。根据不同官能度和不同有机基的硅单体相配合可以制备不同结构和性能的有机硅树脂。

如果将低分子量硅树脂与不饱和聚酯树脂、醇酸树脂、酚醛树脂和环氧树脂等混合共缩聚,可以得到改性有机硅树脂液体。

采用水解法制备有机硅树脂的主要工艺流程包括:① 单体的混合;② 单体的水解;③ 硅醇的分层、水洗及过滤;④ 硅醇的浓缩除去溶剂;⑤ 硅醇的缩聚及稀释;⑥ 产品的过滤及包装。具体流程见图 10-2。

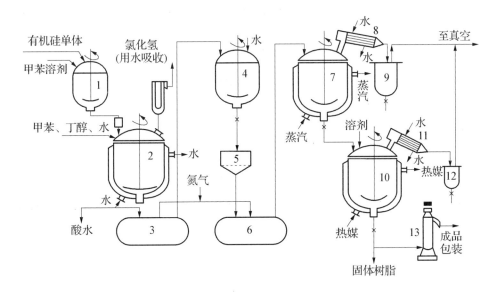

1—混合釜;2—水解釜;3,6—中间贮槽;4—水洗釜;5—过滤器;
7,10—浓缩釜;8,11—冷凝器;9,12—溶剂贮槽;13—高速离心机。

图 10-2　水解法制备有机硅树脂的工艺流程

有机硅树脂合成的主要工序如下:

1. 水解缩合工序

水解缩合是合成有机硅树脂的最重要的工序。水解缩合过程是将甲基氯硅烷与甲基苯基氯硅烷按规定比例与甲苯、二甲苯等溶剂均匀混合,在搅拌下缓慢加入过量的水中进行水解。水解时保持一定温度,水解完成后静置至硅醇和酸水分层,然后放出酸水,再用水将硅醇洗至中性。硅烷水解后生成硅醇,除继续缩聚成线性或支化低聚物外,自身也可自行缩聚成环体。

各种单体共水解时,往往由于控制的水解条件不同,水解产物的组分和环体生成量相差很大。因此,影响水解反应的主要因素有单体结构、水的用量、介质的 pH 和水解温度等。

2. 硅醇的浓缩工序

洗至中性的硅醇在减压下进行脱水,并蒸发出一部分溶剂进行浓缩。当树脂溶液的固体含量为 50%～60%时,停止脱水和蒸出溶剂。为减少硅醇进一步缩合,压力越低越好,浓缩温度应不超 90℃。

3. 硅醇的缩聚工序

因浓缩后的硅醇液是低分子的共缩聚物和环状物。其羟基含量高、分子量低、物理性能差、贮存稳定性低、使用性能差,因此须进一步用催化剂进行缩聚及聚合。将各分子的 Si—O—Si 键打断,再形成稳定的物理机械性能好的高分子聚合物。

任务实施

简述有机硅树脂的合成工艺及主要合成工序。

任务评价

1. 知识目标的完成

是否掌握了有机硅树脂的合成工艺及主要合成工序。

2. 能力目标的完成

是否能够辨识机硅树脂的主要合成工序的作用。

自测练习

1. 简述有机硅树脂合成的主要原料。
2. 简述水解法的特点和流程。
3. 简述有机硅树脂合成的工序及其特点。
4. 画出水解法制备有机硅树脂的工艺流程。

教学目标

知识目标

1. 了解聚酯的发展及应用。

2. 熟悉聚酯的结构特性。

3. 掌握聚酯的反应原理。

4. 掌握生产聚酯的主要原料及作用。

5. 掌握聚酯装置的生产工艺及生产特点。

6. 掌握聚酯生产岗位设置及各岗位的工作任务。

能力目标

1. 能正确分析聚酯生产岗位的工作任务。

2. 能正确识读聚酯生产工艺流程图。

3. 能正确识读聚酯生产工艺的 DCS 界面原则流程图。

4. 能画出聚酯生产工艺流程图。

5. 能操作聚酯生产岗位主要设备。

6. 能处理聚酯生产岗位主要事故。

情感目标

1. 培养学生爱岗敬业的职业精神。

2. 培养学生认真、细致、严谨的学习态度和工作作风。

3. 培养学生安全、文明、规范的操作意识,养成良好的职业素养和正确使用仪器设备的习惯。

任务一　认识聚酯

任务提出 »»»»

　　聚酯是一种多功能的高分子材料,因其优异的性能和广泛的用途,在现代工业和日常生活中扮演着重要角色。了解聚酯的生产方法和应用领域有助于更好地利用这一材料。请举例说明聚酯的结构与性能之间的关系,并说明聚酯的主要应用有哪些?

▶ 知识点一　聚酯定义 ◀

　　聚酯是指分子主链上含有酯基,由多元醇和多元酸缩聚而得的聚合物总称,主要包括聚对苯二甲酸乙二酯(polyethylene terephthalate,PET)、聚对苯二甲酸丁二酯(polybutylene terephthalate,PBT)、聚对苯二甲酸丙二醇酯(polytrimethylene terephthalate,PTT)和聚萘二甲酸乙二醇酯(polyethylene naphthalate,PEN)等线型热塑性树脂。这是一类性能优异、用途广泛的工程塑料,也可制成聚酯纤维和聚酯薄膜。其中PET由于生产原料易得、生产技术成熟、生产成本较低、产品综合性能优良、熔体成纤性好、纤维织物强度高,在化纤领域中应用最多。聚酯纤维是三大合成纤维之一,也称涤纶。

▶ 知识点二　PET 聚酯结构 ◀

　　PET 分子链中的酯基和苯环形成一个共轭体系,使它们成为一个整体,当大分子链围绕刚性基团自由旋转时,由于转动能阻较大,柔软的链段和苯环只能作为一个整体而振动,整个大分子表现出很大的刚性。PET 分子链在一般情况下是完全伸直的平面锯齿形的直链构型,大分子链上苯环几乎处于同一个平面上,相邻大分子彼此镶嵌,从而使分子结构具有紧密敛集能力,加上分子链规整性高,因而具有良好的结晶性能。PET 聚酯分子结构式如下:

▶ 知识点三　聚酯性能及应用 ◀

一、聚酯产品性能

以聚对苯二甲酸乙二醇酯为例，其优点是在室温下具有优良的物理机械性能，如很好的耐蠕变性、耐疲性、耐摩擦性及尺寸稳定性；长期使用温度可达 120℃，尤其是电绝缘性优良，耐有机溶剂。其缺点是冲击性能差，成型加工困难，吸湿性强，使用前常需干燥。其常见产品如图 11-1 所示。

图 11-1　聚酯产品展示

二、聚酯主要质量指标

例如，某企业聚酯切片的主要质量指标见表 11-1。

表 11-1　聚酯切片主要质量指标

序号	项　目	质量指标		
		优级品	一级品	合格品
1	特性黏度/($dL \cdot g^{-1}$)	M1±0.010	M1±0.013	M1±0.025
2	熔点/℃	M2±2	M2±2	M2±3
3	羧基含量/($mol \cdot t^{-1}$)	M3±4	M3±4	M3±5
4	色度(b 值)	M4±2	M4±3	M4±4
5	二氧化钛含量/%(质量比)	M5±0.03	M5±0.05	M5±0.06
6	二甘醇含量/%(质量比)	M6±0.15	M6±0.20	M6±0.30
7	凝集粒子(≥10 μm)/(个·mg^{-1})	1.0	3.0	6.0
8	水分/%(质量比)	0.4	0.4	0.5
9	异状切片/%(质量比)	0.4	0.5	0.6
10	粉末/($mg \cdot kg^{-1}$)	100	100	100
11	灰分/%(质量比)	0.06	0.07	0.08
12	铁含量/($mg \cdot kg^{-1}$)	2	4	6

三、聚酯的用途

聚酯按用途可分为纤维和非纤维两大类。聚酯纤维是三大合成纤维之一,俗称"涤纶";非纤维类主要指薄膜,工程塑料,容器,充装饮料、食品等的中空制品;聚酯也可用来制造绝缘材料、磁带带基、电影或照相胶片片基和真空包装等。聚酯具有良好的物理、化学和机械性能,特别是力学性能、绝缘性、耐热性、耐化学性、耐磨性及后加工性优异,这使民用聚酯纤维的消耗量不断增长,同时在非纤维领域也得到进一步的拓展。目前,聚酯正在越来越多地取代金属、玻璃、陶瓷、纸张、木材和其他合成材料。聚酯的主要用途见表 11 - 2 和图 11 - 2。

表 11 - 2   聚酯的主要用途

应用领域	应用实例
纤维(长丝、短丝、工业丝)	服装、医用绷带、轮胎帘子线、工业滤布、建筑防水基材等
薄膜	包装、绝缘材料、带基等
瓶罐	饮料瓶(可乐、果汁、矿泉水瓶等)、食品瓶(酱油瓶、醋瓶等)、化妆品包装及洗涤用品包装瓶等
工程塑料	电子、电器、汽车等领域,如仪表壳、热风罩等

聚酯短纤维　　　　　　聚酯长丝　　　　　　聚酯切片

图 11 - 2   聚酯主要用途

▶ 知识点四　聚酯发展历史 ◀

一、世界涤纶生产史

首次合成涤纶是在 1941 年,由英国曼彻斯加尔科印染者协会的温菲尔德和克逊在实验室中用精对苯二甲酸(pure terephthalic acid,PTA)和乙二醇(ethylene glycol,EG)为原料合成,取名"特丽纶"。世界上第一个把涤纶工业化的厂家是美国杜邦公司,杜邦公司从英国加尔科印染者协会购买了专利权,经中试后于 1953 年建立世界上第一个聚酯工厂,年产 1.6 万吨 PET,产品称为"达克纶"。1961 年聚酯纤维的世界产量只有 15 万吨,到 1972 年便跃到三大合成纤维(涤纶、尼龙、腈纶)之首,达到 251 万吨。1979 年突破 500 万吨,1988 年上升到 810 万吨,占合成纤维产量的 50%。

二、中国涤纶生产史

1958 年上海塑料公司实验室开始研究涤纶的生产。1964 年上海华侨化工厂首家投产,年产聚酯 60 吨。1969 年岳阳石油化工总厂涤纶厂开始建设,产量 0.5 万吨。1972 年国家批准了四个聚酯生产项目:北京燕山石化总公司 4 万吨/年项目,上海石化总厂 2.5 万吨/年项目,辽阳石化总公司 8.67 万吨/年项目,天津石化总厂 8.47 万吨/年项目。1978 年又批准了 53 万吨/年的仪征化纤项目,上海金山二厂 20 万吨/年的聚酯项目。我国涤纶生产的特点是起步迟,初期发展速度慢,20 世纪 70 年代末期发展迅速,聚酯产量呈阶梯式增加。由于大部分聚酯生产装置依靠国外成套引进,成龙配套性差,实际产量与设备的生产能力尚存在相当大的差距。

当前,全球聚酯产业链已步入稳定发展期,除对二甲某(p-xylene,PX)还有一定在建和拟扩建产能外,PTA、PET 等将保持总量基本平衡,部分低效产能已经在市场压力下完成淘汰转型,未来新旧产能平衡置换将成为聚酯产业链发展的主基调。随着聚酯下游优势企业开始进军 PTA、PX 生产甚至炼油领域,PX － PTA － PET 一体化发展将成为聚酯产业链发展的重要趋势。技术方面,中国、美国等针对新型聚酯催化剂、聚酯瓶片超净再生技术、工艺塔节能优化技术、工艺水及装置尾气综合处理环保技术,以及聚酯新型反应器研发、聚酯成套设备开发、智能工厂等进行了重点研发。例如,我国已在"超大容量聚酯差别化长丝柔性生产关键技术"上取得了关键性突破,"超仿棉合成纤维及其纺织品产业化技术"已实现在万吨级装置上的稳定生产,同时开发了高效的分硫装备、超声波低温上浆技术、织物染色等关键技术。此外,还有装置的大型化和规模效益、新型反应器的研制和流程的简化、新型催化剂的使用、新添加剂技术、应用领域的拓宽等。

▶ 知识点五　改性聚酯 ◀

一、涤纶的改性

涤纶的改性方向是对其固有优点没有根本影响的基础上,使涤纶具有天然纤维的优点,如吸湿性、染色性、透气性、抗静电性和阻燃性等。改性的方法有物理改性和化学改性。物理改性是在高分子成型加工的过程中进行,化学改性则是在高分子合成的过程中进行。

二、聚酯新品种——聚对苯二甲酸丁二酯 PBT

PBT 是聚对苯二甲酸丁二酯的缩写。PBT 是聚酯产品中仅次于 PET 的一个重要产品,合成方法同 PET,其结构式如下:

$$\begin{bmatrix} \overset{O}{\overset{\|}{C}} - \bigcirc - \overset{O}{\overset{\|}{C}} - O \hspace{-0.3em}\left(CH_2\right)_{\!4}\hspace{-0.3em} O \end{bmatrix}_{\!n}$$

由该结构式可知,PBT 既有 PE 的刚性结构,又有聚酰胺那样的柔性结构,所以 PBT

做成纤维时具有优良的弹性回复性和强度,有类似于 PET 的染色牢度、耐热性、耐化学性、尺寸稳定性,也像聚酰胺 6 一样有压缩回弹性和拉伸回缩性。PBT 做工程塑料时,成型性能特别好,机械强度高、表面硬度高、尺寸稳定、价格低廉。

任务实施

1. 简述聚酯的结构和分类。
2. 简述聚酯的特性。

任务评价

1. 知识目标的完成
是否掌握了聚酯的结构、分类及特性。
2. 能力目标的完成
是否能够辨识生活中常见物品是聚酯。

自测练习

1. 世界上第一个涤纶品种是怎样合成的? 首先将涤纶工业化的是哪一个公司?
2. 中国第一家涤纶生产厂叫什么? 生产能力为多少?
3. 我国涤纶生产的特点是什么?
4. 简要概括聚酯的定义。
5. 写出 PET 聚酯分子结构式。
6. 列举生活中聚酯的主要用途。
7. 聚酯改性的方向是什么?

任务二　聚酯的聚合机理

任务提出 >>>>>

　　瓶级聚酯的生产是以精对苯二甲酸(p-phtalic acid,PTA)、乙二醇(EG)为主要原料,某聚酯生产企业采用直接酯化法生产瓶级聚酯,经过酯化、缩聚反应,生产聚对苯二甲酸乙二醇酯,即瓶级基础切片。其酯化工段的主要设备有两台酯化反应器和一台工艺塔,请结合聚合机理阐述工艺塔的主要作用。

▶ 知识点一　单体的来源及合成方法 ◀

一、对苯二甲酸

　　对苯二甲酸是产量最大的二元羧酸,在常温下为白色晶体或粉末,无毒、易燃,若与空气混合,在一定的限度内遇火即燃烧,甚至发生爆炸;不溶于水、乙醚、乙酸乙酯、二氯甲烷、甲苯、氯仿等大多数有机溶剂,可溶于强极性有机溶剂。工业上,对苯二甲酸主要通过对二甲苯的氧化法而制得,主要方法如下。

1. Witten 法

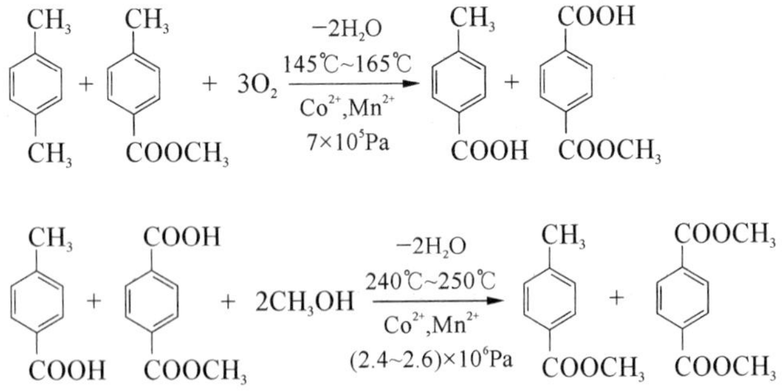

2. Amoco 法

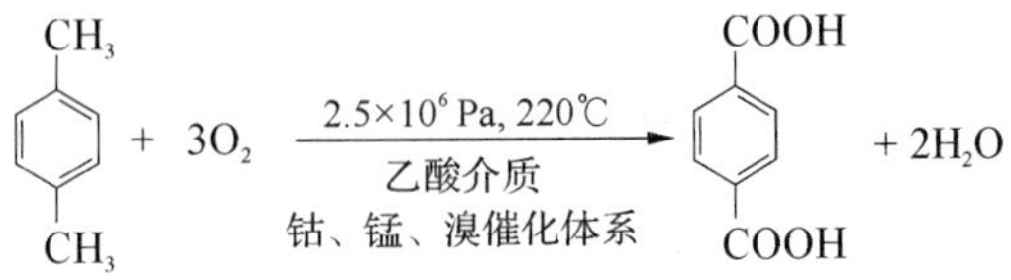

3. 氨氧化法

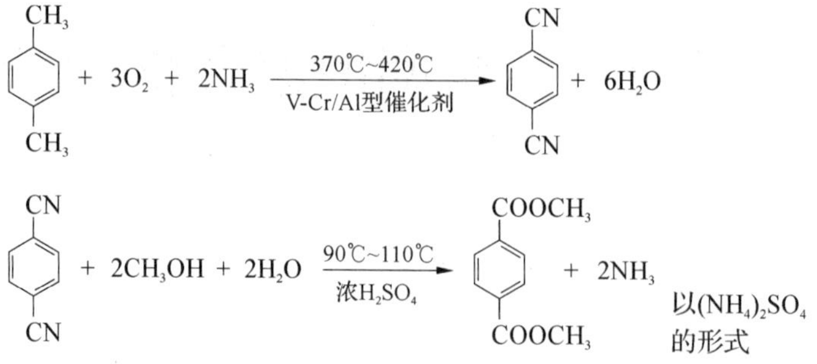

二、乙二醇

乙二醇是最简单的二元醇,是无色、无臭、有甜味的黏稠液体,挥发度极低,能与水、丙酮互溶,但在醚类中溶解度较小。工业上,乙二醇主要通过环氧乙烷直接水合法制得。

1. 环氧乙烷水解法

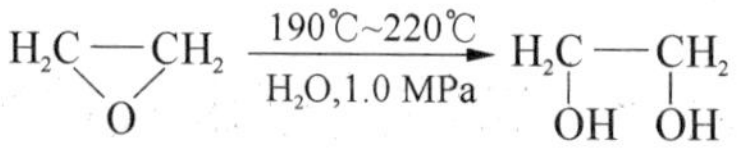

2. 氯乙醇法

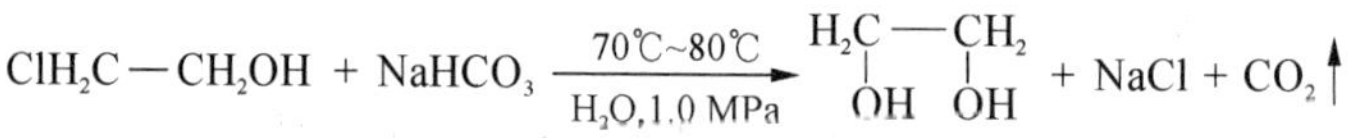

▶ 知识点二　聚合机理 ◀

一、直接酯化段反应机理

目前,PTA 酯化反应一般不需要加催化剂,因为 PTA 分子中的羧酸本身可起催化作用,这种催化实际上为氢离子催化,因为在没有催化剂存在下的直接酯化反应被认为是一个酸催化过程。

1. 外加酸催化反应

在反应体系中,适当地加入少量的强酸做催化剂,可缩短反应时间,在较短的时间内获得较高的转化率。

（1）强酸离解产生氢离子：

$$HA \Longrightarrow H^+ + A^-$$

（2）PTA 分子质子化：

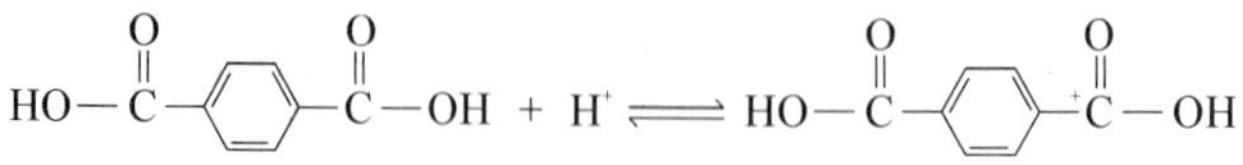

（3）质子化的 PTA 分子与 EG 作用生成一个不稳定的中间体：

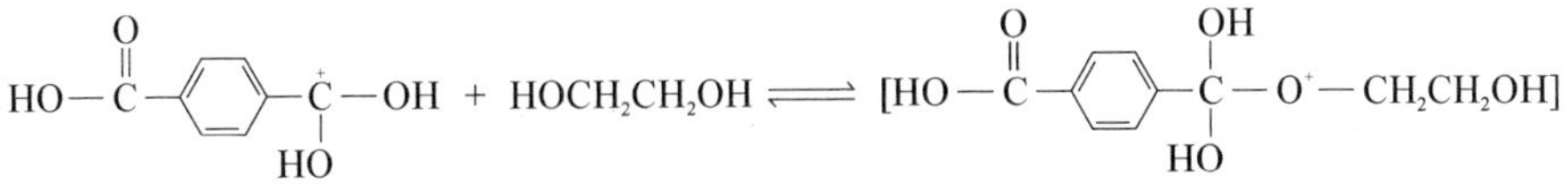

（4）中间体很不稳定，马上进行分子内的重新排列生成酯化物：

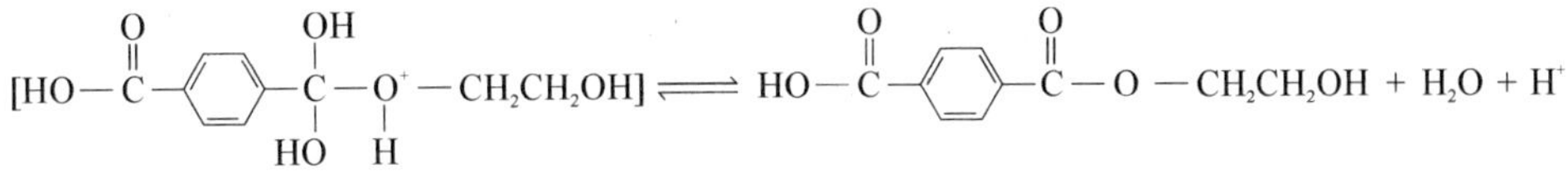

2. PTA 自催化反应

PTA 在加热、加压和有水存在时，可以离解为酸根和氢离子：

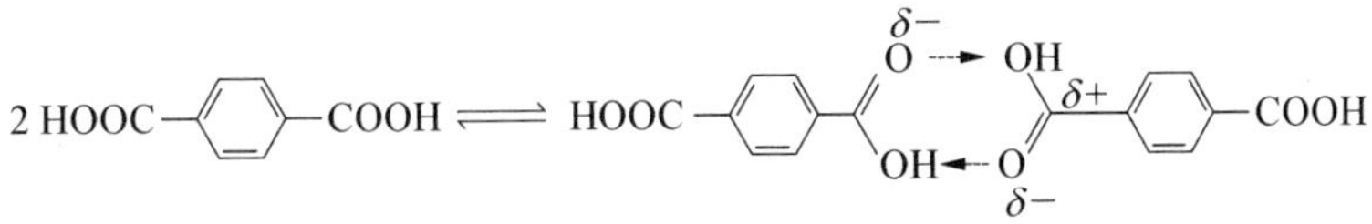

从而使羧酸基碳原子正电性加强，形成类似的质子化 PTA 分子，并与 EG 发生如下反应：

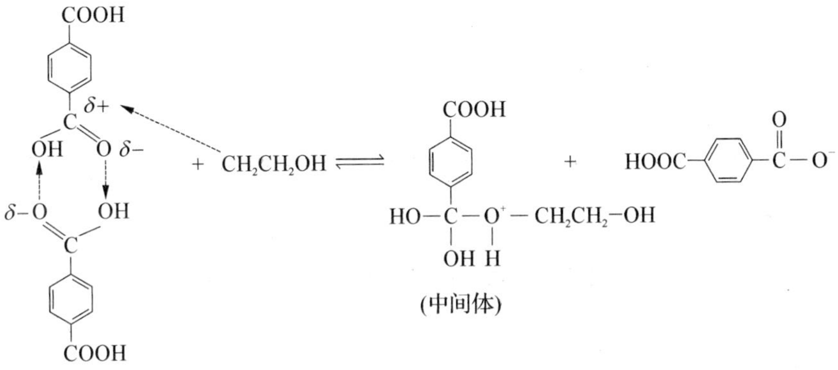

不稳定的中间体重排后可得到酯化产品，因此，这种两分子 PTA 与一分子 EG 的酯化反应，实质上是一分子 PTA 与一分子 EG 的酯化反应；另一分子 PTA 在起催化剂的作用。

二、缩聚反应机理

对苯二甲酸双羟乙酯（bis-hydroxyethyl terephthalate，BHET）进行缩聚反应时一般需要催化剂。反应机理最有代表性的有螯合配位机理和中心配位机理。

1. 螯合配位机理

在缩聚反应条件下，BHET 之间的反应按酸催化的机理进行，金属离子起着质子的作用，使氢原子被金属催化剂的金属置换。螯合物中的金属提供空轨道与羧基的孤对电子配位，从而增加了羧基氧对螯合体中的羧基碳进攻，并与其结合而完成缩聚反应。

具体反应如下：

（1）BHET 上的羟乙酯基形成一环状化合物（以一个羧乙酯基为例）

（2）与催化剂作用生成烷氧化合物，并且酯基上的羰基还与金属离子生成一个配价键。其中 M 为金属离子，X 为氧或有机酸根。这样就形成了一个活泼的络合物结构，它有利于羟基进攻羧基碳原子，从而加速缩聚反应的进程。

2. 中心配位机理

当催化剂金属盐类与 BHET 作用时，应该产生下列结构的络合物（Ⅰ）：

（Ⅰ）

该络合物可以进一步与 BHET 进行配位得到新的络合物（Ⅱ）：

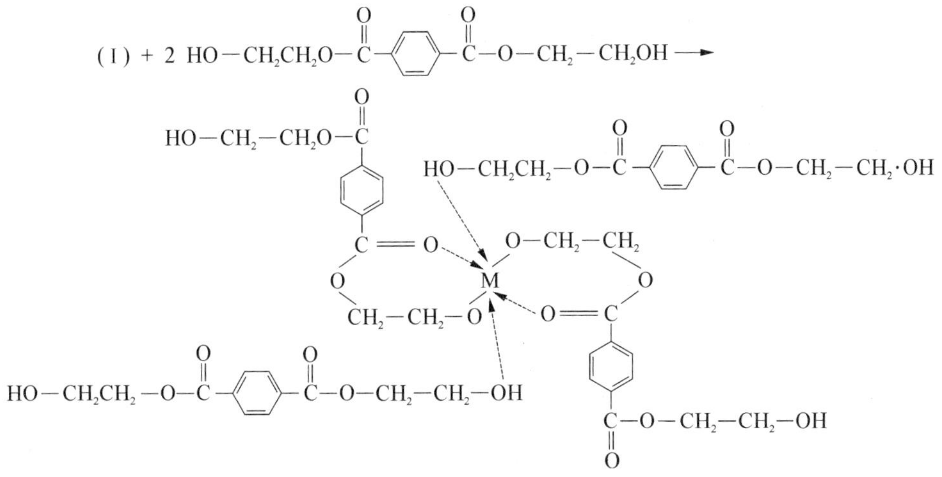

$(\text{I}) + 2\ \text{HO—CH}_2\text{CH}_2\text{—O—}\overset{\overset{\displaystyle O}{\|}}{\text{C}}\overset{}{\text{⬡}}\overset{\overset{\displaystyle O}{\|}}{\text{C}}\text{—O—CH}_2\text{—CH}_2\text{OH} \longrightarrow$

（此处为络合物（Ⅱ）的结构式）

（Ⅱ）

新的络合物再发生反应，得到缩聚产物：

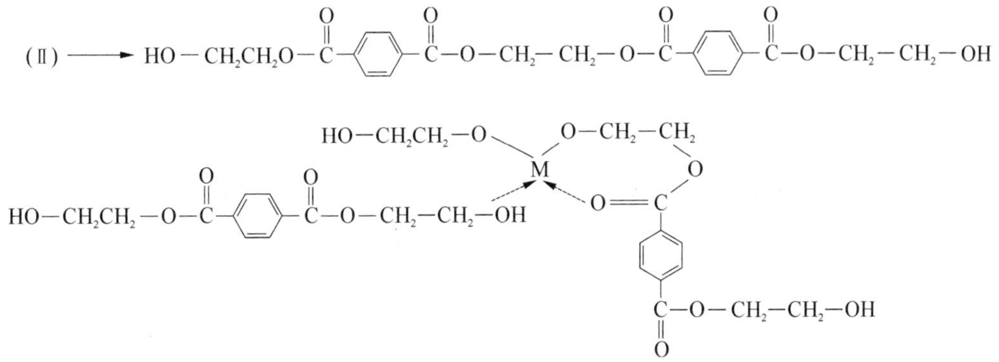

$(\text{II}) \longrightarrow \text{HO—CH}_2\text{CH}_2\text{O—}\overset{\overset{\displaystyle O}{\|}}{\text{C}}\text{—⬡—}\overset{\overset{\displaystyle O}{\|}}{\text{C}}\text{—O—CH}_2\text{—CH}_2\text{—O—}\overset{\overset{\displaystyle O}{\|}}{\text{C}}\text{—⬡—}\overset{\overset{\displaystyle O}{\|}}{\text{C}}\text{—O—CH}_2\text{—CH}_2\text{—OH}$

（此处为络合物（Ⅲ）的结构式）

催化剂金属在缩聚过程中与两个羟乙酯基进行反应，并与羟乙酯基的羰基氧进行配位，同时又和另外两个羟乙酯基的羰基氧也进行配位，这个羰基氧进攻邻近的羰基碳原子，相互结合完成缩聚反应。因此，中心配位机理主要强调了催化剂金属在反应中可以充分发挥其配位能力，而反应后的络合物（Ⅲ）可以脱除一分子 EG 而回到原络合物（Ⅰ）的结构，从而使反应不断进行下去：

$$(\text{III}) \longrightarrow (\text{I}) + \text{HO—CH}_2\text{CH}_2\text{—OH}$$

任务实施

1. 酯化反应和缩聚反应有何联系及区别？
2. 聚酯合成反应过程包含哪些副反应？
3. 在什么条件下有利于缩聚反应的进行？
4. 采取何种方式可以除去生成的水？

任务评价

1. 知识目标的完成

（1）是否了解了聚酯单体的主要合成方法。

（2）是否掌握了直接酯化和缩聚反应机理。

（3）是否掌握了缩聚反应的单体必须具备的基本条件。

（4）是否熟悉聚酯合成工艺副反应。

2. 能力目标的完成

（1）是否能够阐述酯交换法、直接酯化法、环氧乙烷法的优缺点。

（2）是否能够写出直接酯化法合成对苯二甲酸双羟乙酯(BHET)的反应历程。

自测练习

1. 直接酯化反应为什么不需要外加催化剂?

2. 直接酯化过程中外加酸催化剂和 PTA 自催化在反应机理上有何区别?

3. PET 聚酯合成的主要原料是什么?

4. 简要概括螯合配位机理和中心配位机理。

5. 缩聚反应的单体活性由哪些因素决定。

6. 分析线性平衡缩聚反应的各种副反应对产物相对分子质量及其分布的影响。

7. 在缩聚反应中,影响聚合物相对分子质量的因素有哪些?

任务三 聚酯的生产工艺

任务提出 ▶▶▶▶▶

聚酯生产的工艺路线虽然多种多样,但归根到底是由酯化(或酯交换)和缩聚两个步骤组成。其中酯化过程可以分一段酯化、二段酯化和三段酯化,而缩聚又可以分为预聚和最终缩聚等几个阶段。其中中国纺织工业设计院(简称中纺院)五釜工艺应用较为广泛,请阐述其主要工艺过程并分析其工艺特点。

▶ 知识点一 聚酯生产工艺方法 ◀

缩聚反应的工业实施方法通常有熔融缩聚、溶液缩聚、界面缩聚、固相缩聚和乳液缩聚等。熔融缩聚的本质类似于本体聚合,溶液缩聚与溶液聚合基本相同,其他三种主要用在特种高分子的合成,属特殊聚合。

一、熔融缩聚

熔融缩聚是在没有溶剂的情况下,使反应温度高于单体和缩聚物的熔融温度(一般高于熔点 $10\,^{\circ}\mathrm{C} \sim 25\,^{\circ}\mathrm{C}$),体系始终保持在熔融状态下进行缩聚反应的一种方法。体系中可加入少量催化剂、适当的稳定剂及相对分子质量调节剂等。

熔融缩聚是工业生产线型缩聚物的最主要方法,如聚酯、聚酰胺、聚碳酸酯等都是采用熔融缩聚法进行工业生产的。

熔融缩聚的主要特点是工艺流程比较简单,产物后处理容易,产品纯净,可连续生产;但对设备要求较高,过程工艺参数指标高(高温、高压、高真空、长时间)。

二、溶液缩聚

溶液缩聚是当单体或缩聚产物在熔融温度下不够稳定而易分解变质时,为了降低反应温度,使单体溶解在适当的溶剂中进行缩聚反应的一种方法。

溶液缩聚的应用规模仅次于熔融缩聚,适用于熔点过高、易分解的单体缩聚过程。主要用于生产特殊结构和性能的缩聚物,如难熔融的耐热聚合物聚砜、聚酰亚胺、聚苯硫醚、聚芳香酰胺等。

溶液缩聚与熔融缩聚相比,聚合反应缓和、平稳,不需要高真空;制得的聚合物溶液可直接作为清漆或成膜材料使用,也可直接用于纺丝;但需考虑溶剂回收,后处理会变得比较复杂。

三、固相缩聚

固相缩聚是指在原料和生成的聚合物熔点以下温度进行的缩聚反应。采用该方法可以在温度较低的条件下制备高相对分子质量、高纯度的缩聚物,适合于熔点很高或超过熔点容易分解的单体的缩聚以及耐高温缩聚物的制备。如采用熔融缩聚只能制得相对分子质量在 23 000 左右的聚酯,而用固相缩聚法可制得相对分子质量在 30 000 以上的聚酯,可作为工程塑料或轮胎帘子线。

四、聚酯生产工艺方法

工业上,聚酯合成采用熔融缩聚法,但当作为工程塑料或瓶级制品时,要求其聚合度进一步提高,需要将熔融缩聚法得到的适当相对分子质量范围的产品出料后,再进行固相缩聚。

▶ 知识点二　聚酯生产工艺流程与特点 ◀

一、吉玛工艺(图 11-3)

1. 选用单一的缩聚催化剂。
2. 酯化反应温度较低,停留时间较长,但操作稳定,产品中二甘醇(diethylene glycol,DEG)含量较低,产品质量较好。
3. 采用刮板冷凝器,解决了缩聚真空系统低聚物堵塞的问题。

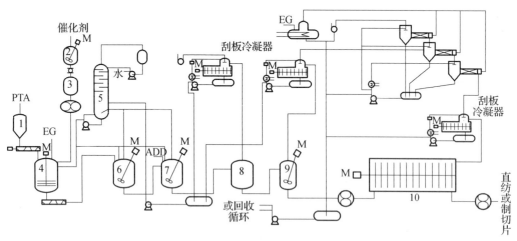

1—PTA 料仓;2—催化剂配制槽;3—催化剂供料槽;4—浆料配制槽;5—工艺塔;6—第一酯化反应釜;
7—第二酯化反应釜;8—第一预缩聚反应釜;9—第二预缩聚反应釜;10—终缩聚反应釜;ADD—添加剂。

图 11-3　吉玛工艺流程

二、杜邦工艺(图 11 - 4)

1. 工艺流程简单合理,停留时间短,虽然反应条件强烈,但产品质量较好。

2. 设备简单,动设备少,维修量少,装置连续运行时间较长,可达 4 年。

3. 添加剂加入口有喷嘴和静态混合器,分散性好,品种转换时间较短。

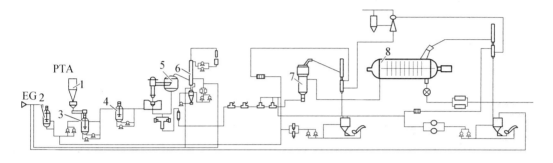

1—PTA 料仓;2—EG 贮槽;3—浆料配制槽;4—浆料供料槽;5—酯化反应釜;
6—工艺塔;7—预缩聚反应釜;8—终缩聚反应釜。

图 11 - 4　杜邦工艺流程

三、伊文达工艺(图 11 - 5)

1. 酯化、缩聚等主工艺过程充分利用压差和位差作为物料搅拌和输送动力,减少动设备,能耗低。

2. 反应器结构合理,有利于传质、传热和反应的需要。

3. 缩聚过程的喷淋冷凝器均设有自动刮板,解决了真空系统的堵塞问题。

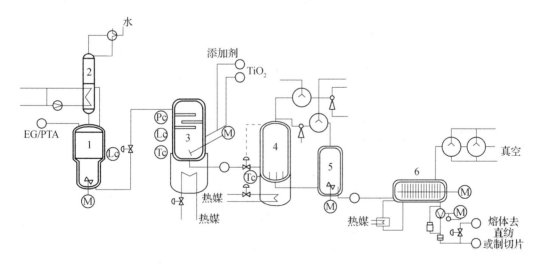

1—第一酯化反应釜;2—工艺塔;3—第二酯化反应釜;
4—第一预缩聚反应釜;5—第二预缩聚反应釜;6—终缩聚反应釜。

图 11 - 5　伊文达工艺流程

四、中纺院五釜工艺(图 11 - 6)

1. 能耗低,生成的副产物少。
2. 各级反应条件适中,使产品质量较高。
3. 产品黏度控制稳定。
4. 产品的相对分子质量分布好。

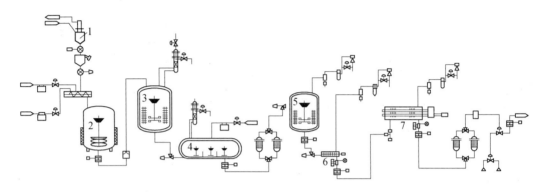

1—PTA料仓;2—浆料配制槽;3—第一酯化反应釜;4—第二酯化反应釜;
5—第一预缩聚反应釜;6—第二预缩聚反应釜;7—终缩聚反应釜。

图 11 - 6　中纺院五釜工艺流程

五、PET 直接酯化工艺参数比较及特点(表 11 - 3)

表 11 - 3　PET 不同生产工艺的参数对比

工艺技术	EG/PTA 摩尔比	酯化	缩聚	PET 聚合度
吉玛工艺	1.138∶1	第一酯化釜:0.11 MPa,257℃,酯化率93% 第二酯化釜:0.1 MPa～0.105 MPa,265℃,酯化率97%	预缩聚釜:0.01 MPa,278℃ 终缩聚釜:100 Pa,285℃	100
杜邦工艺	1.07∶1	酯化釜:常压,275℃～280℃,停留时间 50～60 min,酯化率96%	预缩聚釜:2 MPa～2.7 kPa,280℃～285℃ 终缩聚釜:267～333 Pa,285℃～290℃,停留时间60～80 min	85
伊文达工艺	(1.8～1.95)∶1	第一酯化釜:0.18 MPa～0.22 MPa,255℃～265℃,酯化率85% 第二酯化釜:0.05 MPa～0.1 MPa,265℃～275℃,酯化率98%	预缩聚釜:6 kPa,270℃～275℃ 缩聚釜:0.6 kPa,275℃～285℃ 终缩聚釜:50 Pa,285℃～295℃	—

工艺技术	EG/PTA 摩尔比	酯化	缩聚	PET 聚合度
中纺院五釜工艺	(1.12~1.18)∶1	第一酯化釜:0.07 MPa,268℃ 第二酯化釜:常压,265℃	预缩聚釜:2.7 kPa,274℃ 缩聚釜: 270 Pa, 274℃~276℃ 终缩聚釜: 67 Pa, 276℃~280℃	102

任务实施

1. 工业上常见的聚酯生产工艺方法有哪些?

2. 吉玛工艺的主要特点是什么?

3. 中纺院五釜工艺流程及特点是什么?

4. 聚酯不同生产工艺参数有何联系及区别?

任务评价

1. 知识目标的完成

(1) 是否了解工业上常用聚酯生产工艺方法。

(2) 是否掌握中纺院五釜工艺流程及特点。

(3) 是否掌握缩聚反应的常用工业实施方法。

(4) 是否掌握中纺院五釜工艺的主要影响因素。

2. 能力目标的完成

(1) 是否能够阐述熔融缩聚、溶液缩聚、固相缩聚生产聚酯的主要流程。

(2) 是否能够画出中纺院五釜工艺合成聚酯流程。

自测练习

1. 影响缩聚反应的主要工艺条件有哪些?

2. 中纺院五釜工艺流程及特点。

3. 聚酯的质量指标及各指标的影响因素。

4. 简要概括吉玛工艺、杜邦工艺、伊文达工艺的特点。

5. 中纺院五釜工艺温度是如何影响缩聚平衡的?

6. 中纺院五釜工艺主要有哪两大工段?

任务四　聚酯的生产岗位

任务提出 》》》》》

国内某聚酯企业聚合车间正常运行时,中控观察到热井液位显示急剧下降,反应釜压力骤升。现场观察到热井内、外室液位迅速降低,但并没有发现有向外泄漏乙二醇现象。请分析原因并进行事故处理。

▶ 知识点一　聚酯生产流程 ◀

以中纺院五釜工艺流程为例,包括两台酯化反应器、一台预缩聚反应器和一台终缩聚反应器。

酯化反应器两台:第一酯化反应器 12 - R01

第二酯化反应器 13 - R01

预缩聚反应器一台:预缩聚反应器 15 - R01

终缩聚反应器一台:终缩聚反应器 17 - R01

中纺院五釜流程的特点是反应摩尔比较低,温度低,停留时间长,切片具有较好的质量指标。

瓶级聚酯的生产是以精对苯二甲酸(PTA)、乙二醇(EG)为主要原料,并添加一定量的二甘醇(diethylene glycol,DEG)、异丙醇(isopropyl alcohol,IPA)及红度剂、蓝度剂、催化剂、热稳定剂等,经过酯化、缩聚反应,生产聚对苯二甲酸乙二醇酯,即瓶级基础切片,反应过程需要的能量由供热媒炉提供,生产过程由 DCS 控制系统自动控制。

聚酯装置设催化剂配制系统、添加剂配制系统、PTA/IPA 供料系统、浆料配制系统、酯化系统、预缩聚系统、终缩聚反应系统、真空系统以及切粒系统、切片输送及储存系统、切片包装系统、热媒加热系统等。将 PTA、DEG、IPA 及红度剂、蓝度剂、催化剂等配成浆料,加到酯化反应系统中进行酯化反应,达到96%以上的酯化率,进入预缩聚、终缩聚系统,在一定温度、压力、时间条件下进行缩聚反应,达到所需黏度后出料,经切粒系统切成规定形状的切片,由切片输送系统输送至固聚装置进行固相缩聚。

聚酯工艺原则流程和生产工艺流程如图 11 - 7 和图 11 - 8 所示。

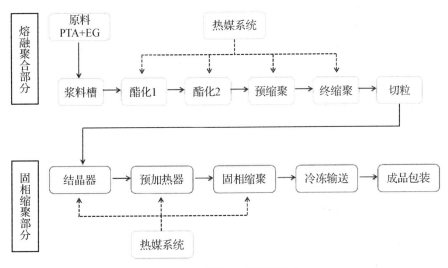

图 11 - 7　聚酯工艺原则流程

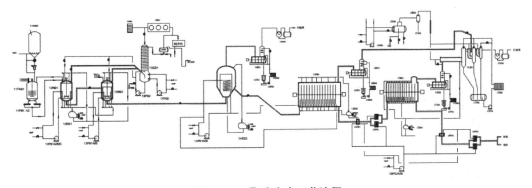

图 11 - 8　聚酯生产工艺流程

知识点二　原料的准备及催化剂的配置岗位

一、催化剂使用

目前,大规模聚酯生产装置中采用的催化剂有三种:三氧化二锑(Sb_2O_3)、醋酸锑 [$Sb(CH_2COO)_3$]、乙二醇锑 [$Sb_2(OCH_2CH_2O)_3$],瓶级聚酯装置采用乙二醇锑为催化剂。

主要设备:催化剂配制槽(21 - TA01)、供料槽(21 - T02)、供料泵(21 - P01A/B)。

用蒸汽进行加热,低温配制,配制好的催化剂溶液加到浆料配制槽 11 - TA01 中。

二、各种添加剂供料

在瓶级切片的生产中,一般需添加红度剂、蓝度剂、热稳定剂、二甘醇。红度剂和蓝度剂用于调整切片的色相,热稳定剂用于提高切片在高温下的热稳定性能,DEG(二甘醇)用于改善切片的加工性能。

红度剂、蓝度剂、二甘醇由各自的供料泵加到浆料配制槽 11-TA01,进行浆料调制,热稳定剂加到第二酯化反应器 13-R01 中。

添加剂都是批量配制的,过程由计算机控制。

DEG(二甘醇)供料的主要设备:DEG 供料槽(44-T01)、供料泵(44-P01A/B)。

DEG 储存在罐区的 DEG 储罐中,由 DEG 输送泵输送至聚酯装置中的 DEG 供料槽 44-T01 中,供料槽出口为 DEG 供料泵 44-P01A/B,经质量流量计定量向浆料配制槽供料。

三、PTA 和 IPA 卸料及输送

1. PTA 卸料

主要设备:防爆电动葫芦、液压升降装置、卸料料斗。

外购的 PTA 有两种包装形式:袋装的吨包装形式、槽车散装形式。

袋装 PTA 由防爆电动葫芦吊起卸料至卸料料斗;槽车散装 PTA 经由槽车液压升降装置将散装箱顶起,由底部出料口卸料至卸料料斗。

2. PTA 输送

主要设备:链板式输送机(10-U01/2)、PTA 日料仓(10-H01/2)。

PTA 粉末由卸料料斗进入链板式输送机,链板机循环运行,不断将 PTA 输送至聚酯装置的 PTA 日料仓中(链板管道用 N_2 进行保护)。

3. IPA 卸料

主要设备:运料电梯、气动葫芦、IPA 日料仓(11-H02)。

外购的 IPA 为袋装的吨包装形式,由电梯运至位于聚酯装置顶层的 IPA 卸料区,由气动葫芦吊起卸料至 IPA 日料仓 11-H02 中。

四、浆料配制及输送

主要设备:PTA 称量装置(11-M01)、IPA 称量装置(11-M02)、浆料调配槽(11-TA01)、浆料输送泵(11-P01.1/2)。

浆料配制系统主要是将 PTA 和 EG 按照一定的摩尔比(物料配比)进行充分混合,形成稳定的悬浮液,并按反应需要及产品要求加入规定量的 IPA、催化剂、红度剂、蓝度剂、二甘醇等添加剂。

浆料配制过程连续运行,在计算机控制下,各种物料按一定的配比连续加到浆料配制槽中。

PTA、IPA 分别由各自的日料仓经称量装置定量连续添加至浆料调配槽中。

EG 及催化剂、红度剂、蓝度剂、二甘醇经由各自的流量计精确计量后添加至浆料配制槽中。

PTA 的加料速度由产量确定,生产中通过调整其加料速度来维持浆料调配槽的

料位。

IPA、催化剂、红度剂、蓝度剂、二甘醇的添加量由其在产品中的含量确定，EG 的加入量是由浆料配制的摩尔比来确定，均随 PTA 加料速度的变化而及时跟踪调整。

在特殊设计的搅拌器的搅拌作用下，各种物料形成稳定的悬浮液。

浆料调配槽 11 - TA01 出口为两台浆料输送泵 11 - P01.1/2，形式为螺杆泵，正常生产情况下，两台泵同时运行，将调配好的浆料连续输送至第一酯化反应器 12 - R01 中。如一台泵出现故障，另一台泵提高负荷运行，可满足生产需要。

▶ 知识点三　聚合岗位 ◀

一、酯化

主要设备：第一酯化反应器（12 - R01）、第二酯化反应器（13 - R01）、工艺塔（13 - C01）。

第一酯化反应器 12 - R01 和第二酯化反应器 13 - R01 均为立式带搅拌形式。

由浆料输送泵 11 - P01.1/2 连续将浆料输送至第一酯化反应器 12 - R01 中，通过调节泵的转速来控制 12 - R01 的液位，保证反应器内物料量的稳定。

浆料由 11 - P01.1/2 输送至第一酯化反应器 12 - R01 中，将反应物料加热至反应温度 260℃左右，控制压力为 0.15 MPa，反应器内部设置了加热盘管，直接采用液相一次热媒加热，筒体夹套及气相管线采用气相热媒加热，反应温度通过调节进入内盘管一次热媒的流量来控制。

由于反应温度远高于乙二醇的沸点（常压下为 197℃），为避免乙二醇大量蒸发及剧烈的沸腾影响反应系统的稳定性，反应应在加压的情况下进行，一般压力控制在 50 kPa（正压），以提高 EG 的沸点，减少 EG 的蒸发量。在升气管线中设压力调节阀，通过调节开度来控制 12 - R01 的压力。

蒸发的 EG 和反应生成的水沿气相管线进入工艺塔 13 - C01 进行精馏分离。

在压力差的作用下，12 - R01 内酯化物自流入第二酯化反应器 13 - R01 中，通过调节进口熔体管线上的流量调节阀来控制 13 - R01 的料位。

在第二酯化反应器 13 - R01 中酯化物进一步进行酯化反应，13 - R01 是一个有内外室结构的反应器，物料由外室进入，通过套筒上的狭缝进入内室，内室设加热盘管，由热媒循环泵 13 - P01A/B 提供的二次热媒加热，通过调节二次热媒的流量来控制反应温度，温度一般控制在 265℃，压力为常压。

两个酯化反应器共用一台工艺塔 13 - C01，反应生成的水及乙二醇蒸汽进入工艺塔 13 - C01 精馏分离。塔底部设有加热盘管，塔顶设有冷凝器，通过调整塔顶冷凝水的回流量控制塔中部温度（塔中部几块塔板温度的平均值）在规定值，可保证工艺塔运行稳定。水由塔顶排除系统之外，乙二醇由塔底出料，按反应需要重新进行分配，经流量计按分配的固定流量回流至 12 - R01、13 - R01 中，继续参加反应。

第一酯化反应器 12 - R01 酯化率达到 91%，第二酯化反应器 13 - R01 酯化率达到

96.5％以上。

酯化反应不需要外加催化剂,PTA 溶解后产生的酸性即对酯化反应具有催化作用。

反应水的馏出(13 - C01):PTA 与 EG 的酯化反应是可逆反应,反应可以向正反应方向即生成酯化物和水的方向进行,也可以向逆反应方向即由酯化物和水生成 PTA 和 EG 的方向进行,因此为使酯化反应正常进行,需要将反应中生成的水不断除去,以使反应不断向正方向进行。

酯化反应过程中生成的水以气相状态不断蒸发,由于反应温度高于 EG 的沸点,同时 EG 也在不断蒸发,和水一起进入气相部分,水和 EG 蒸汽沿气相管线进入工艺塔中,进行精馏分离。

第一酯化反应器 12 - R01 和第二酯化反应器 13 - R01 共用一台工艺塔 13 - C01,对 EG 和水的混合蒸汽进行精馏分离。

工艺塔 13 - C01 为导向浮阀塔,底部存有一定量的 EG,由热媒盘管加热,蒸汽沿塔板上升,回流液向下喷淋,在塔板间进行传质传热。EG 沸点较高,因此先进入液相而向下回流,水蒸气沿塔板继续向上。沿塔板向下,液相中 EG 含量逐渐升高,沿塔板向上,气相中 EG 含量降低,至塔顶时,气相部分主要是水。按塔的设计参数,EG 含量最大为 0.5％左右,经塔顶冷凝器冷凝成液体,由塔顶排出,部分冷凝水循环回流,用于调整回流比,保证工艺塔运行的稳定。在精馏的过程中,EG 流入塔底,由塔底的乙二醇泵输送回第一、第二酯化反应器中,继续参与反应。

塔顶排出水中的 EG 含量小于 0.5％,塔底 EG 中水的含量小于 1.5％。

塔底温度通过调节加热盘管热媒的流量来控制,一般控制在 180℃左右,塔底的液位通过调整 EG 的流出量控制,工艺塔运行的稳定性由调节塔中温来实现,通过调整塔顶回流水的流量对中温进行调节,塔顶气相部分主要是水,温度为水的沸点 100℃。

二、预缩聚

主要设备:预缩聚反应器(15 - R01)、刮板冷凝器(15 - E01/15 - E02)、液环真空泵(15 - P05A/B)。

反应原理:以乙二醇锑为催化剂,在加热及真空条件下,酯化物之间发生缩聚反应,主要脱出 EG,未反应的羧基进一步与 EG 反应,使酯化物完成反应,并脱出水。

预缩聚反应器 15 - R01 上室:为带内套筒的立式无搅拌形式,内外室结构。

在压力差的作用下,第二酯化反应器的物料通过熔体管道自流入预缩聚反应器 15 - R01 的上室,由外室出料,液位由进料熔体管道上的流量调节阀控制,真空度控制在 13 kPa 左右,反应温度 272℃左右。

采用内盘管加热,由热媒循环泵 15 - P01A/B 提供的二次热媒,通过控制热媒流量来控制反应器的内温,筒体夹套及其气相管线采用气相热媒加热 15 - E05 提供。

由一组液环真空泵 15 - P05A/B 产生负压,压力通常控制在 10 kPa(绝对压力约为 -90 kPa)左右,进入的酯化物中的小分子在负压下脱出形成混合蒸汽进入气相管线,同时使物料自身处于沸腾状态,混合蒸汽中包括未反应及反应生成的 EG、水及少量的齐聚物。

在 15 - R01 上室与真空泵之间设置刮板冷凝器 15 - E01，为倒"T"形结构，分立筒和横筒两部分。蒸汽沿气相管线由远离立筒处的横筒进入，入口部位设有刮刀，在电机的带动下连续运转，转速约为 10 r/min，用于除去气相入口处因温度降低而结块的齐聚物，出口侧为具有一定高度的喷淋段，喷淋 EG 由上部进入向下喷淋，捕集由下部上升的蒸汽中的夹带物及可凝性气体，主要包括低聚物及乙二醇、水等。其余主要为不凝性的气体经出口进入液环真空泵，排除系统之外。

刮板冷凝器的喷淋 EG 依次经液封槽 15 - T01、乙二醇残渣过滤器 15 - F01、乙二醇循环泵 15 - P03A/B、板式换热器 15 - E03A/B 再进入刮板冷凝器中，循环运行。板式换热器对循环 EG 进行冷却，以提高捕集效果，降低气体部分的温度，以利于真空度的提高。刮除及捕集的块状齐聚物随 EG 向下流入液封槽中，落入底部的乙二醇残渣过滤器中，定期排出系统之外。在横筒部分的另一侧设补加新鲜 EG 管线，用于冷却刮板的轴部，并对系统 EG 起到置换作用，系统中过量的 EG 溢流入 EG 收集槽 13 - T02 中，输送至工艺塔精制后进入 17 - T03 中，用于浆料配制。

出口预聚物的特性黏度为 0.13 dL/g 左右。

预缩聚反应器 15 - R01 下室：为立式带搅拌器、变频调速反应器。

在压力差的作用下，预缩聚反应器上室内的物料自流入预缩聚反应器 15 - R01 下室中，通过调节入口熔体管线上的流量控制阀控制 15 - R01 下室料位，真空度控制在 1 kPa，温度控制在 275℃。

反应器采用筒体夹套加热，由一组专设的热媒循环泵 15 - P02 提供二次热媒，通过调节热媒温度来控制反应器内温，热媒温度通过调节补加入循环回路的一次热媒流量来控制，气相管线采用气相热媒加热 15 - E05 提供。

15 - R01 下室与终缩聚反应器 17 - R01 共用一套真空系统，由乙二醇蒸汽喷射泵组 17 - J01 和液环真空泵 17 - P04A/B 产生真空，真空度通过调节加入的乙二醇蒸汽量进行调节。

预缩聚反应器 15 - R01 下室压力进一步降低，为 1.20 kPa 左右，在压力差的作用下，预缩聚反应器 15 - R01 上室的预聚物自流入预缩聚反应器 15 - R01 下室内，15 - R01 下室液位由进料熔体管线上的流量调节阀控制。

预缩聚反应器下室与真空系统之间设置刮板冷凝器 15 - E02，捕集混合蒸汽中的 EG、水、齐聚物，蒸汽中的不凝性气体沿出口进入真空系统，工作过程如前所述。

出口预聚物的特性黏度为 0.25 dL/g 左右。

三、预聚物输送

主要设备：预聚物出料泵（16 - P01.1/2）。

预缩聚反应器 15 - R01 的预聚物经预聚物出料泵 16 - P01.1/2 输送至终缩聚反应器 17 - R01 中。16 - P01.1/2 为带夹套的齿轮泵（俗称容积泵），正常情况下，两台泵同时运行，采用变频调速，通过调整其转速来控制终缩聚反应器 17 - R01 的料位。当其中一台泵需维护或出现故障时，另一台泵可维持生产而不致聚酯装置停车。

16 - P01.1/2 出口熔体管线设压力调节阀，通过调整开度保持泵出口压力的稳定，以保证熔体流量的稳定。

16-P01.1/2 和物料管线采用液相二次热媒加热 18-P02 提供。

四、终缩聚

主要设备:终缩聚反应器(17-R01)、刮板冷凝器(17-E01)、蒸汽喷射泵(17-J01)、液环真空泵(17-P04A/B)、乙二醇蒸发器(17-E05)。

终缩聚反应器为卧式带组合圆盘形卧式反应器,采用双轴驱动,变频调速。反应器进口侧和出口侧各设置一个放射性料位计,在反应器的进口侧、筒体中部和出口侧均设置温度检测。

由预聚物出料泵 16-P01.1/2 将预缩聚反应器 15-R01 下室内的物料连续输送至终缩聚反应器 17-R01,料位通过调节 16-P01.1/2 的转速来控制。

17-R01 筒体夹套采用二次热媒加热,进口侧和出口侧划分为两个热媒回路加热,设两台气相热媒蒸发器(17-E03.1/2),17-E03.1 加热 17-R01 前端,17-E03.2 加热 17-R01 后端,反应器内温度通过控制热媒蒸发器出口温度来控制,热媒蒸发器出口温度通过调节补加入循环回路的一次热媒流量来控制,其气相管线以及乙二醇蒸汽喷射泵 17-J01 气相管线采用气相热媒加热 17-E06 提供,聚合物熔体管线则采用二次热媒加热 18-P02 提供。

终缩聚反应器 17-R01 真空度进一步提高,控制在 150 kPa 左右,内温为 280℃～286℃,随着反应的进行反应物的黏度增加,由出料口出料后,特性黏度达到 0.58～0.62 dL/g,产品的其他各项内在指标也达到设计要求。

反应器圆盘转子的电流和出料熔体管路上黏度计的测定值与特性黏度间有一定的对应关系,在生产中通过调节真空度来控制该电流值和黏度计的测定值,以控制最终产品的特性黏度,测定值与特性黏度之间的偏差可以通过分析数据及时调整。

在 17-R01 与真空系统之间设置刮板冷凝器 17-E01,工作过程如前所述,EG 循环系统中被置换出的 EG 不需精制,经收集至 17-T03 后可直接用于浆料配制。

真空系统由乙二醇蒸汽喷射泵组 17-J01 和液环真空泵 17-P04A/B 组成,用于为反应器 15-R01 下室、17-R01 产生真空。

17-J01 第一级喷射吸入刮板冷凝器 17-E01 的尾气,为 17-R01 产生真空,附加喷射级吸入刮板冷凝器 15-E01 下室的尾气,为 15-R01 下室产生真空,它的第三级混合冷凝器尾气压力约 10 kPa,用液环真空泵 17-P04A/B 作为排气级,抽走 17-J01 的尾气,并排至尾气处理系统。

喷射泵的抽吸真空度与它的吸入量相对应,分别通过调节补充的吸入乙二醇蒸汽量来控制两个反应器的真空度。

17-J01 的喷射蒸汽采用乙二醇蒸汽,由乙二醇蒸发器 17-E05 产生。

17-E05 内储存一定量的 EG,通过液相二次热媒 17-P03 提供加热产生蒸汽,分别设置流量计用于连续加入定量的新鲜 EG 和排放一定量的 EG,对 17-E05 的 EG 进行置换更新,以提高喷射乙二醇蒸汽的质量,EG 排放至 EG 储槽 17-T03 内,用于浆料配制。

调节 17-E05 液位的 EG 由来自 17-P02 循环 EG 部分提供。

17-J01 循环系统内过量的 EG 由 17-T02 液位控制系统控制,在经板式换热器 17-E04 冷却后通过调节阀进入液环真空泵 17-P04A/B,再溢流入 EG 储槽 17-T03 内,用于浆料配制。

▶ 知识点四　分离包装岗位 ◀

一、熔体输送、过滤和分配

主要设备:熔体输送泵(18-P01.1/2)、熔体过滤器(18-F01A～F)、四通阀(18-M04A/B)。

终缩聚反应器 17-R01 的物料经熔体出料泵 18-P01.1/2 出料,熔体四通阀 18-M04A/B 将熔体均匀分配,通过各熔体过滤器(18-F01A～F)过滤去除其中的凝聚粒子和杂质等,最后通到切粒系统的铸带头。

熔体出料泵 18-P01.1/2 为带夹套的齿轮泵(俗称容积泵),正常生产时两台泵同时运行,采用变频调速,当其中一台泵需维护或出现故障时,另一台泵可维持生产而不致停车。

熔体出料泵 18-P01.1/2 是聚酯生产线的产量泵,在产量确定的情况下,泵的转速是固定的。

熔体过滤器为单联式,切换时关闭相应过滤器四通阀以新滤室更换旧滤室,通常设置一个滤室在常备用状态。

终聚物熔体的输送和过滤系统的夹套物料管线均采用一组热媒循环泵 18-P02A/B 提供的二次热媒加热保温。

二、切粒

主要设备:铸带头(19-CH01A～F)、切粒机(19-CU01A～F)、干燥器(19-CD01A～F)、切片分级器(19-CG01A～F)、切片收集料斗(19-H01/2)、脱盐水循环冷却系统。

熔体由铸带头(120 孔)出料形成细长的熔体铸带条,并进入切粒机导流板由溢流水将铸带送至切割室,由脱盐水喷淋冷却、固化铸带,进入切粒机进行切粒,切片由脱盐水输送至干燥器脱水干燥,进入切片分级器,去除异型(超长、细小)切片、切片粉末,进入切片收集料斗 19-H01 中。

设置六套切粒系统,正常情况下六台切粒机同时运转,如其中一台故障时,另外五台提高负荷,可以满足生产的需要。

脱盐水循环冷却系统依次设置脱盐水贮槽、脱盐水循环泵、板式换热器、过滤器,满足切粒的需要。

三、切片输送及储存

输送系统主要设备:旋转阀、气流调节单元、换向阀。

料仓:基础切片储存料仓四台(20－H01A～D);聚合等级品料仓一台(20－H02);成品切片储存料仓二台(50－H01/2)。

切片采用压缩空气输送,通过气流调节单元对压缩空气的压力、流量进行调节,以满足切片输送的需要。

切片由切片收集料斗19－H01/2出料,由旋转阀将切片送至加速室,由经气流调节单元调节的压空沿管道将切片输送至切片储存料仓。在一条输送管道上设置多个换向阀,可以将切片输送至不同的料仓。

正常生产时,切片收集料斗19－H01/2中的基础切片连续输送至中间基础切片料仓20－H01A～D。在聚合异常时,产生的不合格基础切片还可以输送至包装区的聚合切片等级品料仓20－H02,其下设一台包装机进行基础切片等级品的包装。

基础切片料仓20－H01A～D下设切片输送线,将基础切片输送至固聚装置。

切片输送系统采用高压、密相、低速输送,以确保输送过程中切片的磨损最小,不会产生大量的粉尘。

任务实施

1. 了解聚酯厂聚合车间的主要设备结构及其作用。
2. 熟悉以DMT为原料的聚酯生产流程及其主要工艺参数。
3. 生产中如何控制聚合物的黏度及其他质量指标?
4. 掌握间歇缩聚和连续缩聚生产方法的优越点。
5. 熟悉预缩聚釜及后缩聚釜的结构特点。

任务评价

1. 知识目标的完成

(1) 是否熟悉酯交换反应的因素。

(2) 是否掌握乙二醇真空去除的作用。

(3) 是否掌握目前大规模聚酯生产装置中所采用的催化剂。

(4) 是否掌握聚酯生产装置添加剂种类及输送方式。

(5) 是否掌握酯化工段各项指标参数及控制要素。

(6) 是否掌握了酯化工段主要设备结构及特点。

(7) 是否了解切片干燥的作用及切片干燥的主要方式。

(8) 是否熟悉切粒机三股水及其作用。

2. 能力目标的完成

(1) 是否能够将原料、催化剂、各种添加剂准确投送到反应器中。

(2) 是否能够快速准确找到聚酯各工段主要设备、阀门及管件。

(3) 是否能够准确调节酯化工段主要工艺参数。

(4) 是否能够进行常见事故的判断与应急处置。

自测练习

1. 酯交换反应和缩聚过程中使用哪些催化剂？

2. 影响酯交换反应的因素有哪些？生产中如何控制酯交换率？

3. 生产中如何控制聚合物的黏度及其他质量指标？

4. 比较直接纺丝与间接纺丝生产方法的优缺点。

5. 长丝、短丝高速纺丝对切片含水率的要求以及影响切片含水率的因素。

6. 切片气流输送有哪些方式？比较其优缺点？

7. 请说明热媒系统的加热方式及其安全措施。

8. 请说明气相热媒、液相热媒的主要成分，并分别说明这两种热的作用是什么。

9. 为什么 PTA 输送需用 N_2 进行保护？

10. 浆料配制系统中主要设备有什么？

11. 正常生产时若浆料罐搅拌器停止运转会产生什么样的后果？应做出怎样的处理？

12. 酯化率的定义是什么？通过什么指标分析可以知道酯化反应的酯化率？

参考文献

［1］张晓黎.高聚物产品生产技术［M］.北京:化学工业出版社,2010.

［2］陈艳君.高聚物生产技术［M］.北京:化学工业出版社,2024.

［3］潘祖仁.高分子化学［M］.5版.北京:化学工业出版社,2015.

［4］高长有.高分子材料概论［M］.北京:化学工业出版社,2018.

［5］侯文顺.高聚物生产技术［M］.北京:高等教育出版社,2015.

［6］赵进,赵德仁,张慰盛.高聚物合成工艺学［M］.3版.北京:化学工业出版社,2015.

［7］徐应林.高分子材料化学基础［M］.4版.北京:化学工业出版社,2022.

［8］黄丽.高分子材料［M］.2版.北京:化学工业出版社,2010.

［9］陈志民.高分子材料性能测试手册［M］.北京:机械工业出版社,2015.

［10］张立新.高聚物生产技术［M］.3版.北京:化学工业出版社,2022.

［11］陈平,廖明义.高分子合成材料学［M］.3版.北京:化学工业出版社,2017.

［12］李继新.高分子材料应用基础［M］.北京:中国石化出版社,2016.